区域环境气象系列丛书

丛书主编：许小峰

丛书副主编：丁一汇　郝吉明　王体健　柴发合

湖北污染天气分析与预报

主编：王晓玲　吴翠红

副主编：陈　璇　岳岩裕　柳　草　陈赛男　张文言

内 容 简 介

本书系统研究了湖北特殊地形地貌及天气气候背景下主要污染物及其输送特征，揭示了影响湖北大气污染的主要气象因子。此外，还针对湖北首要污染物开展了天气分型研究，总结了不同天气背景下污染物的演变规律及其与气象条件的关系。同时，书中还探讨了多种统计释用方法、机器学习和深度学习技术在污染物客观预报中的应用效果。

本书不仅适用于生态气象、环境科学和气候变化等领域的学者和学生，也可为湖北及两湖盆地开展污染天气分析与预报提供参考。

图书在版编目（CIP）数据

湖北污染天气分析与预报 / 王晓玲，吴翠红主编. 北京 ： 气象出版社，2024. 11. -- ISBN 978-7-5029-8326-0

Ⅰ. P45

中国国家版本馆 CIP 数据核字第 2024907L5Q 号

湖北污染天气分析与预报

Hubei Wuran Tianqi Fenxi yu Yubao

出版发行：气象出版社

地　　址：北京市海淀区中关村南大街 46 号　**邮政编码**：100081

电　　话：010-68407112(总编室)　010-68408042(发行部)

网　　址：http://www.qxcbs.com　**E-mail**：qxcbs@cma.gov.cn

责任编辑：黄红丽　隋珂珂　**终　　审**：张　斌

责任校对：张硕杰　**责任技编**：赵相宁

封面设计：博雅锦

印　　刷：北京建宏印刷有限公司

开　　本：787 mm×1092 mm　1/16　**印　　张**：9

字　　数：224 千字

版　　次：2024 年 11 月第 1 版　**印　　次**：2024 年 11 月第 1 次印刷

定　　价：90.00 元

湖北污染天气分析与预报

著者名单

主　　编：	王晓玲	吴翠红			
副 主 编：	陈　璇	岳岩裕	柳　草	陈赛男	张文言
编写人员：	章翠红	王艳杰	韦惠红	董良鹏	雷彦森
	姜　杰	周　悦	明绍慧	王珊珊	韩芳蓉
	张蒙蒙	赵　欢			

丛书前言

打赢蓝天保卫战是全面建成小康社会、满足人民对高质量美好生活的需求、社会经济高质量发展和建设美丽中国的必然要求。当前，我国京津冀及周边、长三角、珠三角、汾渭平原、成渝地区等重点区域环境治理工作仍处于关键期，大范围持续性雾/霾天气仍时有发生，区域性复合型大气污染问题依然严重，解决大气污染问题任务十分艰巨。对区域环境气象预报预测和应急联动等热点科学问题进行全面研究，总结气象及相关部门参与大气污染治理气象保障服务的经验教训，支持国家环境气象业务服务能力和水平的提升，可为重点区域大气污染防控与治理提供重要科技支撑，为各级政府和相关部门统筹决策、适时适地对污染物排放实行总量控制，助推国家生态文明建设具有重要的现实意义。

面对这一重大科技需求，气象出版社组织策划了“区域环境气象系列丛书”（以下简称“丛书”）的编写。丛书着重阐述了重点区域大气污染防治的最新环境气象研究成果，系统阐释了区域环境气象预报新理论、新技术和新方法；揭示了区域重污染天气过程的天气气候成因；详细介绍了环境气象预报预测预警最新方法、精细化数值预报技术、预报模式模型系统构建、预报结果检验和评估成果、重污染天气预报预警典型实例及联防联动重大服务等代表性成果。整体内容兼顾了学科发展的前沿性和业务服务领域的实用性，不仅能为相关科技、业务人员理论学习提供有益的参考，也可为气象、环保等专业部门认识和防治大气污染提供有效的技术方法，为政府相关部门统筹兼顾、系统谋划、精准施策提供科学依据，解决环境治理面临的突出问题，从而推进绿色、环保和可持续发展，助力国家生态文明建设。

丛书内容系统全面、覆盖面广，主要涵盖京津冀及周边、长三角、珠三角区域以及东北、西北、中部和西南地区大气环境治理问题。丛书编写工作是在相关省（自治区、直辖市）气象局和环境部门科技人员及相关院所的全力支持下，在气象出版社的协调组织下，以及各分册编委会精心组织落实下完成的，凝聚了各方面的辛勤付出和智慧奉献。

丛书邀请中国工程院丁一汇院士（国家气候中心）和郝吉明院士（清华大学）、知名大气污染防治专家王体健教授（南京大学）和柴发合研究员（中国环境科学研究院）作为副主编，他们都是在气象和环境领域造诣很高的专家，为保证丛书的学术价值和严谨性做出了重要贡献；分册编写团队集合了环境气象预报、科研、业务一线专家约 260 人，涵盖各区域环境气象科技创新团队带头人和环境气象首席预报员，体现了较高的学术和实践水平。

丛书得到中国工程院院士徐祥德（中国气象科学研究院）和中国科学院院士张人禾（复旦大学）的推荐，第一期（8册）已正式列入2020年国家出版基金资助项目，这是对丛书出版价值和科学价值的极大肯定。丛书的组织策划得到中国气象局领导的关心指导和气象出版社领导多方协调，多位环境气象专家为丛书的内容出谋划策。丛书编辑团队在组织策划、框架搭建、基金申报和编辑出版方面贡献了力量。在此，一并表示衷心感谢！

丛书编写出版涉及的基础资料数据量和统计汇集量都很大，参与编写人员众多，组织协调工作有相当难度，是一项复杂的系统工程，加上协调管理经验不足，书中难免存在一些缺陷，衷心希望广大读者批评指正。

许小峰

2020年6月

许小峰，正高级工程师，博士生导师，中国气象局原副局长，现任中国气象事业发展咨询委员会常务副主任。

本书前言

随着经济的持续发展和社会的不断进步，公众对健康生活环境的需求日益增强。而伴随我国工业化、城镇化的快速发展，雾/霾天气频发、大气污染等环境问题凸显，公众对保护环境、保障健康的愿望越来越强烈。党的十八大提出建设美丽中国，把生态文明建设纳入中国特色社会主义事业“五位一体”的总体布局，对不断优化和改善人类生活环境提出了更高要求。

近年来，我国大气污染物时空特征已发生了明显变化，长江中游地区空气污染程度逐年上升。湖北位于两湖盆地，三面环山，地理位置特殊，易于污染物累积及外来污染物输入。研究表明，污染传输通道多达三个，外来污染物输送贡献显著，尤其是江汉平原地带，污染物易进不易出，大气环境污染防治压力大。面对大气污染防治挑战，湖北气象部门抓盯需求、融入决策、拓展合作，提升大气污染机理认识，研究污染物精细化预报技术，让环境气象工作在经济社会发展中发挥关键作用。

作为区域环境气象系列丛书之一，本书系统研究了湖北特殊地形地貌及天气气候背景下主要污染物及其输送特征，揭示了影响湖北大气污染的主要气象因子。此外，还开展了湖北首要污染物的天气分型研究，总结了不同天气背景下污染物的演变规律及其与气象条件的关系。同时，书中还探讨了多种统计释用方法、机器学习和深度学习技术在污染物客观预报中的应用效果。本书的完成得到国家重点研发项目 2017YFC0212603 和 2017YFC0212604 课题的资助。

本书的编写历时 4 年，由于作者水平有限，书中可能有疏漏之处，敬请读者批评指正。

作者

2024 年 4 月

目录

第 1 章 湖北天气气候背景

1.1 湖北地形地貌

湖北省地处中国中部的长江中游，位于29°01′53″—33°16′47″N、108°21′42″—116°07′50″E，东连安徽省、西靠重庆市、南邻湖南省、北接河南省，东南和西北则分别与江西省、陕西省接壤。东西长约 740 km、南北宽约 470 km，面积 18.59 万 km^2，占全国总面积的 1.94%。湖北省位于中国地势第二级阶梯向第三级阶梯过渡的地带，呈三面高起、中间低平、向南敞开、北有缺口的不完整盆地，山地占湖北省总面积的 56%、丘陵和岗地占 24%，平原占 20%。地貌类型复杂多样，河流纵横，湖泊众多。

湖北省地势高低相差悬殊，西、北、东三面环山，山地主要分为四大块：①西北山地为秦岭东延部分和大巴山的东段，前者称武当山山脉，后者由神农架、荆山、巫山组成。②西南山地则为云贵高原的东北延伸部分，主要有大娄山和武陵山。③东北山地为桐柏山、大别山脉，绵延于豫、鄂、皖边境。④东南山地为蜿蜒于湘、鄂、赣边境的幕阜山脉。山地平均海拔 1000 m 以上，诸多主峰高于 2500 m，最高处为神农架最高峰神农顶，海拔 3105.4 m，素有“华中第一峰”

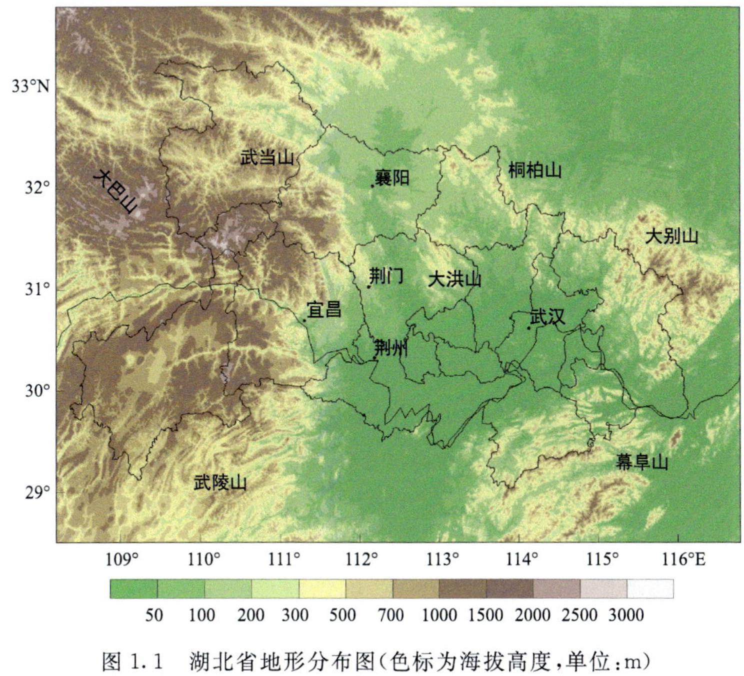

图 1.1　湖北省地形分布图(色标为海拔高度，单位:m)

之称。山前丘陵和岗地广布，主要分布在鄂中和鄂东北地区，海拔 100～500 m。省内中南部为江汉平原和鄂东沿江平原，地势平坦，海拔多在 35 m 以下，最低处位于监利县谭家渊附近，地面高程为 0 m。

湖北素有“千湖之省”之美称，境内河渠纵横交织，长江自西向东，西起巴东县入境，东至黄梅出境，流程 1061 km。汉水为长江中游最大支流，由陕西白河县将军河进入湖北郧西县，在湖北境内由西北趋东南，至武汉汇入长江，流程 858 km。除长江、汉江干流外，省内各级河流河长 5 km 以上的有 4229 条，另有中小河流 1193 条，河流总长 5.9 万 km，其中河长在 100 km 以上的河流 41 条。湖泊星罗棋布，主要分布在江汉平原上，面积百亩①以上的湖泊 728 个，湖泊总面积 2706 km^2。面积大于 100 km^2 的湖泊有洪湖、长湖、梁子湖、斧头湖。

湖北省独特而复杂的地貌地形，加之其为南北气候过渡带，形成了具有地区性差异的地方气候。

1.2 湖北气候特征

季风是指大范围地区的盛行风随季节而显著变化的现象。夏季由于海洋热容量大，加热缓慢，海面较冷，气压高，而大陆热容量小，加热快，形成暖低压，夏季风由冷洋面吹向暖大陆，为偏南风，因而夏季风温暖而湿润；冬季大陆冷、海洋暖，大陆上为冷高压，近地面空气自大陆吹向海洋，盛行强劲的偏北风，而大陆上的冷气团主要来自高纬地区的蒙古人民共和国和俄罗斯的西伯利亚，因而冬季风寒冷而干燥。湖北省地处亚热带，位于典型的季风区内，除高山地区外，大部分为亚热带季风性湿润气候，冬夏盛行风向改变，湖北省的气候特点也随之而变，具有冬干夏雨、冬冷夏热、雨热同季的特点，同时季风气候的气象灾害种类也较多，影响较大(周月华 等，2019)。

1.2.1 冬冷夏热，四季分明

冬季，影响湖北省的冷空气多在西伯利亚积累加强，大陆上的蒙古高压和海洋上的阿留申低压发展旺盛，盛行强劲的偏北风，冷高压中心温度低，有时可降至－50 ℃，水汽含量极少。当冷空气在西伯利亚堆积到一定程度时，便在高空引导气流作用下向南爆发，经过湖北时，造成降温和雨雪天气。如此不断有冷空气活动，便形成湖北省冬季较冷的气候特征。由于青藏高原的存在，冷空气从亚欧大陆受迫从高原东侧南下，使得包括湖北省在内的我国东部地区的冬季气温明显低于同纬度的平均值，也造就冬冷的特点。而夏季大陆热源作用和海洋冷源作用达鼎盛，夏季风势力最强，在大陆上到达的纬度最北，来自南方海洋温暖而湿润的夏季风是造成湖北省夏季高温的主要原因。同时副热带高压(简称副高)北上，7—8 月湖北省受副高的控制，气流下沉，云系较少，强烈的太阳辐射使地表温度上升迅速，地表又源源不断向大气传导热量，使气温急剧升高，显示出夏热的特点。从温度分布来看，湖北省冬季平均气温为 3～

① 1 亩≈666.67 m^2，下同。

7 ℃，其中1月最冷，大部分地区平均气温3～6 ℃；夏季平均气温为23～28 ℃，其中7月最热，除高山地区外平均气温27～29 ℃，极端最高气温达40 ℃以上。四季分明，夏季最长，平均为139 d；冬季次之，为98 d；春秋季短，分别为63 d和65 d。

1.2.2 冬干夏雨，降水时间分布不均匀

湖北省年平均降水量1201 mm，呈现“两多一少”的分布特征，鄂西南、鄂东南两个多雨区年均雨量达1500 mm，少雨区鄂西北年均雨量不足1000 mm。受季风气候影响，湖北省降水的季节变化也很大。冬季西北季风来自亚洲内陆地区，既寒冷又干燥，湖北省受极地大陆变性气团的控制，空气中的水汽含量很少，相当干燥。冷空气南下过程中，其前沿冷锋过境会造成短期的雨雪天气，降水量一般不大，冷锋过境后，湖北省受冷高压控制，天气晴朗无雨，因此冬季是全年降水最少的季节。湖北省冬季的降水量为38～211 mm，仅占年平均降水量的4%～13%，其中12月为一年中降水最少的月份。

夏季东南季风来自西北太平洋，西南季风来自孟加拉湾、印度洋和我国南海，高温又高湿，水汽充足。6月中下旬，夏季风到达长江中下游，直至7月上中旬，一直活跃于沿江两岸，此时中纬度西风带的环流形势，有利于引导地面冷空气不断南下，与暖湿的西南气流相遇于长江中下游，形成包括湖北省在内的江淮梅雨期。7月下旬—8月上旬是夏季风势力最强、到达位置最北的时期，9月中下旬，夏季风又南撤到长江以南，湖北省受夏季风影响的时间约有3个月，长时间受温暖潮湿的夏季风影响，给湖北带来了丰沛的雨量。湖北省夏季降水量为357～801 mm，占年平均降水量的35%～50%，其中梅雨期平均降水量一般为200～300 mm，占年平均降水量的18%～23%，为夏季的主要降水时段。

1.2.3 雨热同季

夏季，湖北省处于高温期，此时正值夏季风盛行期，由东南季风和西南季风带来丰富的水汽。梅雨期西太平洋副热带高压从海洋伸向大陆，并稳定在长江以南，四川盆地或云贵高原有低涡沿江淮流域准静止的梅雨锋扰动东移，形成包括湖北在内的大范围降水；盛夏期湖北中东部完全受副热带高压控制，而鄂西山区正好位于副高西北边缘西南暖湿气流之中，形成鄂西山区多雨带。因此，湖北省降水集中于夏季，便形成高温期与多雨期同步，即雨热同季。

1.2.4 灾害天气频发

湖北省地处中纬度地带，南北天气系统交互影响频繁，灾害性天气时有发生，种类多种多样，我国大陆常见的18种气象灾害，除沙尘暴外，湖北省均有发生，此外，泥石流、滑坡、洪水、城市内涝、农田渍涝、道路结冰、空气污染、森林火灾等次生灾害也位于影响湖北省气象灾害之列。在诸多灾害中，最主要的有：春季低温阴雨、大风强对流，初夏暴雨洪涝、雷电，盛夏高温、干旱，秋季寒露风、连阴雨，冬季低温冻害。然而，随着经济的快速增长，我国大气环境污染日趋严重，空气质量直接关系人类的健康，已成为全民关注的重点问题，湖北省重污染天气也时常发生，冬季雾、霾天气已成为主要的气象灾害之一，给湖北社会经济发展带来严峻挑战。

第 2 章 湖北霾的特征研究

2.1 霾时空分布特征

霾气候态研究中使用的历史数据多采用人工观测和历史资料重建两种（高歌，2008；宋文英 等，2012）。长期气候资料分析需要一定量的标准，目前在霾的观测判识方法方面存在不同意见，吴兑（2008，2012）提出使用日均相对湿度 90％、日均能见度小于 10 km 的标准。在华中流域城市化进程加速和全球气候变暖的背景下，湖北省霾频发，环境污染问题日益凸显，霾已成为城市发展过程中影响城市环境的重要因素和制约城市可持续发展的一个严重问题。本节将针对整个湖北省霾的变化趋势及气象因子影响等进行综合分析。

2.1.1 资料与方法

研究所用的资料包括湖北省 1981—2019 年地面观测资料，资料来自于湖北省气象档案馆，包括 78 个常规气象观测台站 1981 年 1 月 1 日—2019 年 12 月 31 日的气象要素、天气现象资料。依据上述资料，基于不同的方法对历史资料进行重建。

两种不同的判识方法包括：①基于日均值，日界 20—20 时，排除其他天气现象，满足日均相对湿度小于 90％，日均能见度小于 10 km，定为一个霾日。②依据人工观测记录，即天气现象，有霾定为一个霾日。

2.1.2 时间分布特征

图 2.1 为湖北省近 40 年霾天气站日数变化图，霾天气站日数表现为两个变化阶段，变化趋势基本一致。2000 年之前霾站日数小幅度振荡起伏变化，2000 年以后霾站日数呈现一个显著的增加趋势，并在 2007 年达到第一个峰值，随后逐渐减少。但在 2011 年又开始进入霾天气的多发期。通过方法回算，2000 年以前起伏变化阶段的站日数 2086～3341 站日，2007 年峰值为 6017 站日；2017 年峰值为 7554 站日。与客观判断方法不同，人工观测包含了预报员对天气现象的判断，主观性相对较强。1998 年之前，逐年霾天气站日数主要表现为在 524～999 站日起伏变化为主，而 1998 年以后，霾天气呈现一个振荡增加趋势，并在 2013 年迅速增加达到峰值 3827 站日，远高于其他年份。主客观方法均表现出 2000 年以后霾日上升的趋势。月变化（图 2.2）则表现出一个显著的“U”字型分布，冬季霾天气发生最为频繁，其次为秋季和春季，夏季最少。

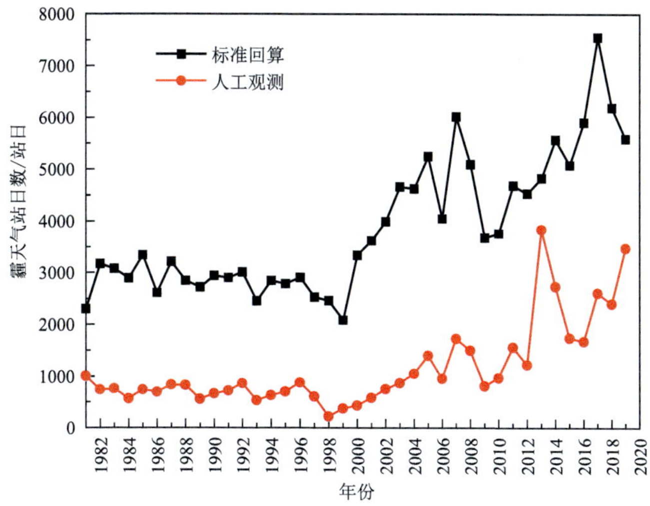

图 2.1　1981—2019 年湖北霾天气站日数年际分布特征

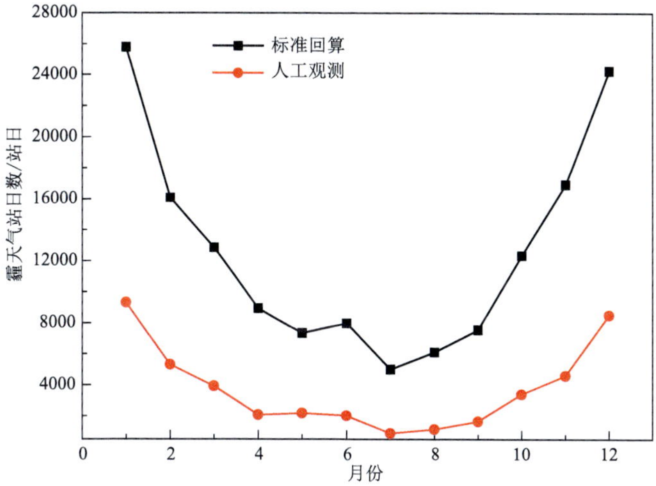

图 2.2　1981—2019 年湖北霾天气站日数月际分布特征

2.1.3　空间分布特征

进一步基于判识方法回算结果对湖北省霾天气年均站日数的空间分布进行分析(图 2.3),方法 1 中霾天气主要集中出现在湖北省北部的老河口、襄阳和红安地区,以及三峡河谷地区的枝江、宜昌和当阳一带,年均霾日数超过 100 d;而鄂西南和鄂东南的部分地区年均霾日数也超过 50 d。其中北部的霾天气主要是受来自北方重污染地区气团输送的影响,而三峡河谷地区的霾天气频发区主要是受地形条件的影响,扩散能力较弱。人工观测的计算结果与方法回算相比,霾日数的空间分布特征基本一致,但北部红安地区霾日数不多。综上所述,湖北省霾天气大体分为 3 个频发区:鄂西北老河口和襄阳;鄂西南枝城、宜昌和当阳;鄂东南黄石、黄冈等地区。

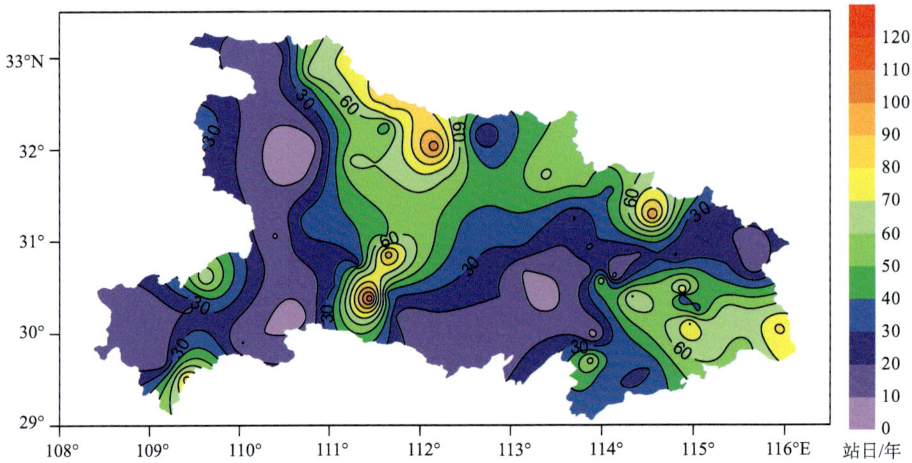

图 2.3　1981—2019 年湖北霾天气站日数空间分布特征

2.2 气候成因分析

短时间内大气污染物排放源没有发生明显变化，但空气污染物浓度出现较大波动，唯一的解释就是气象条件在污染过程中起到了决定性作用（马志强 等，2013）。通过分析发现，中国近 50 年霾日的频率总体上呈增长趋势，能见度明显下降（丁一汇 等，2014），结合气象要素的气候趋势可以看出，霾日数与降水日数和降水量呈负相关，与气温成正比（王业宏 等，2009）；能见度与相对湿度呈负相关，较高的湿度有利于霾天气的出现（童尧青 等，2007）。霾日数与平均风速和大风日数以负相关为主，而与静风日数则以正相关为主（宋连春 等，2013）。

对湖北省 1981—2019 年的年均气温变化特征进行分析，从图 2.4a 中可以看出，在全球气候变暖的大背景下，湖北省年均气温呈现出显著升高的趋势，拟合相关系数达到了 0.72，每 10 年约升高 0.3 ℃，2010 年左右气温略有所下降。相对湿度呈现出逐年下降的趋势（图 2.4b），相关系数为 0.54，这与丁一汇等（2014）针对我国近 40 年的雾、霾长期变化的研究结果一致，在气候变暖的条件下，温度和饱和比湿升高导致近地面的相对湿度减小，对霾形成的环境条件可能产生明显的影响，霾粒子更难向雾滴转换。平均降水量虽然相关性不高，但其整体上都是下降的趋势。平均风速 2010 年前略有下降，2010 年以后风速有上升趋势。一般研究表明，降水对清除大气中的污染物质起着重要作用，连续无降水日越多，降水量越小，会导致霾日数越多，空气污染越严重（王业宏 等，2009）。因而平均降水量的下降也有利于霾日数的增加。

进一步对气温、相对湿度、降水量和风速对霾日数的影响进行分析（图 2.5），可以看出气温和相对湿度对霾日数的影响较显著，拟合相关系数分别为 0.55 和 0.43，随着气温的升高和相对湿度的降低，霾日数呈现一个显著增加的变化趋势。降水量和风速与霾日数的相关关系较差。

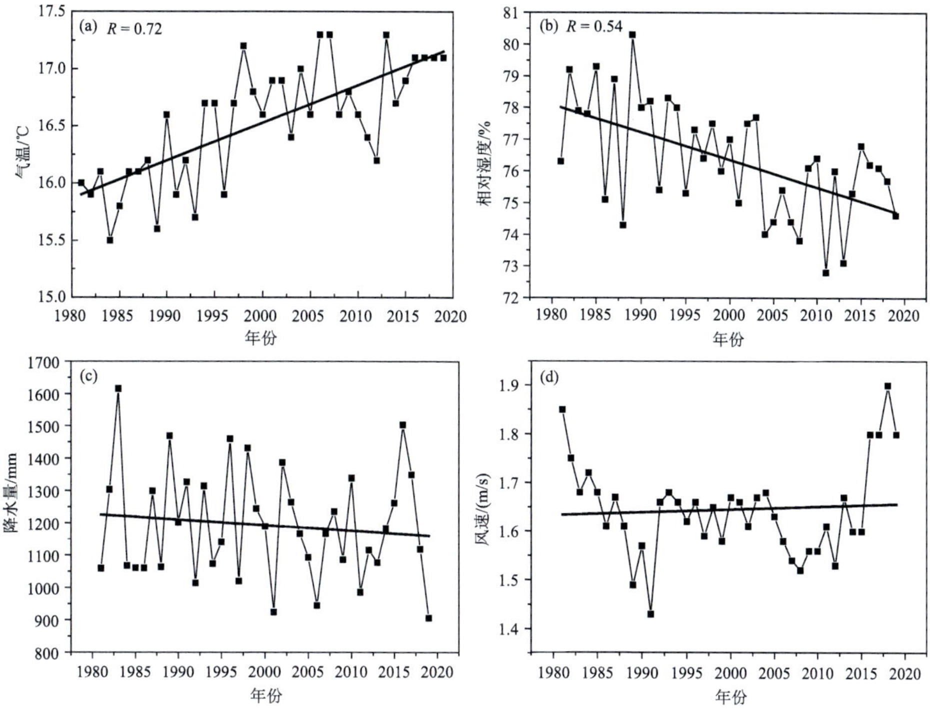

图 2.4 1981—2019 年湖北不同气象要素年际变化特征

(a)气温；(b)相对湿度；(c)降水量；(d)风速

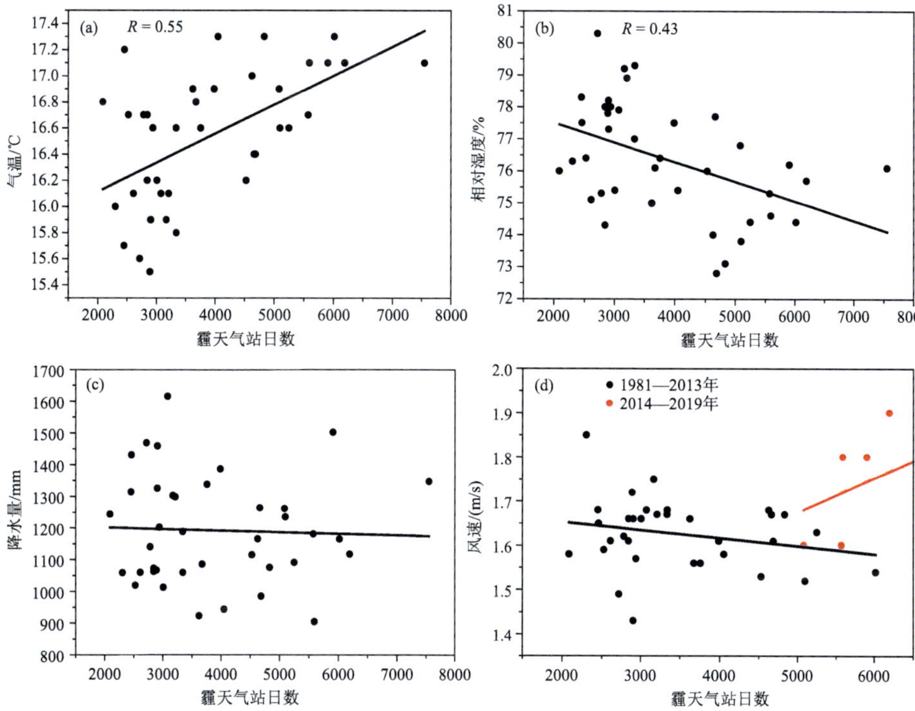

图 2.5 1981—2019 年湖北不同气象要素与霾站日数之间的关系

(a)气温；(b)相对湿度；(c)降水量；(d)风速

2.3 小结

①人工观测显示，湖北霾天气日数1998年之前呈起伏变化状态，而后振荡增加，并在2013年达到峰值。这与客观方法回算的霾日数变化基本一致，峰值时间为2017年。月变化则表现出一个显著的"U"字型分布，冬季霾天气发生最为频繁，其次为秋季和春季，夏季最少。

②湖北省霾天气空间分布大体一致，分为3个频发区：鄂西北老河口和襄阳；鄂西南枝城、宜昌和当阳；鄂东南黄石、黄冈等地区。北部的霾天气主要是受来自北方重污染地区气团输送的影响，而三峡河谷地区的霾天气频发区主要是受地形条件的影响，扩散能力较弱。鄂西地区霾频发区年均霾日数超过100 d。

③年均气温呈显著升高的趋势，相关系数达0.72，年均相对湿度呈下降趋势，相关系数为0.54。随着气温的升高和相对湿度的降低，霾日数呈现一个显著增加的变化趋势，相关系数分别为0.55和0.43。平均降水量和平均风速呈下降的趋势，且与霾日数呈负相关，相关系数不高。

第3章 湖北主要污染物的特征研究

3.1 $PM_{2.5}$时空分布特征

3.1～3.2 节研究资料来自湖北省 2015—2019 年 17 个城市国控点（环境空气质量国控自动监测站）的污染物浓度观测数据，对湖北省的分地区讨论，将十堰、神农架、恩施作为西部地区，襄阳、宜昌、荆门、荆州作为中部地区，其他 10 个城市归为东部地区。环境空气质量标准采用《环境空气质量标准》（GB 3095—2012），污染物浓度分级采用《环境空气质量指数（AQI）技术规定（试行）》（HJ 633—2012）。

3.1.1 空间分布

图 3.1 给出了 2015—2019 年湖北省 17 个城市的 $PM_{2.5}$浓度分布图。2015—2019 年平均的 $PM_{2.5}$浓度空间分布（图 3.1a）显示了湖北西部、东北部、东南部低，中部高的特征。结合湖北的地形分布情况，表明 $PM_{2.5}$浓度空间分布呈现山区低平原高的特点，其中神农架 $PM_{2.5}$的年平均浓度值最低为 29 $\mu g/m^3$，小于 35 $\mu g/m^3$，达到空气质量国家二级标准，其次是恩施、十

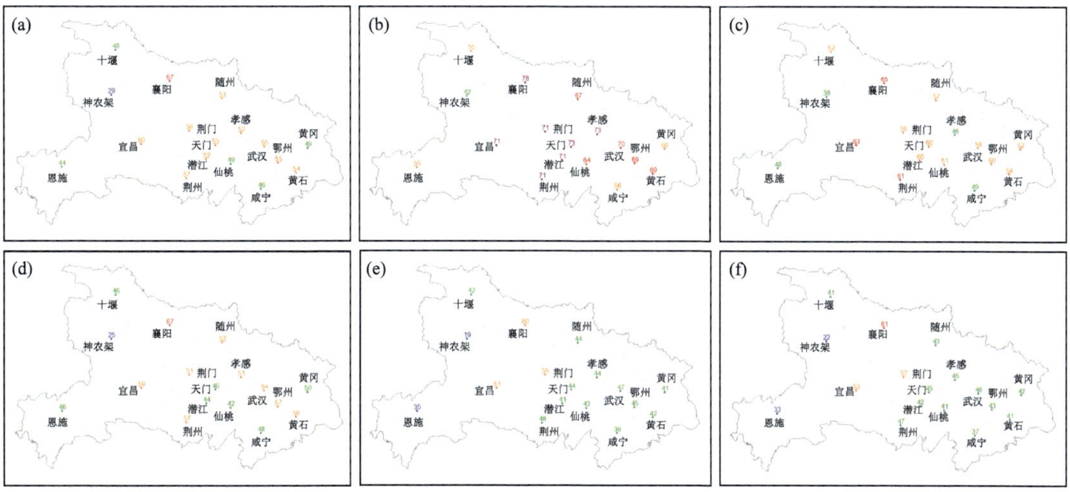

图 3.1 $PM_{2.5}$浓度分布（单位：$\mu g/m^3$）

(a)2015—2019 年平均；(b)2015 年平均；(c)2016 年平均；(d)2017 年平均；(e)2018 年平均；(f)2019 年平均

堰、咸宁、黄冈和仙桃，均不超过 50 $\mu g/m^3$，而 $PM_{2.5}$ 浓度较高的为襄阳和宜昌，分别为 67 $\mu g/m^3$ 和 60 $\mu g/m^3$。

2015—2019 年逐年平均的 $PM_{2.5}$ 浓度空间分布图(图 3.1b～f)，同样也显示出湖北西部、东北部、东南部低，中部高的特征。2015 年山区低平原高的特征比较明显，神农架 $PM_{2.5}$ 浓度最低为 42 $\mu g/m^3$，十堰、恩施、黄冈和咸宁浓度在 55～60 $\mu g/m^3$，湖北其他地区 $PM_{2.5}$ 的年均浓度接近或超过 70 $\mu g/m^3$。2016—2019 年同样显示西部 $PM_{2.5}$ 浓度低、中部浓度高，咸宁和黄冈地区较其两者之间的武汉、鄂州、黄石来说浓度较低。这种浓度分布情况可能与湖北地形和冷空气路径有关，襄阳处于鄂西北地形缺口处，北方冷空气输送的污染物会经由此通道进入湖北省中部的江汉平原一带，武汉、鄂州、黄石处于东北部大别山和东南部幕阜山之间的长江河谷地带，偏东风回流冷空气经过长江河谷进入湖北，可能在西部山前的襄阳、宜昌和荆门堆积，在湖北中部容易出现污染物高浓度分布特征。

空间特征变化显示，湖北省 17 个城市 $PM_{2.5}$ 浓度均呈下降趋势。图 3.2 给出了 2015—2019 年湖北西部、中部和东部平均的 $PM_{2.5}$ 浓度逐年分布情况及随时间变化趋势，可以清晰看出三个分区的 $PM_{2.5}$ 浓度均随时间呈逐年减小趋势，而且湖北西部 $PM_{2.5}$ 浓度最低，中部地区 $PM_{2.5}$ 浓度最高，东部地区居于两者之间，随时间变化的趋势则是中部变化幅度最小，东部地区变化幅度最大，西部其次。

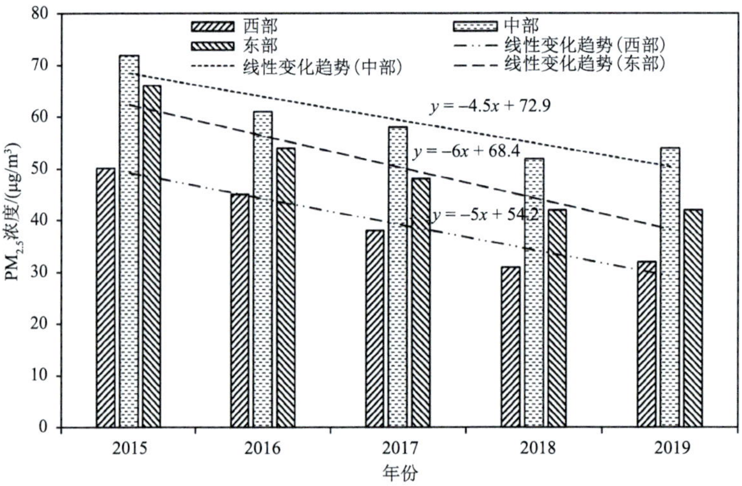

图 3.2　2015—2019 年湖北分区的 $PM_{2.5}$ 浓度逐年分布及线性变化趋势

为了对比 2016—2019 年 $PM_{2.5}$ 浓度相较于 2015 年的变化幅度，用 2015 年浓度减去 2016—2019 年浓度，除以 2015 年浓度再乘以 100%(图 3.3)，可见 2016 年 17 个城市的 $PM_{2.5}$ 浓度相比 2015 年均有所下降，其中孝感降幅最大，为 37%，十堰降幅最小，为 5.5%，其他城市降幅为 10%～20%；2017 年，除襄阳、孝感外，其他城市 $PM_{2.5}$ 浓度较 2016 年均有所下降，与 2015 年相比下降幅度最大分别为天门 45.1%、神农架 41.5%、潜江 38.6%、仙桃 34.9%；2018 年，除荆门、天门、仙桃年平均浓度较 2017 年略有增加外，其他 14 个城市 $PM_{2.5}$ 浓度均较上一年下降，与 2015 年相比，十堰、襄阳、宜昌、荆门降幅在 20%～30%，其他城市的降幅超过 30%，其中神农架降幅超过了 56%，细颗粒物造成的污染较 2015 年明显改善；2019 年各个城

市 $PM_{2.5}$ 浓度与 2018 年基本持平，变幅与 2018 年变化相近，$PM_{2.5}$ 浓度与 2015 年相比，神农架、恩施、潜江、孝感、黄石下降幅度达到 40％以上，而荆门、襄阳浓度下降较小，分别为 20％、22％。

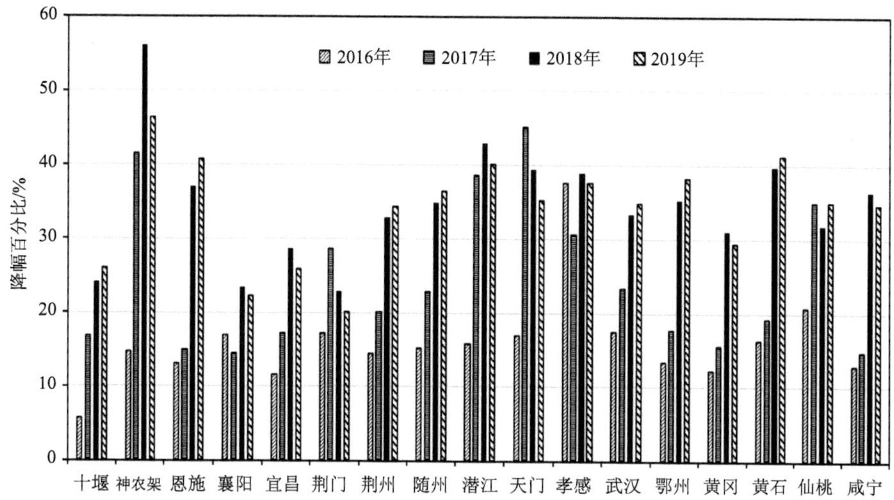

图 3.3　湖北 17 个城市 2016—2019 年与 2015 年相比 $PM_{2.5}$ 浓度变化幅度

图 3.4 给出了 2016—2019 年湖北三个分区的 $PM_{2.5}$ 浓度相对于 2015 年的变化幅度，可以清晰地看出，2016—2018 年 $PM_{2.5}$ 浓度逐年下降趋势明显，2019 年变化幅度与 2018 年基本一致，变化趋势西部＞东部＞中部。

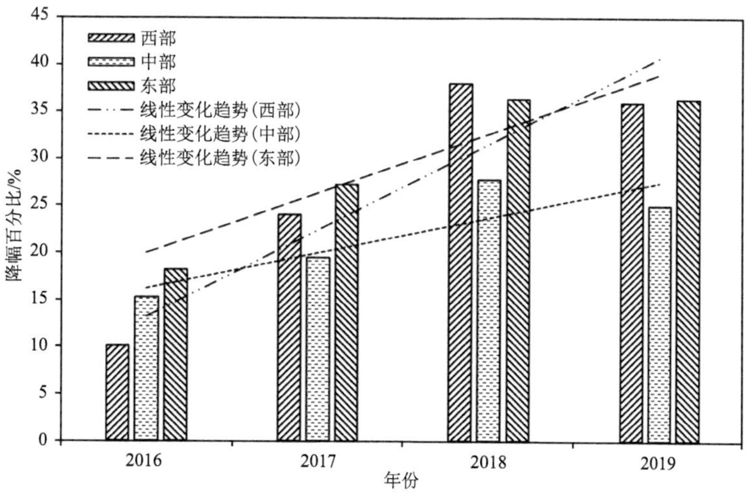

图 3.4　湖北分区 2016—2019 年与 2015 年相比 $PM_{2.5}$ 浓度变化幅度及线性趋势

图 3.5 给出了 2015—2019 年湖北西部、中部和东部地区 $PM_{2.5}$ 浓度为不同污染等级的占比分布情况。从图 3.5a 中可以看出，湖北西部地区 2015—2019 年连续 5 年未出现严重污染，重度污染的占比＜1％，$PM_{2.5}$ 达到优良的比例超过 85％，并逐年上涨，2017 年开始优良占比超过 90％，其中 2018—2019 年优的占比达到 70％以上，而轻到中度污染占比 2015—2018 年逐

年下降，2019 年较 2018 年略有上升，但仍小于 2017 年。

湖北中部地区（图 3.5b），2015—2017 年优良占比约为 65%～75%，以良为主；2018—2019 年优良占比约为 80%，优的占比略高于良；2015—2017 年轻度污染占比 15%～17%，2018—2019 年轻度污染占比约为 10%；中度污染及以上的等级占比 2015 年为 16%，2016—2019 年为 7%～10%，其中重度污染等级占比除 2015 年达到 7%，2016—2019 年不超过 4%，严重污染等级占比均不超过 0.7%。

湖北东部地区（图 3.5c），2015—2017 年优良占比约为 70%～85%，以良为主；2018—2019 年优良占比约为 90%，以优为主，占比超过 50%。2015 年轻度污染占比为 19%，之后逐年减少，2018—2019 年占比减少至 8%左右。中度污染及以上的占比，2015 年约为 10%，2016—2019 年不足 5%。2015—2016 年湖北东部严重污染占比均为 0.1%，2017—2019 年未出现 $PM_{2.5}$ 达到严重污染的情况。

$PM_{2.5}$ 为优的占比西部明显高于中、东部地区，2015—2016 年中部略大于东部，2017—2019 年东部>中部；良的占比则为东部>中部>西部；从轻度污染到重度污染占比，中部>东部>西部。

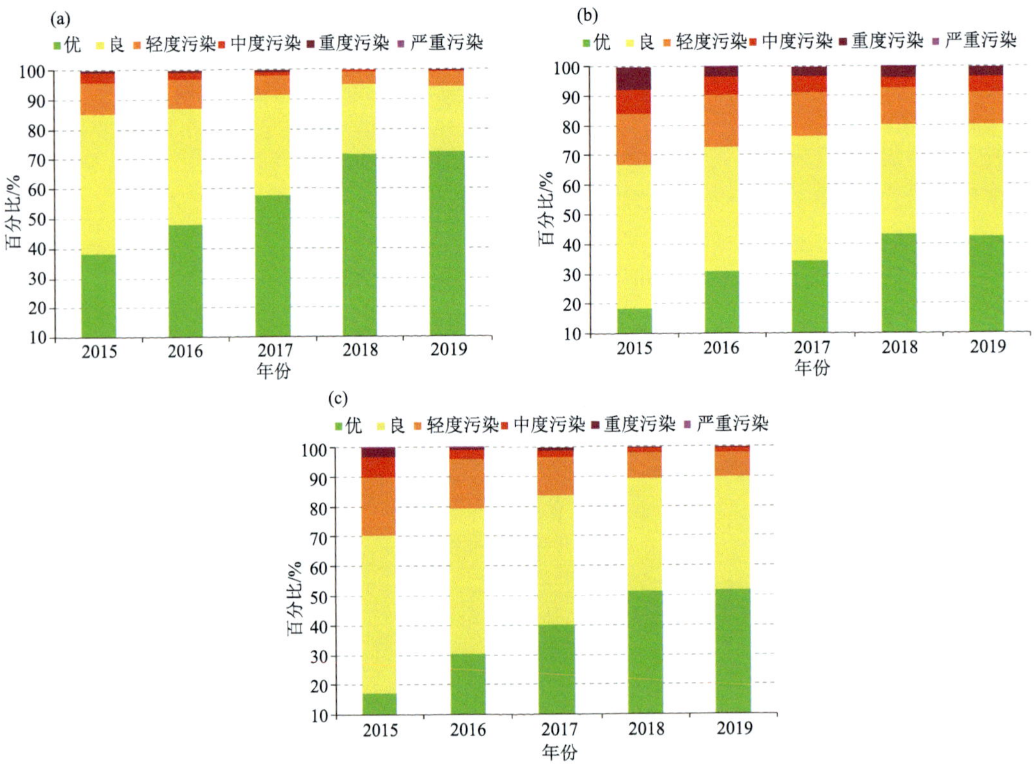

图 3.5 2015—2019 年湖北西部(a)、中部(b)、东部(c)$PM_{2.5}$ 浓度等级占比

图 3.6 给出了 2015—2019 年湖北西部、中部和东部地区，$PM_{2.5}$ 作为首要污染物占全年天数的百分比，可以看出湖北三个分区的 $PM_{2.5}$ 作为首要污染物出现的占比均逐年下降；对比三个分区的占比情况，除了 2016 年 $PM_{2.5}$ 首要污染物占比东部>中部>西部外，其他年 $PM_{2.5}$ 首要污染物占比均为中部>东部>西部。

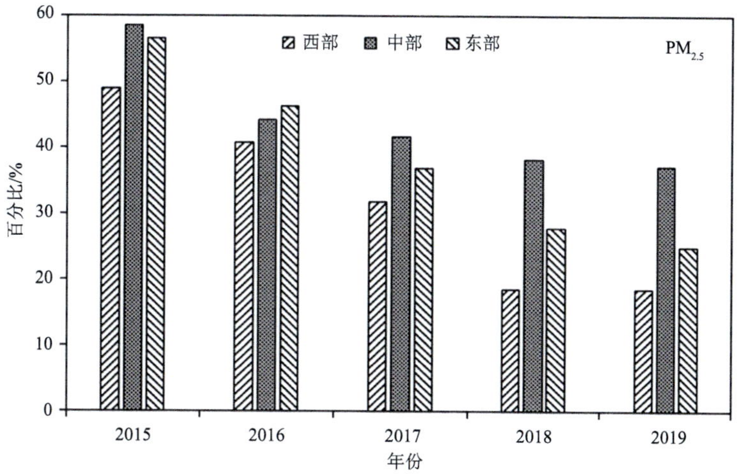

图 3.6　2015—2019 年湖北分区 $PM_{2.5}$为首要污染物的百分比

3.1.2　季节变化

从 2015—2019 年 $PM_{2.5}$浓度的季节变化(图 3.7)可以看出:冬季的 $PM_{2.5}$浓度明显高于其他三个季节,夏季则明显低于其他三个季节,其次是春季和秋季。其中,2015—2017 年均表现为春季浓度略大于秋季,2018 年则表现相反,秋季略高于春季,2019 年春季和秋季浓度持平。2015—2019 年,冬季的 $PM_{2.5}$浓度呈波动式下降趋势,前 4 年浓度变化幅度不大,而 2019 年全省平均的 $PM_{2.5}$浓度较之前有显著下降;春季、夏季和秋季 $PM_{2.5}$浓度连续 5 年呈持续下降趋势。

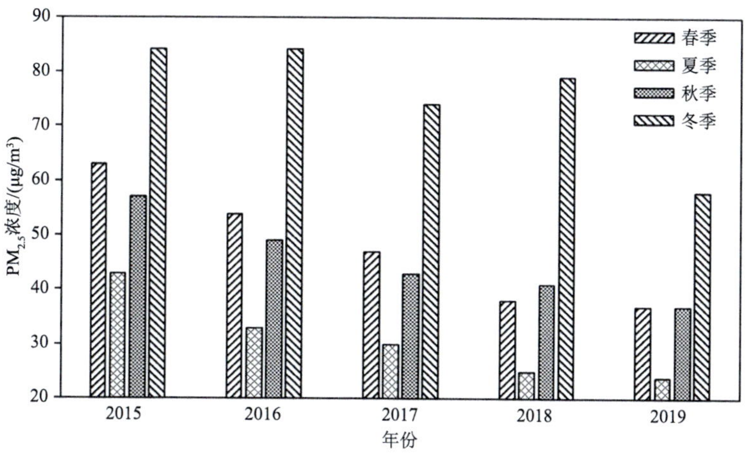

图 3.7　2015—2019 年湖北 $PM_{2.5}$浓度的季节变化

图 3.8 给出了湖北西部、中部和东部地区 $PM_{2.5}$浓度为不同污染等级的百分比,可见,湖北三个分区均表现为优良占比夏季最高,冬季最低,春季和秋季基本相同,相应的轻度及以上的污染占比,冬季最高、夏季最低,而且占比中部>东部>西部。湖北三个分区夏季 $PM_{2.5}$优良占比接近 99%;春、秋季西部 $PM_{2.5}$浓度达到轻度污染及以上的占比不足 5%,中部最高约为

15%，东部约为 10%；冬季是全年 $PM_{2.5}$ 污染最高的季节，西部轻度污染及以上的占比约为 25%，中部约为 60%，东部约为 40%，$PM_{2.5}$ 浓度从轻度污染到严重污染都是中部最严重，其次是东部，西部占比最低。中度污染到严重污染主要出现在冬季，其他季节污染程度很轻，不足 5%。

$PM_{2.5}$ 浓度的这种季节变化除了和污染物排放有关系外，还和气象条件有关。一年中夏季太阳辐射最强、温度最高、大气扩散稀释能力最强，同时降水湿清除作用强，污染物较易于扩散清除，空气质量最好；冬季则刚好相反，太阳辐射最弱、温度最低，容易出现逆温层，大气扩散稀释能力最弱，同时冷空气活跃，将北方污染物向本地输送，污染物不易扩散，空气质量最差；秋季和春季污染程度则居中。

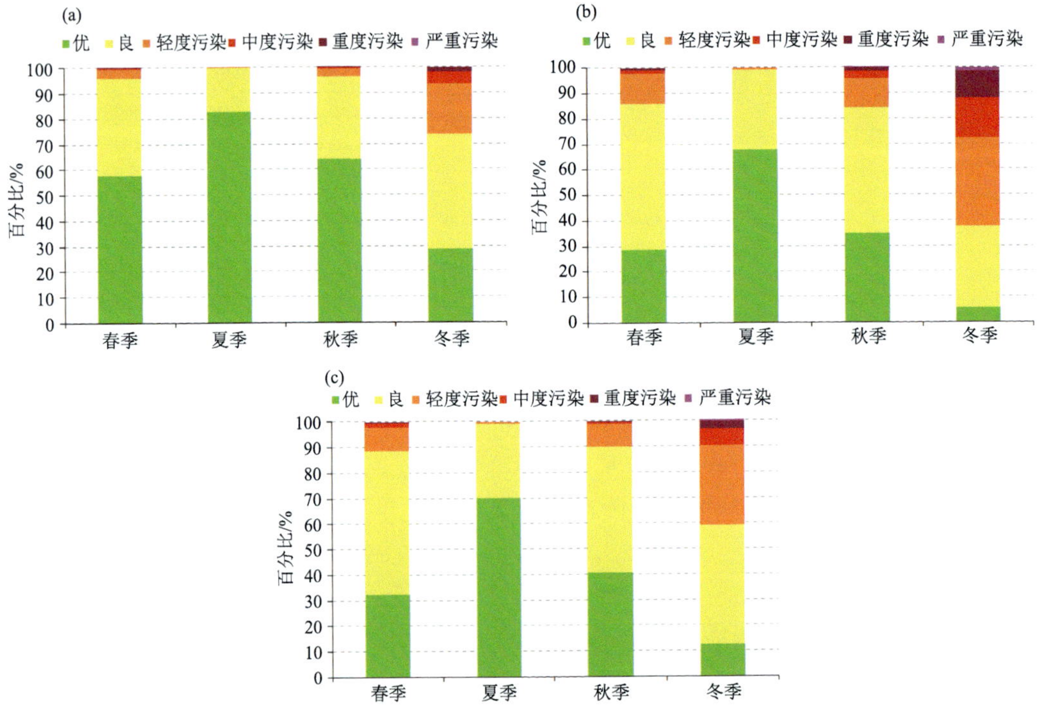

图 3.8　2015—2019 年湖北西部(a)、中部(b)、东部(c)$PM_{2.5}$浓度等级占比

3.1.3　月变化

从 2015—2019 年湖北省平均的 $PM_{2.5}$ 浓度逐月变化图（图 3.9）中可以看出，$PM_{2.5}$ 浓度逐月分布呈现“U”形分布，其中 1 月、2 月和 12 月处于高点，7 月最低。全年 12 个月中，1 月的 $PM_{2.5}$ 浓度最高达到 97 $\mu g/m^3$，其次是 12 月为 79 $\mu g/m^3$，7 月浓度最低为 28 $\mu g/m^3$。根据空气质量等级划分的 $PM_{2.5}$ 浓度日均值标准，一级为 0～35 $\mu g/m^3$，为优，二级 36～75 $\mu g/m^3$，为良；大于75 $\mu g/m^3$ 则超过国家二级标准，为出现 $PM_{2.5}$ 轻度及其以上的污染。从逐月 $PM_{2.5}$ 浓度变化来看，1 月、2 月和 12 月容易出现 $PM_{2.5}$ 浓度不达标，而 6 月、7 月和 8 月 $PM_{2.5}$ 浓度日均值则小于 35 $\mu g/m^3$，处于空气质量国家一级标准，即在这 3 个月 $PM_{2.5}$ 浓度容易出现优。

从 2015—2019 年湖北西部、中部、东部 $PM_{2.5}$ 浓度各个等级的逐月占比（图 3.10），可以看

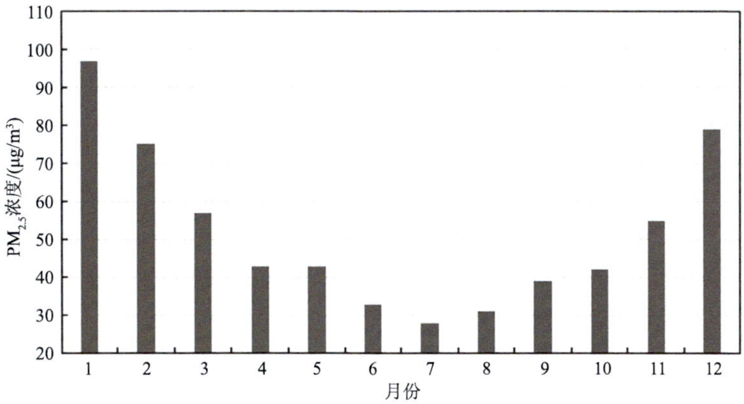

图 3.9　2015—2019 年湖北多年平均的 $PM_{2.5}$ 浓度逐月变化

出优良占比湖北西部＞东部＞中部，4—10 月期间 $PM_{2.5}$ 达到优良的百分比接近或超过 90%，尤其是 6—8 月湖北三个分区 $PM_{2.5}$ 优良天数占比超过 98%。对比 $PM_{2.5}$ 优良的占比发现，湖北西部 4—11 月优的占比高于良的占比，湖北中部仅在 6—8 月，优的占比高于良，湖北东部则是 6—10 月；其他月均是良的占比高于优。

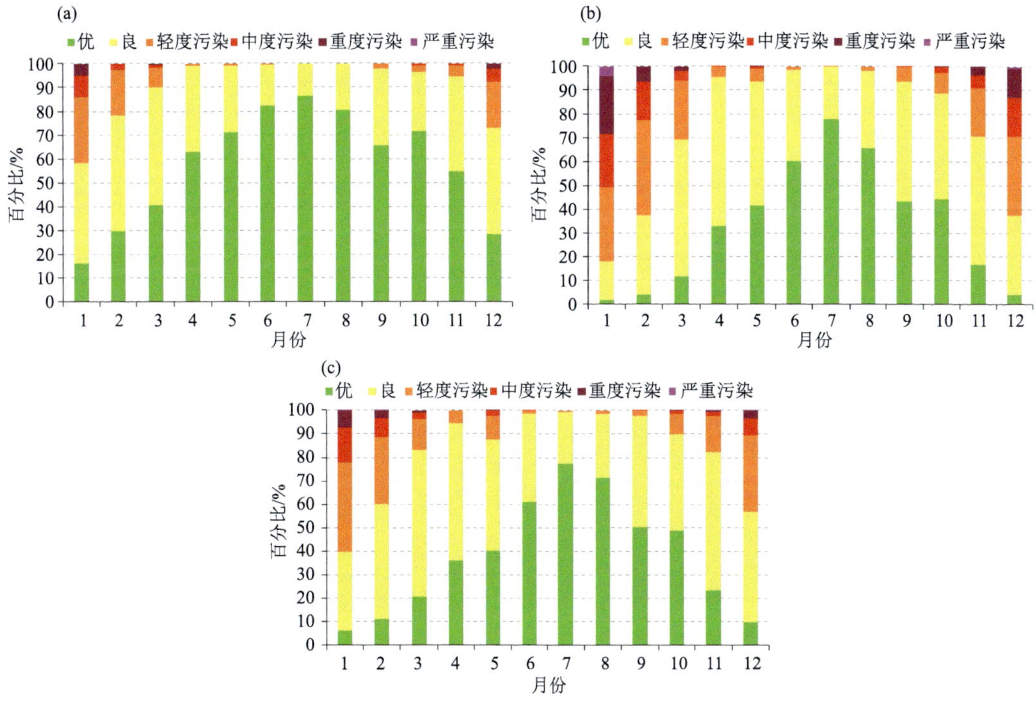

图 3.10　2015—2019 年湖北西部(a)、中部(b)、东部(c)$PM_{2.5}$ 浓度等级占比的月变化

$PM_{2.5}$ 为优的月时间序列呈倒“U”形的单峰分布，湖北三个分区均在 7 月 $PM_{2.5}$ 优的占比最高，1 月最低，其次是 2 月和 12 月；$PM_{2.5}$ 为良的月时间序列呈双峰分布，其中西部的峰值分别为 2 月、3 月和 12 月，中部的峰值为 4 月和 11 月，东部的峰值是 3 月和 11 月，谷值均为 7 月。

湖北三个分区 $PM_{2.5}$ 轻度到严重污染累加的占比序列均呈“U”形单峰分布。其中 1 月最高，其次是 12 月；西部是 8 月最低，中部和东部为 7 月最低，其中 6—8 月 $PM_{2.5}$ 为轻度污染及以上的天数占比均不足 2%。1 月、4 月、5 月轻度污染占比东部＞中部＞西部，2 月、3 月、11 月和 12 月轻度污染占比中部＞东部＞西部；中度污染到严重污染主要出现在 1—3 月和 10—12 月，这些月份均表现为中部＞东部＞西部。湖北的西部未出现 $PM_{2.5}$ 严重污染的情况，而湖北东部的严重污染出现于 1—2 月和 11—12 月，但是出现占比很低，小于 0.3%，严重污染主要出现在湖北中部，主要出现在 1 月和 11—12 月。

图 3.11 给出了湖北分区的三种主要污染物（$PM_{2.5}$、PM_{10}、O_3）作为首要污染物的概率逐月变化情况，可以看出，湖北三个分区 $PM_{2.5}$ 为首要污染物的月分布均呈“U”形分布，高点在 1 月和 12 月，低点出现在 7—8 月；湖北中东部 1—3 月和 11—12 月 $PM_{2.5}$ 为首要污染物的概率超过 50%，超过其他五种污染物占比，尤其是冬季的 1 月、2 月和 12 月占比超过 70%；湖北西部 1—2 月以及 12 月 $PM_{2.5}$ 为首要污染物的概率超过 60%，超过其他五种污染物占比。从空间分布来看，1—4 月以及 10—12 月，$PM_{2.5}$ 为首要污染物的概率中部最高，其次是东部，西部最低。

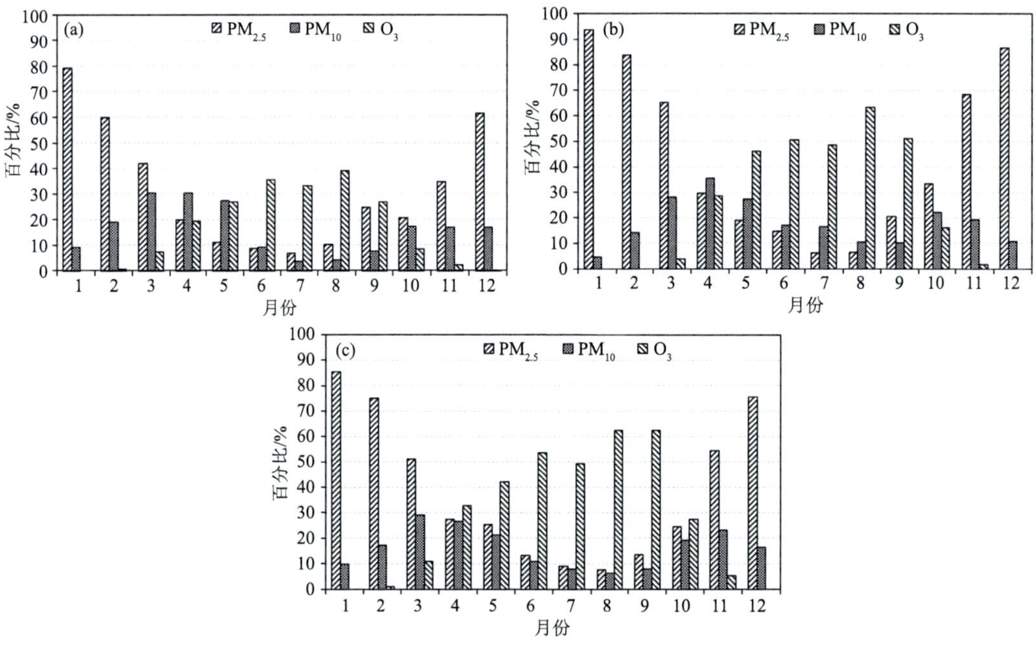

图 3.11　2015—2019 年湖北西部（a）、中部（b）、东部（c）$PM_{2.5}$、PM_{10} 和 O_3 为首要污染物的概率逐月分布情况

3.1.4　日变化

图 3.12 给出了 2015—2019 年 5 年平均的逐月湖北分区的 $PM_{2.5}$ 质量浓度日变化曲线，可以看出，湖北三个分区的变化趋势相似，均呈现双峰结构，峰值的时间分别是 11:00—12:00 和 22:00—23:00，谷值出现 07:00—08:00 和 17:00—18:00，由于小时浓度给出的是整点前 1 h 时段内的浓度，所以峰值的时间分别是 10:00—11:00 和 21:—22:00，谷值出现在 06:00—07:00 和 16:00—17:00。

总体的日变化趋势为00:00开始$PM_{2.5}$浓度开始逐渐下降，到06:00—07:00达到低谷，08:00之后$PM_{2.5}$值逐渐上升，到11:00前后达到白天的峰值，中午过后开始逐渐下降，在17:00前后达到一天中最低点值，18:00之后$PM_{2.5}$浓度又逐渐上升，22:00前后达到峰值。$PM_{2.5}$的这种日变化情况与人类活动和气象条件变化有密切的关系：早晨开始人类活动增加，各类工业源、生活源、移动源排放增加，使得大气中的污染物浓度增加，随着太阳辐射的加强、温度上升，二次转化而来的$PM_{2.5}$增多，到中午时污染物浓度达到白天中的峰值；之后随着温度上升，大气的不稳定性增大，对流和湍流交换增强，混合层高度升高，污染物浓度下降，在17:00前后达到日最低点；之后因下班高峰期汽车尾气大量排放，有利于$PM_{2.5}$浓度上升，另一个重要原因与气象条件有关，由于太阳辐射减弱消失，混合层高度降低，使得污染物浓度升高，而且夜间到清晨在对流层低层容易形成逆温层，使得空气无法垂直交换，污染物就很难扩散，在22:00前后出现夜间浓度的峰值，后半夜至清晨$PM_{2.5}$浓度会略有下降，而且西部下降的趋势较明显，而中部和东部地区的下降趋势很小，几乎稳定维持极值浓度。

从晚秋到初春季节(11—12月，1—3月)$PM_{2.5}$的浓度较高，而且日变化更明显，振幅较大，其中尤以1月浓度最大，其次是12月和2月，4—10月$PM_{2.5}$浓度较低，而且日变化较小。如果按照$PM_{2.5}$空气质量国家二级浓度限值日均值75 μg/m³来看逐月$PM_{2.5}$的日变化情况，可以看出，对于湖北西部而言，$PM_{2.5}$超标主要为1月，中部地区为1—3月和11—12月，东部地区为1月、2月、12月。另外，从湖北三个分区的极值浓度来看，晚秋(11—12月)到初春(1—3月)季节，$PM_{2.5}$夜间的极值浓度一般高于白天的极值浓度，而且西部地区高出的幅度最大。对于污染最严重的1月而言，西部夜间极值浓度高出白天8.8%，中部为4.6%，东部为4.4%。分析湖北17个城市的日变化情况发现，并不是所有城市夜间极值浓度均高于白天极值浓度，襄阳、随州和黄石这三个城市白天极值浓度高于夜间，高出的比例分别为2.7%、5.8%和7.1%。

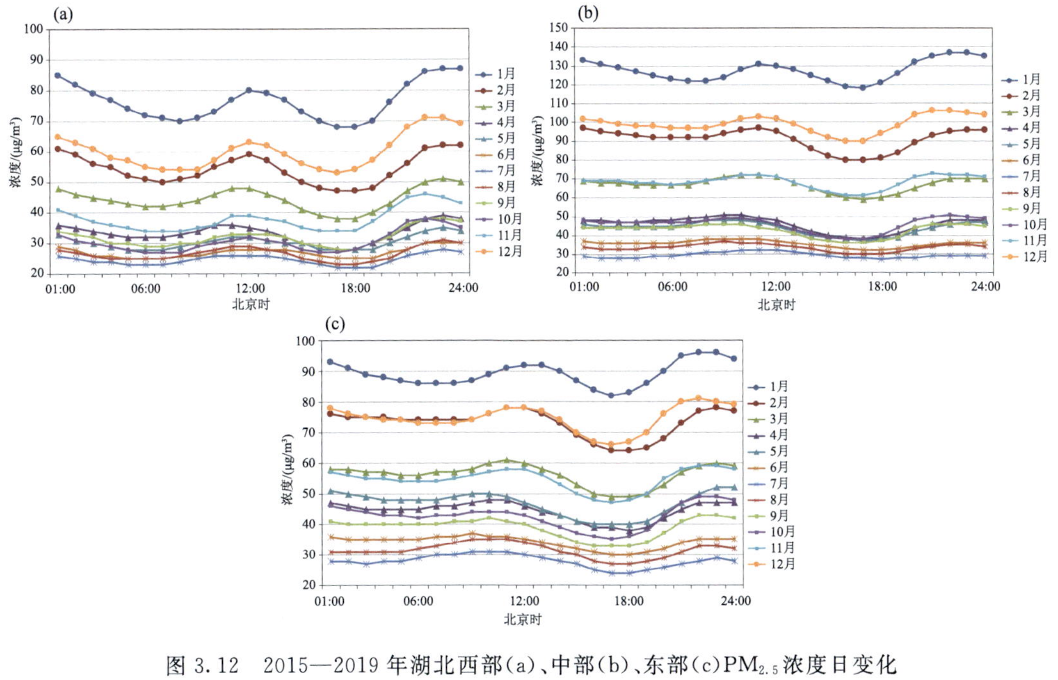

图3.12　2015—2019年湖北西部(a)、中部(b)、东部(c)$PM_{2.5}$浓度日变化

3.2 PM$_{10}$时空分布特征

3.2.1 空间分布

从 2015—2019 年 5 年平均的 PM$_{10}$的空间分布来看(图 3.13a),PM$_{10}$分布呈现三级分布特征。湖北西部的神农架和恩施年平均浓度在 70 μg/m^3 以下,达到空气质量二级标准,其次是咸宁、十堰和黄冈的 PM$_{10}$年平均浓度较低,在 80 μg/m^3 以下,以上 5 个城市处于湖北的地形较复杂的山区或者平原与山区的过渡带。襄阳、宜昌、荆门和荆州这 4 个城市的 PM$_{10}$年平均浓度较高,浓度在 90 μg/m^3 以上,处于湖北中部,是北方冷空气影响湖北的重要通道。其他 10 个城市的 PM$_{10}$年平均浓度为 80～90 μg/m^3,处于东部平原地带。从湖北省 2015—2019 年逐年 PM$_{10}$的空间分布来看(图 3.13b～f),2015 年神农架 PM$_{10}$浓度最低,其次是恩施,然后是十堰、黄冈和咸宁,而除这 5 个城市外,其他 12 个城市 PM$_{10}$浓度均较高,除天门为 99 μg/m^3,其他均在 100 μg/m^3 以上,其中荆门最高为 117 μg/m^3。2016 年湖北 PM$_{10}$浓度较 2015 年明显下降,尤其是东部地区的降幅较大(图 3.14),从 2015 年的 100～115 μg/m^3 下降到 2016 年的 77～97 μg/m^3,平均降幅达到 16.7%,中部地区降幅达为 10.0%,西部 PM$_{10}$浓度最轻,下降幅度最小,为 6.8%(图 3.15)。2017—2019 年 PM$_{10}$的空间分布和 2015—2016 年类似,仍然为西部最低、东部其次、中部较高。而且 2019 年浓度基本持平于 2018 年。从 2016—2019 年相较于 2015 年的降幅趋势可以看出(图 3.15),西部＞中部＞东部。

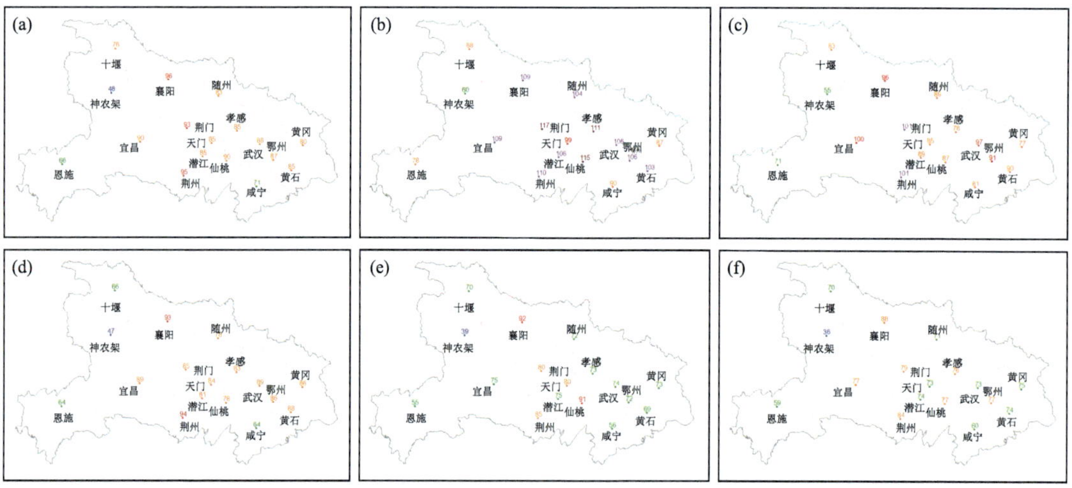

图 3.13　2015—2019 年湖北 PM$_{10}$浓度分布(单位:μg/m^3)

(a)2015—2019 年平均;(b)2015 年;(c)2016 年;(d)2017 年;(e)2018 年;(f)2019 年

从 2015—2019 年湖北西部、中部和东部平均 PM$_{10}$浓度逐年分布情况及随时间变化趋势(图 3.14),可以清晰地看出 2015—2018 年三个分区的 PM$_{10}$浓度均随时间呈逐年减小趋势,

2019 年浓度与 2018 年基本持平。而且湖北西部 PM_{10} 浓度最低，中部地区 PM_{10} 浓度最高，东部地区居于两者之间，随时间变化的趋势是西部变幅最小，中部地区变幅最大，东部其次。

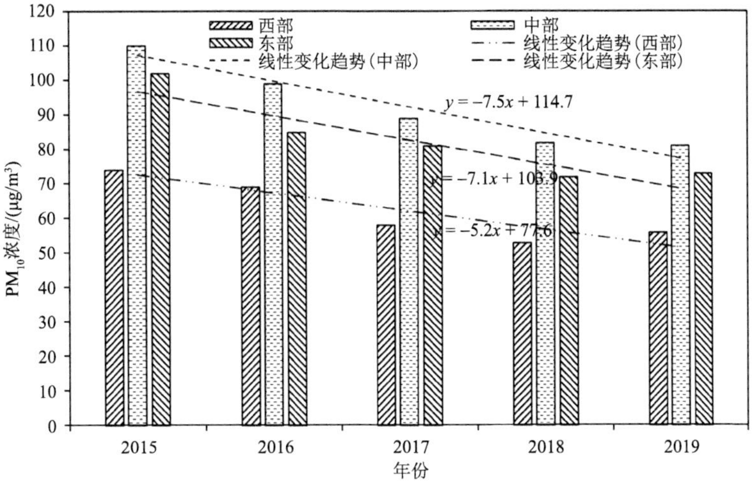

图 3.14　2015—2019 年湖北分区的 PM_{10} 浓度逐年分布及线性趋势

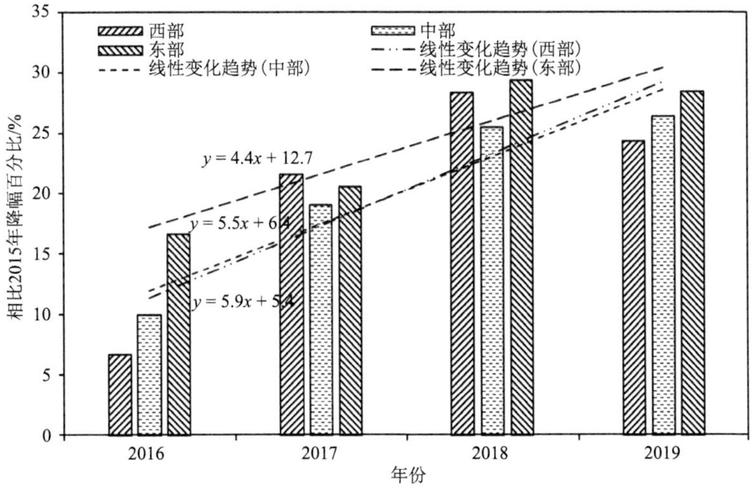

图 3.15　湖北分区 2016—2019 年与 2015 年相比 PM_{10} 浓度变幅及线性趋势

从 2015—2019 年 PM_{10} 不同污染等级情况来看(图 3.16)，2015—2018 年湖北西部、中部和东部 PM_{10} 达到优的占比逐年升高，2019 年占比略低于 2018 年。湖北西部、东部 PM_{10} 浓度达到良的占比从 2015—2018 年逐年降低，而 2019 年占比高于 2018 年，湖北中部良的占比呈波动式变化。湖北三个分区优良的总占比均逐年升高，而且西部优良占比最高，中部优良占比率最低。2017—2019 年西部优良占比高于 97%，中部占比高于 90%，东部高于 95%。PM_{10} 浓度达到轻度—中度污染的概率均表现为中部＞东部＞西部，除西部 2019 年略高于 2018 年，随时间呈逐年下降趋势。2015 年西部地区轻度—中度污染占比最低，为 6.4%；中部地区最高，为 20.2%；东部地区占比为 15.9%。到了 2019 年，西部地区轻度—中度污染占比最低，为 2.0%；中部地区最高，为 7.4%；东部地区占比为 3.8%。PM_{10} 浓度达到重度污染到严重污染的比例很低，出现的概率不足0.3%，5年时间西部地区未出现严重污染，重度污染仅出现1站次，中部地区出现过1站次严重污染，东部地区出现过5站次严重污染。

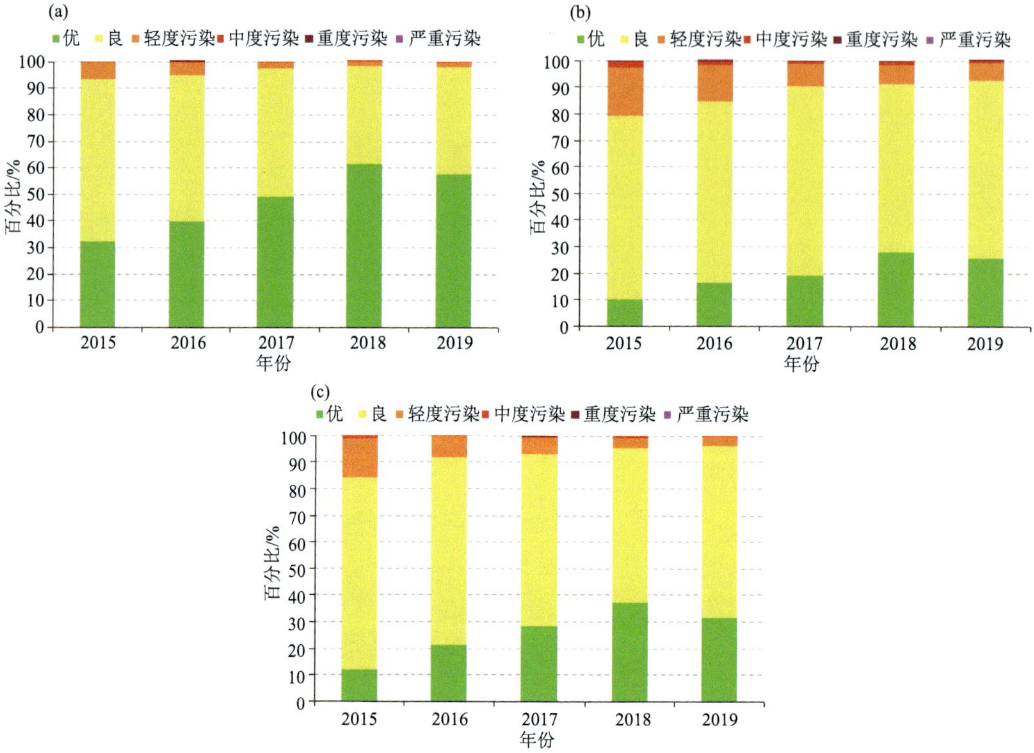

图3.16　2015—2019年湖北西部(a)、中部(b)、东部(c)PM_{10}浓度等级占比

图3.17给出了2015—2019年PM_{10}作为首要污染物的占比情况。从图中可以看出，2015年、2016年、2018年PM_{10}为首要污染物的占比中部>西部>东部；2017年和2019年PM_{10}为首要污染物的占比则是东部最大，2019年西部>中部，2017年相反为中部>西部。从各个分

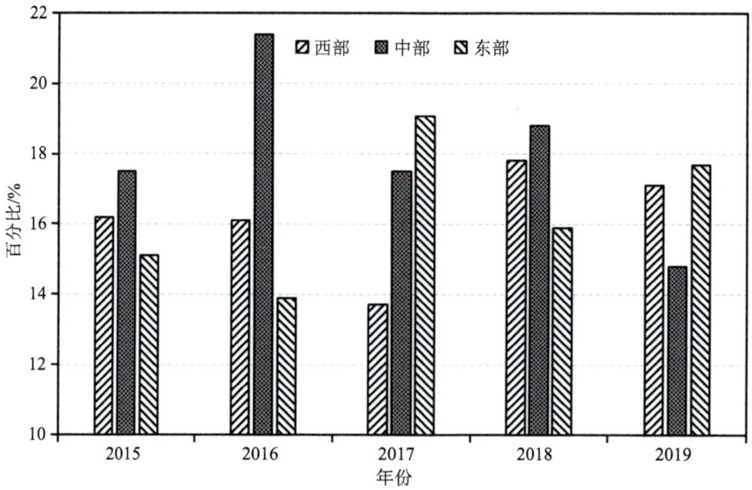

图3.17　2015—2019年湖北三个分区首要污染物PM_{10}的百分比

区逐年的变化情况来看，PM_{10} 作为首要污染物的占比没有像 $PM_{2.5}$ 一样逐年递减，而是没有明显的规律。湖北西部 PM_{10} 首要污染物占比约为 13.0%～18.0%，其中 2018 年占比最高，为 17.8%；2017 年最低，为 13.7%。湖北中部 PM_{10} 首要污染物占比为 14.0%～22.0%，其中 2016 年最高，为 21.4%；2019 年最低，为 14.8%。湖北东部 PM_{10} 首要污染物占比约为 13.0%～19.0%，2017 年 PM_{10} 首要污染物占比最高，2016 年最低。

3.2.2　季节分布

从 2015—2019 年 PM_{10} 浓度的季节变化可以看出（图 3.18）：冬季的 PM_{10} 浓度明显高于其他三个季节，夏季则明显低于其他三个季节，春季浓度高于秋季。2015—2019 年，除 2019 年夏季浓度略高于 2018 年夏季外，四个季节的 PM_{10} 浓度连续 5 年呈下降趋势。

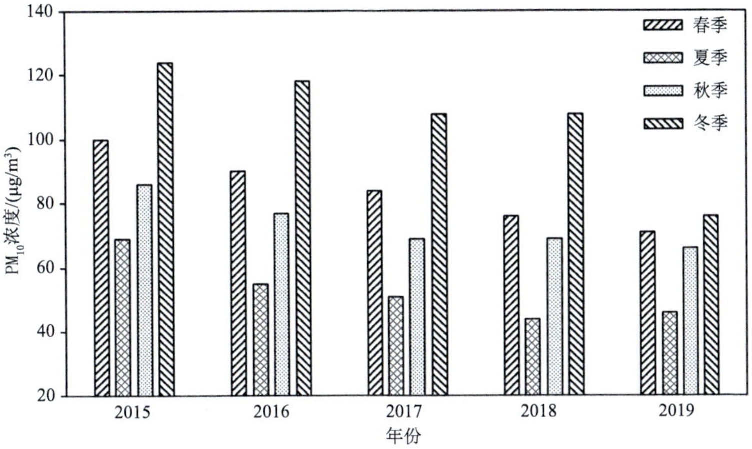

图 3.18　2015—2019 年湖北 PM_{10} 浓度的季节变化情况

3.2.3　月变化

从湖北省 PM_{10} 浓度逐月变化图中可以看出（图 3.19），PM_{10} 浓度逐月分布呈现“U”形分布，其中 1 月和 12 月处于高点，7 月最低。全年 12 个月中，1 月的 PM_{10} 浓度最高达到 133 $\mu g/m^3$，其次是 12 月为 114 $\mu g/m^3$ 和 2 月为 110 $\mu g/m^3$，7 月浓度最低为 49 $\mu g/m^3$。全年 12 个月，在 PM_{10} 组分中，$PM_{2.5}$ 占 PM_{10} 的 54%～73%，4—10 月 $PM_{2.5}$ 在 PM_{10} 中的占比为 54%～60%，其中 4 月、5 月占比最小为 54%，1—3 月以及 11—12 月占比为 61%～73%，1 月最高达到 73%，表明在晚秋到初春期间，颗粒物污染严重的时期，主要的颗粒物源自 $PM_{2.5}$。

图 3.20 给出了 PM_{10} 浓度等级占比的逐月变化情况。从图中可以看出，湖北三个分区 PM_{10} 为优的逐月占比呈现单峰分布，7 月优的占比最高，西部为 84%、中部为 49%、东部为 63%。PM_{10} 浓度为良的逐月分布呈现双峰分布，西部峰值出现在 2 月和 12 月，中部出现在 3—5 月以及 11 月，东部出现在 3 月和 11 月，谷值均出现在 7 月。PM_{10} 浓度从轻度污染到中度污染的月分布呈现“U”形分布，高值出现在 1 月和 12 月。

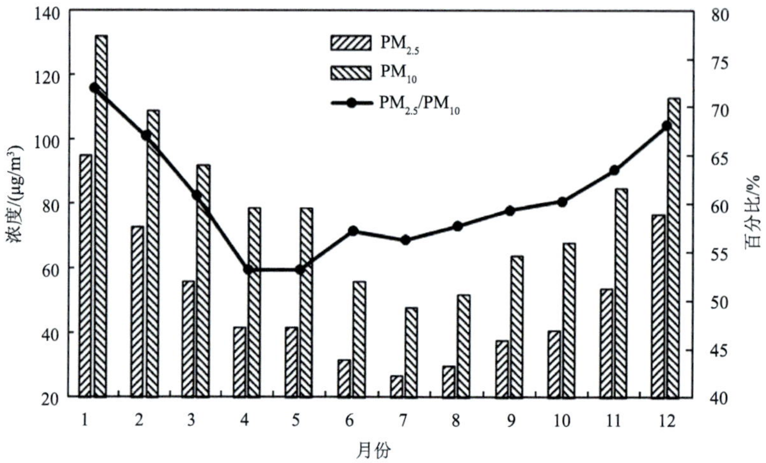

图 3.19　2015—2019 年湖北多年平均的逐月 $PM_{2.5}$、PM_{10} 浓度及占比情况

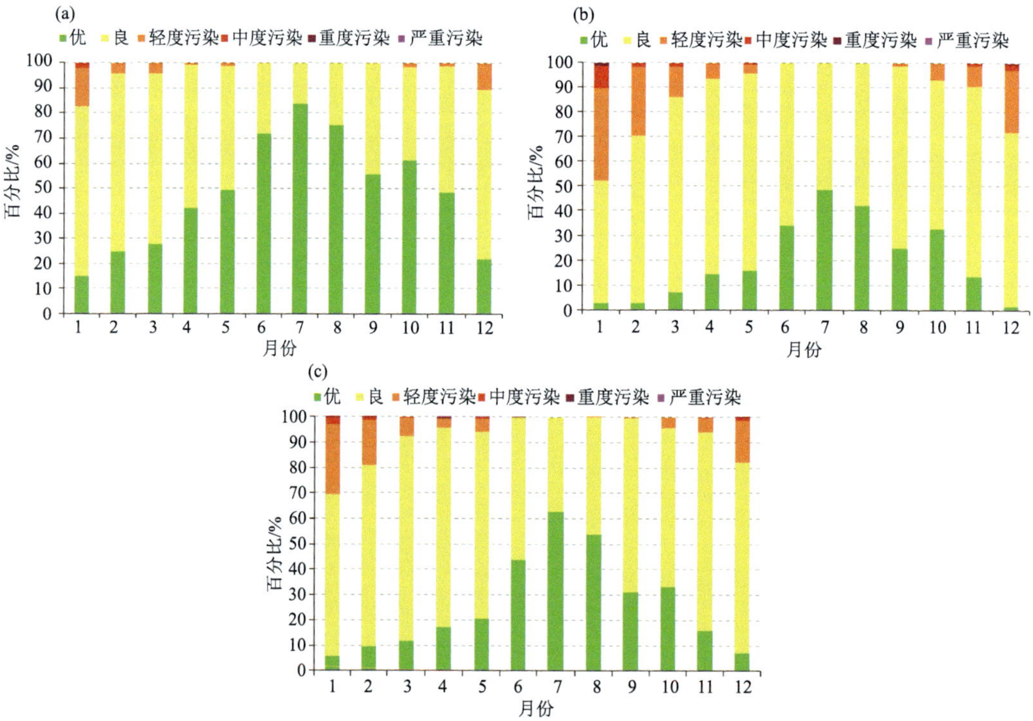

图 3.20　2015—2019 年湖北西部(a)、中部(b)、东部(c)PM_{10} 浓度等级占比的月变化

分析了 PM_{10} 作为首要污染物出现的概率逐月分布情况发现(图 3.21)，其月变化呈现双峰型分布。一个高概率值出现在春季的 3—4 月，概率超过 25%，另一个出现在秋季 10—11 月，概率为 15%～25%。而且春季出现 PM_{10} 为首要污染物的概率高于秋季，湖北西部谷值概率出现在 7 月，中部为 1 月，东部为 8 月。湖北西部峰值概率出现在 3—4 月和 10 月，中部为 4 月和 10 月，东部为 3 月和 11 月。

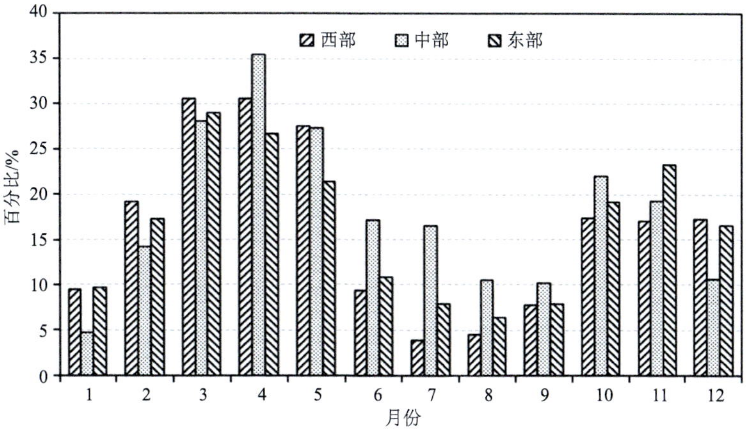

图 3.21　2015—2019 年湖北 PM_{10} 为首要污染物的概率逐月分布情况

3.2.4　日变化

图 3.22 给出了 2015—2019 年 5 年湖北分区的 PM_{10} 质量浓度逐月平均的日变化曲线。可以看出，湖北三个分区的变化趋势相似，均呈现双峰结构，峰值的时间分别是 11:00 前后和 21:00—22:00 附近，谷值出现在 06:00—07:00 和 16:00—17:00，和 $PM_{2.5}$ 的日变化一致。前半夜 PM_{10} 的峰值浓度基本上大于 11:00 前后的峰值浓度。对比湖北三个分区的小时浓度可以看出，除个别月份的个别时刻东部略大于中部，绝大多数 PM_{10} 浓度表现为西部<东部<中部，PM_{10} 浓度超过 100 μg/m^3 的月份，在湖北西部主要为 1 月和 12 月，中部为 1—3 月以及 11—12 月，东部为 1—2 月和 12 月，即中部出现时间最长，西部时间最短。

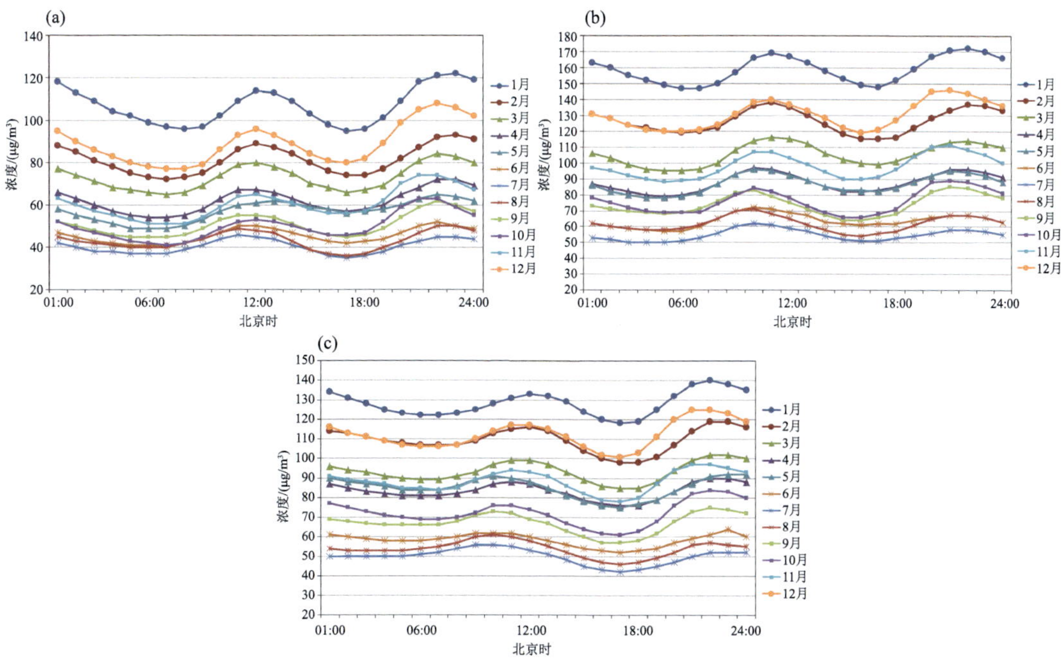

图 3.22　2015—2019 年湖北西部(a)、中部(b)、东部(c)PM_{10} 浓度日变化

3.3 O_3时空分布特征

3.3.1 空间分布

从 2015—2019 年 5 年平均的日最大 O_3_8 h 滑动平均的空间分布来看(图 3.23a),恩施 O_3浓度最低,为 62 μg/m³;黄冈最高,为 103 μg/m³;其他地区 80～100 μg/m³。从逐年的空间分布来看(图 3.23b～f):①2015 年恩施、宜昌、十堰、仙桃 O_3浓度较低,在 75 μg/m³ 以下,荆州、黄冈浓度超过 100 μg/m³,分别为 101 μg/m³ 和 103 μg/m³,其他地区大部在 80～100 μg/m³;②2016 年潜江和天门 O_3浓度下降到 75 μg/m³ 以下,鄂州 O_3浓度上升到 102 μg/m³,黄冈地区的浓度仍最高,为 105 μg/m³;③2017 年恩施、潜江、仙桃的浓度仍然较低,浓度在 75 μg/m³ 以下,神农架的浓度较 2016 年上升明显,为 93 μg/m³,十堰和宜昌略有上升,到 80 μg/m³ 以上,随州、咸宁较 2016 年略有上升,达到 100 μg/m³ 以上,武汉、鄂州浓度均略有下降,为 88 μg/m³ 左右;④2018 年恩施 O_3浓度仍最低,东部大部城市的 O_3浓度较 2017 年都有所上升,其中天门、潜江、仙桃的上升幅度较大,O_3 年均浓度从 2017 年的 66～80 μg/m³ 上升到 2018 年的 102～107 μg/m³,增幅在 33%以上,仙桃增幅最大为 58%;⑤2019 年的 O_3浓度较 2018 年均稳中有升,分布依旧是恩施最低,其次是十堰为 85 μg/m³,其他地区均超过 90 μg/m³,尤其是中东部地区,O_3浓度接近或超过 100 μg/m³,其中天门和仙桃超过 110 μg/m³,有 9 个城市浓度超过 100 μg/m³,较 2018 年的 4 个增加了一倍多。

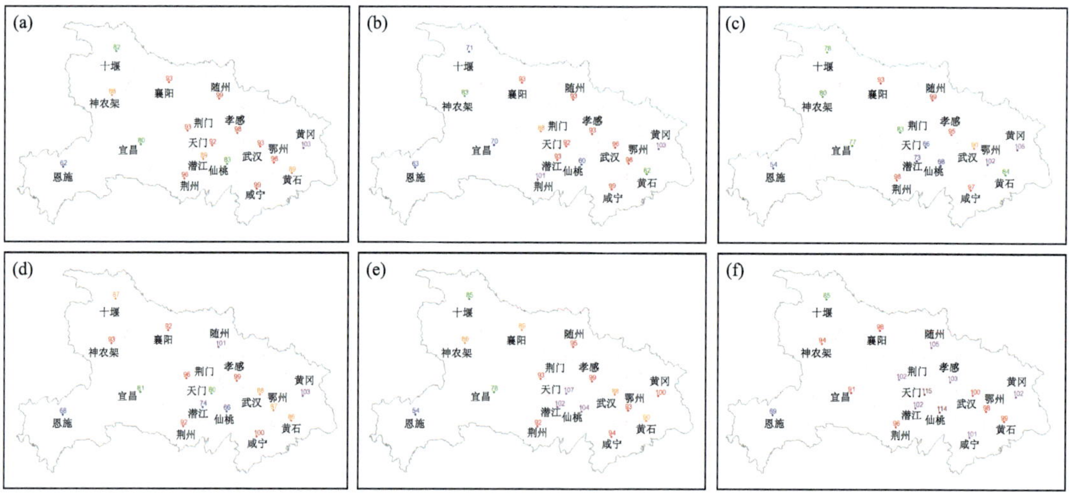

图 3.23　2015—2019 年湖北 O_3_8h 年均浓度分布(单位:μg/m³)

(a)2015—2019 年平均;(b)2015 年;(c)2016 年;(d)2017 年;(e)2018 年;(f)2019 年

从湖北分区的 O_3浓度逐年演变及线性趋势可以看出(图 3.24),2015—2019 年 O_3浓度西部＜中部＜东部。其中 2015—2017 年中部和东部平均浓度相差很小,不超过 3 μg/m³;

2018—2019 年东部高出中部浓度 7 μg/m³ 以上。从线性趋势来看，随时间增长，东部＞西部＞中部。

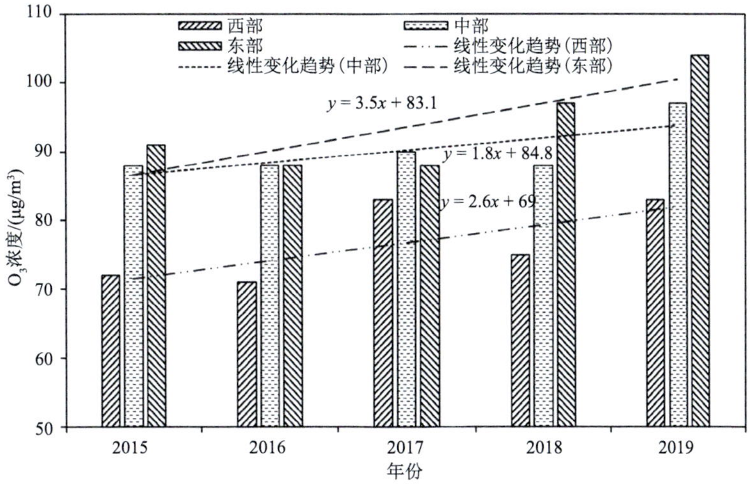

图 3.24　2015—2019 年湖北分区 O_3_8h 浓度逐年分布及线性趋势

从 2015—2019 年 O_3 作为首要污染物的占比图上可以看出（图 3.25），除 2017 年中部＞东部＞西部外，其他年均为东部＞中部＞西部。除了 2016 年西部、2017 年东部 O_3 作为首要污染物占比略小于前一年外，湖北三个分区 O_3 首要污染物占比呈逐年上升趋势，而且东部上升趋势最大、中部其次、西部最小。2019 年湖北中、东部地区 O_3 作为首要污染物的占比已经超过了 35%。

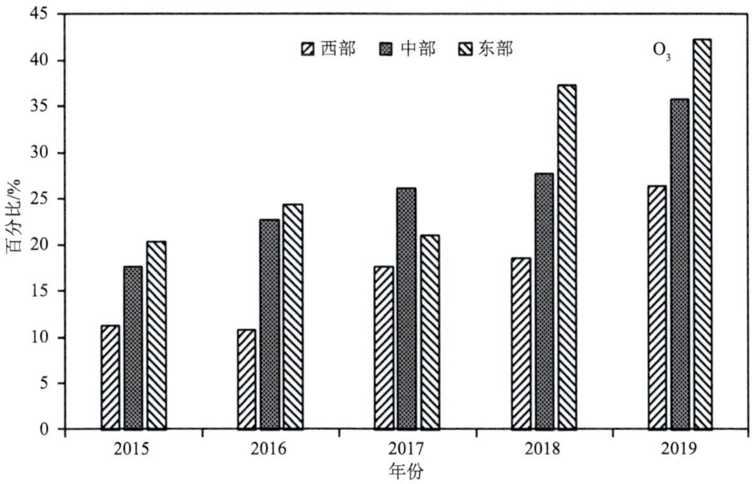

图 3.25　2015—2019 年湖北三个分区 O_3 为首要污染物的百分比

3.3.2　季节分布

从 2015—2019 年 O_3 浓度的季节变化来看（图 3.26），夏季 O_3 浓度最高，冬季浓度最低，春季和秋季明显分成了两段。2015—2017 年春季浓度明显高于秋季浓度，2015 年高出 8 μg/m³，

2016—2017 年则高出 20 μg/m^3，而 2018—2019 年春季和秋季的 O_3 浓度基本相当。从季节的年变化可见，2015—2017 年夏季浓度略高于春季浓度，高出量基本小于 5 μg/m^3，2018—2019 年则表现出夏季明显高于春季，高出量在 20 μg/m^3 以上。从春季的逐年变化来看，O_3 浓度升高的并不大，主要是夏季本身 O_3 浓度升高所导致的。2015—2016 年秋季 O_3 浓度下降，2017 年和 2016 年基本相同，2018—2019 年秋季 O_3 浓度逐年上升。2015—2019 年冬季平均的 O_3 浓度变化不大，在 60 μg/m^3 左右，其中 2018 年浓度最低，为 50 μg/m^3。

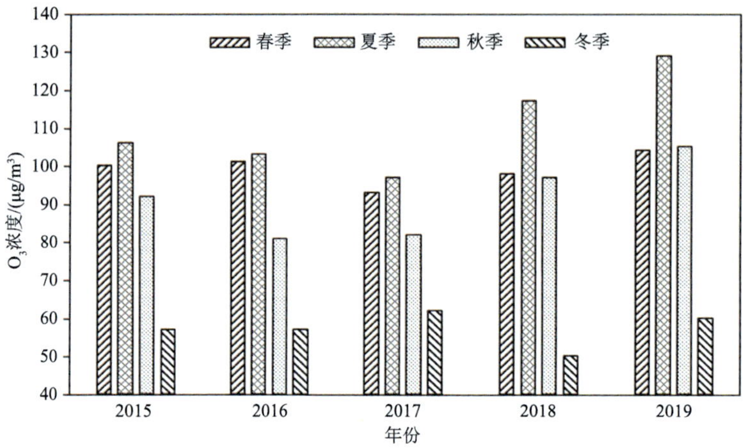

图 3.26　2015—2019 年湖北 O_3 浓度的季节变化

3.3.3　月变化

从 O_3 浓度逐月变化情况来看(图 3.27)，其月分布呈“M”形，4—9 月 O_3 浓度超过 100 μg/m^3，而且在 4—9 月期间有两个 O_3 浓度峰值，一个出现在 5—6 月，另一个出现在 8—9 月，在 7 月出现了夏季的一个低值。

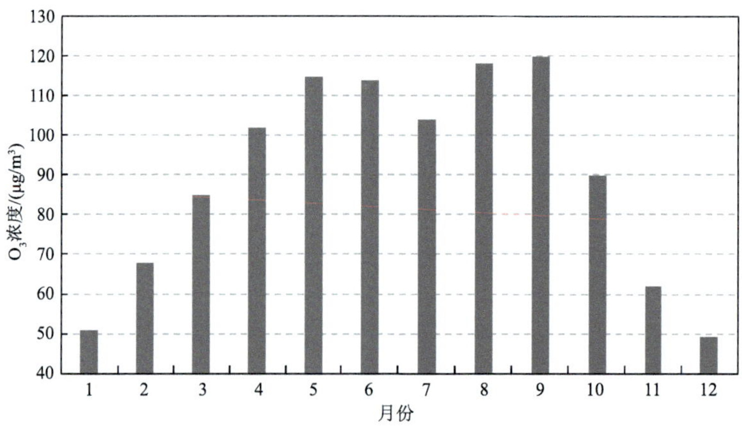

图 3.27　2015—2019 年湖北多年平均的逐月 O_3 浓度分布情况

全省 17 个城市日最大 8 h 滑动平均 O_3 浓度多位于优良内，未出现严重污染，达到重度污染概率也很低，不足 0.1%。全省 17 个城市 5 年仅出现 3 个站次的严重污染。中度污染的占比不超过 1%(9 月 O_3 中度污染占比最高，为 0.94%，其次是 6 月，为 0.64%)。O_3 轻度污染的占比在 5—10 月超过 5%，在 5—6 月和 8—9 月超过 10%，其中 9 月在 12 个月中占比最高，为 18%。

图 3.28 给出了湖北省三个分区的逐月 O_3 等级占比分布图。可以看出：①对于湖北西部地区，全年 12 个月 O_3 浓度优良的占比率均超过 97%。5 年时间 O_3 浓度仅在 3 月出现过一站次的重度污染日，其他时间均未出现中度污染以上的情况。其中 1—2 月、11—12 月优的占比超过 95%，而优良占比达到 100%。轻度污染 6—8 月超过 1%，其中 7 月达到峰值为 2.8%。②湖北中部和东部 O_3 浓度为优、良逐月变化趋势和西部一致，只是除 1—2 月和 12 月优良占比三个分区均达 100%以外，优良的占比西部最高、中部居中、东部最低，轻度污染的趋势中部、东部基本一致，呈双峰分布，但是西部呈单峰分布，中部地区 5—10 月 O_3 为轻度污染的占比超过 5%，其中 7 月在 5—10 月中占比最小，9 月占比最高为 16%，其次是 8 月 14%。③东部地区 4—10 月 O_3 为轻度污染的占比超过 6%，其中 4 月在 4—10 月中占比最小，其次是 7 月，9 月占比最高为 24%，其次是 6 月 18%。3—11 月 O_3 浓度为轻度污染和中度污染占比东部>中部。

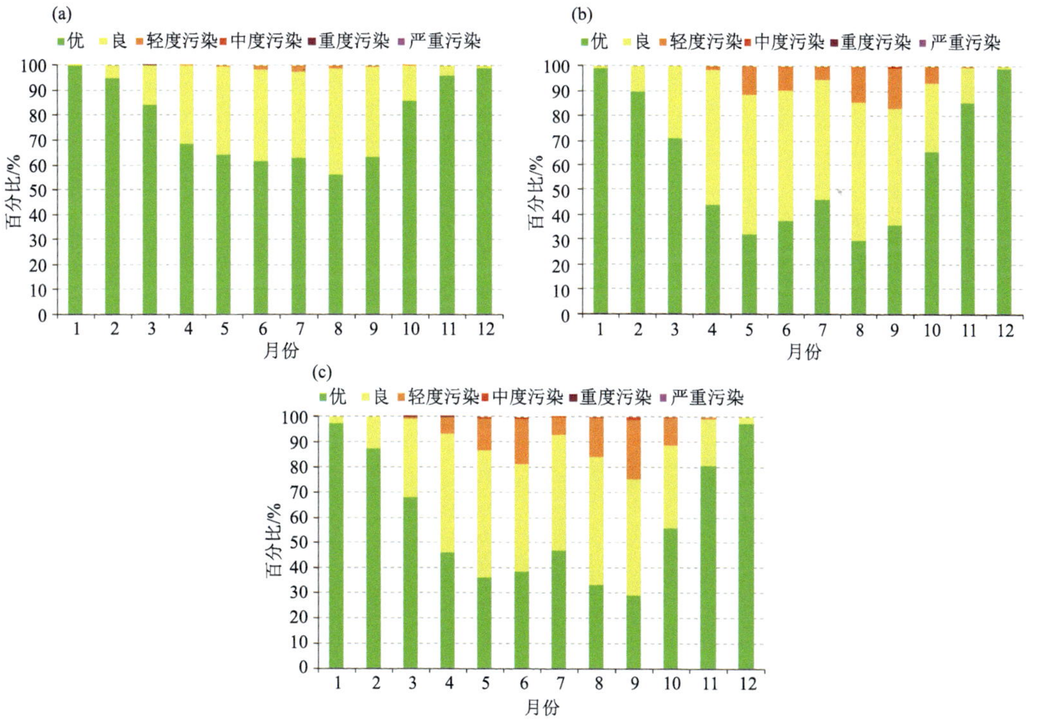

图 3.28　2015—2019 年湖北西部(a)、中部(b)、东部(c)O_3 等级占比的月变化

从 O_3 作为首要污染物出现的概率逐月变化情况来看(图 3.29)，1—12 月的概率分布呈现类似于梯形分布。1—2 月 O_3 作为首要污染物出现的概率基本为 0；3—6 月概率迅速上升；在 6 月达到一个小高峰；7 月概率较 6 月略有下降；8 月概率较 7 月有明显的提高，对于西部和中部均在 8 月达到全年 O_3 为首要污染物的最高概率；湖北东部地区则是 8—9 月概率达到峰值，为 62%；10—11 月概率迅速下降；到 12 月 O_3 作为首要污染物出现的概率基本为 0。对比三种污染物

($PM_{2.5}$、PM_{10}和 O_3)首要污染物的概率逐月变化(图 3.30),可以看出,湖北西部和中部地区 5—9 月,首要污染物主要是 O_3,湖北东部 O_3 为主要首要污染物的时间更长,长达 7 个月(4—10 月)。

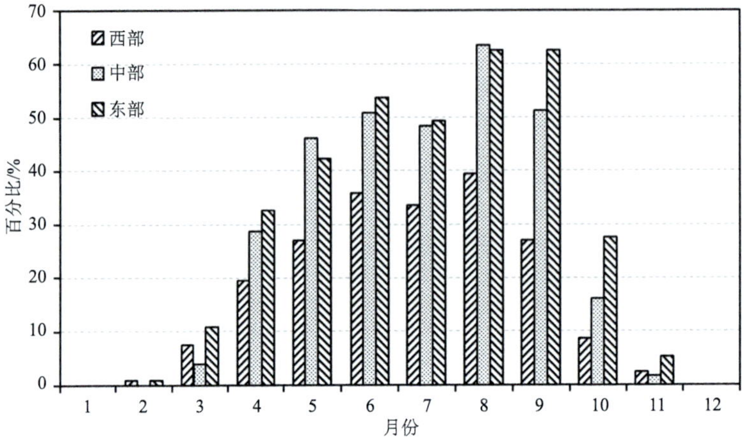

图 3.29　2015—2019 年湖北分区 5 年平均的逐月首要污染物为 O_3 概率分布

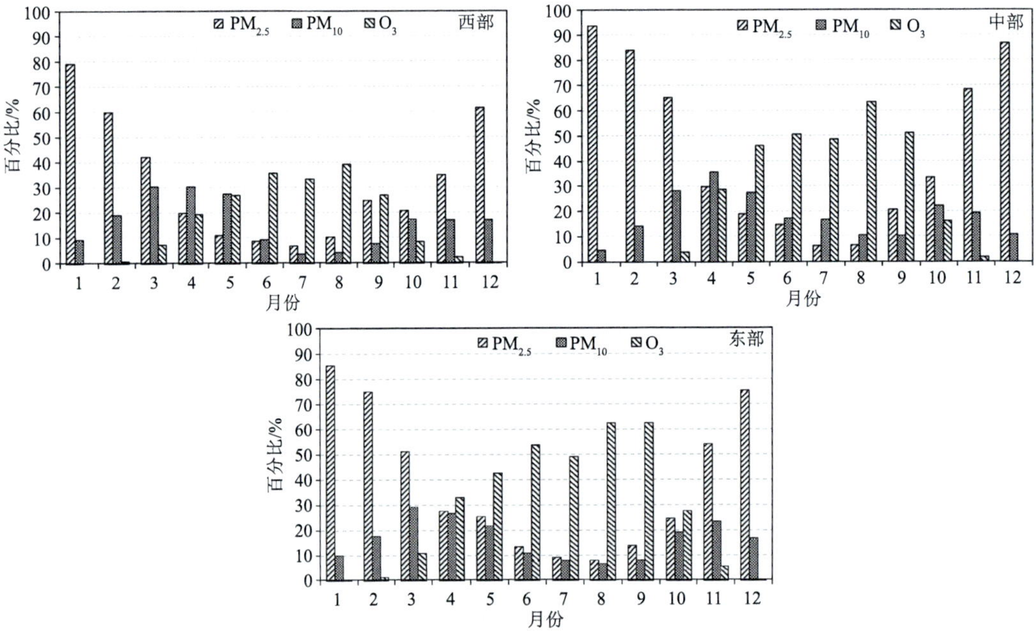

图 3.30　2015—2019 年湖北西部、中部和东部 $PM_{2.5}$、PM_{10}和 O_3 为首要污染物的概率逐月分布

3.3.4　日变化

从逐月 O_3 浓度日变化可以看出(图 3.31),全年 12 个月的 O_3 浓度日变化均呈现单峰分布。一天当中 O_3 浓度的峰值出现 15:00—16:00,最低值出现在 07:00—08:00。从逐月的峰值浓度出现的时间来看,1—4 月峰值浓度出现在 16:00,5—12 月峰值浓度出现提前到 15:00,其中 5—6 月和 9—10 月、12 月 16:00 O_3 平均浓度和 15:00 相同。最低值出现的时间为 1—3

月 08:00,4—10 月提前到 07:00,11—12 月又恢复到 08:00。O_3浓度日变化特征为 07:00—08:00 到 15:00 O_3浓度快速上升,16:00 之后浓度缓慢下降,22:00 之后到次日 07:00—08:00 O_3浓度下降更为平缓,并在 07:00—08:00 达到一天中浓度的最低值。

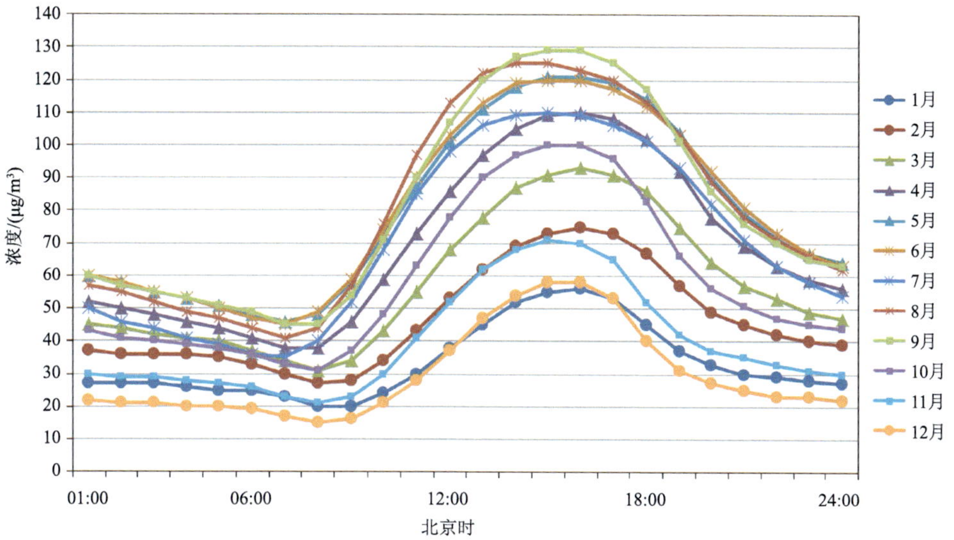

图 3.31　2015—2019 年湖北省平均的逐月 O_3浓度日变化

3.4
湖北气溶胶光学特性的时空分析

本节基于新版本(C006)MODIS Level 2 数据集分析了湖北省及武汉市的气溶胶光学厚度、细粒子比、气溶胶柱质量浓度的季节变化和年际变化特征,旨在为评估华中地区的气溶胶辐射效应提供支撑依据,为评价环境及气候效应提供帮助。

利用美国国家航空航天局(NASA)Aqua 卫星搭载的 MODIS 传感器 C6 气溶胶产品(MYD04_L2)获取气溶胶光学参数,其空间分辨率为 10 km×10 km。相比 MODIS 其他版本产品(C4、C5、C51),该版本改进了反演算法,其产品的准确度和空间覆盖范围都有所提高(Levy et al.,2013)。C6 产品准确度在中国地区的研究中得到很好的验证(Tao et al.,2015;赵仕伟 等,2017;杨以坤 等,2016;Shi et al.,2017)。考虑到湖北地形地貌特征,利用基于暗目标元法(Dark Target,DT)与深蓝算法(Deep Blue,DB)的融合产品(AOD_550_Dark_Target_ Deep_Blue_COmbined)获取气溶胶光学厚度(AOD)。融合方案基于归一化植被指数(NDVI)数据将地表分为 3 个类别:NDVI<0.2、0.2≤NDVI≤0.3 和 NDVI>0.3,基于不同地表类别对 DT 和 DB 两种 AOD 产品进行质量控制(QA)挑选和融合(Levy et al.,2013;Sayer et al.,2014)。在城市和植被稀疏区,BD 算法的准确性更高;而在地表反照率较低的地区(如植被茂密区),DT 算法具有更佳的适用性(Sayer et al.,2014)。细粒子比的获取使用“Optical_Depth_Ratio_Small_Land”产品。气溶胶柱质量浓度的获取使用“Mass_COncentration_Land”

产品。由于柱质量浓度的准确性还存在很大的争议，本研究对气溶胶柱质量浓度的探讨更多的是基于定性层面。研究时间为 2002 年 7 月—2017 年 1 月。由于 Level 2 数据为轨道数据，为了更好地进行空间匹配，将数据格点化插值到 0.1°×0.1°后进行等值线绘图。对于月均及年均结果的计算，将途经武汉周边区域（图 3.32a 红框）的轨道数据进行分别提取后，在这一范围内进行区域格点平均，再做日平均统计，进而分别计算月均值、季节均值和年均值。下面结果分析中提到的主要城市也于图 3.32a 中标注。

图 3.32 所示为融合产品的有效样本数分布情况。整体而言，夏冬两季的有效样本数低，春秋有效样本数高。冬季 QA>3 的 DT 产品在武汉周边出现大范围缺测，而通过质量控制高（QA>2）的 DB 产品的有效补充，融合产品在武汉周边区域样本统计结果高于其他季节。武汉周边地区其他三季出现偏低统计结果，是由于这一区域下垫面情况特殊，不仅水域分布错综复杂，而且混杂反照率较高的密集城市建筑群，使得 DT、DB 两种产品数据反演质量都比较低（DT：QA<3，DB：QA<2），因而未被融合，加上夏季降水频繁（云量多，云层厚）（倪林 等，2009），甚至出现无统计样本的格点。基于上述原因，本研究将提取武汉周边地区数据的经纬度范围定为 29.96°—31.36 °N、113.68°—115.08 °E，因为小区域内气溶胶分布的变化不显著，略微扩大数据提取范围有利于周边区域有效值的补充，使结果更具代表性。

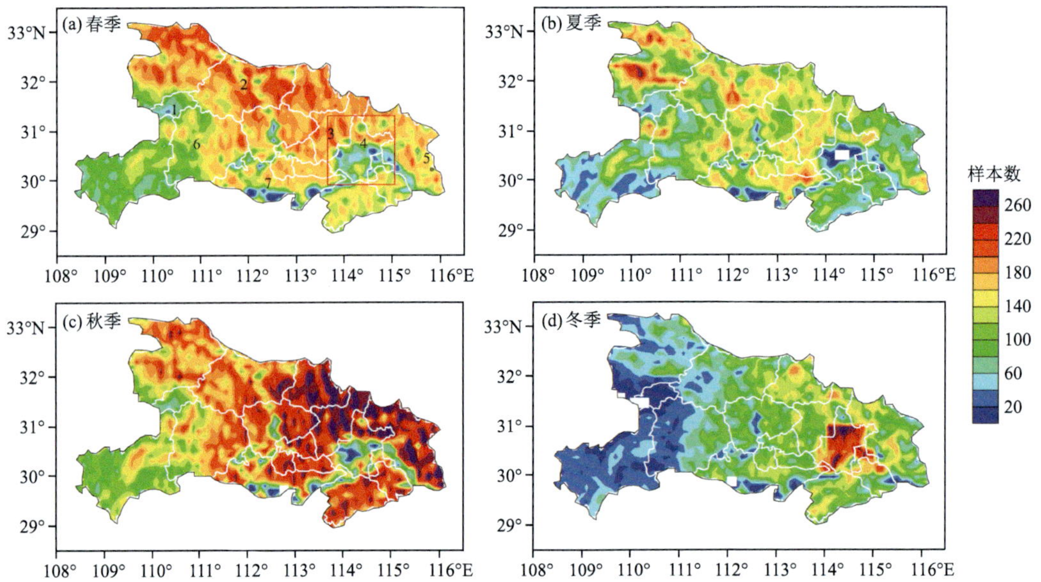

图 3.32 2002—2016 年湖北 MODIS 融合产品格点有效样本空间分布（红框为武汉周边区域）
（图中 1：神农架；2：襄阳市；3：孝感市；4：武汉市；5：黄冈市；6：宜昌市；7：荆州市）

图 3.33 所示为湖北省 550 nm AOD 的季节变化特征。由图可知，湖北省 AOD 季节变化特征非常明显，整体表现为春季>夏季>冬季>秋季。这种春夏高、秋冬低的季节特征与南京（Kang et al.，2016）、北京（Yu et al.，2017）等地区结果类似，且中国整个东部地区也表现出这一特征（李嘉伟 等，2016；Tan et al.，2015）。从地区分布来看，AOD 值跨度很大，东西部出现明显的高低值区分界线，分界线位于襄阳市和宜昌市，两市东西区域 AOD 梯度较大。湖北西部为山地地区，地势高、人口密度低、人类活动少（龚胜生 等，2015），使鄂西部地区 AOD 值远小于地势平坦、人口密集的东部地区，其低值区范围在冬天达到最大。春季，湖北省中南部地

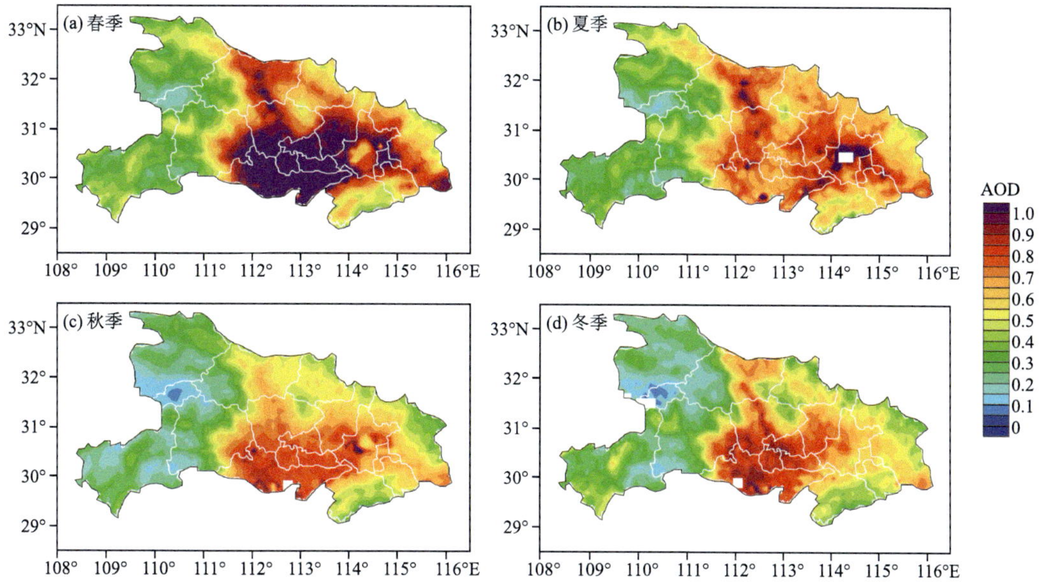

图 3.33　2002—2016 年湖北 AOD 的空间分布和季节变化特征

区存在大范围的高值区，其 AOD 值远超出 1.0，显著高于同地区其他季节值，更超出湖北省平均水平(0.81)，这与春季局地扬尘增多和远程输送沙尘频繁有关(李兰 等，2004；王芬娟 等，2015)。四季最低值均出现在神农架林区，其 AOD 值小于 0.2，秋冬季甚至有部分地区低于 0.1。四季最高值出现在荆州周边及武汉周边，AOD 大于 0.9，春夏季甚至超过 1.0，这一方面与人类活动气溶胶排放有密切关系；另一方面因为这一区域三面环山(鄂西山地、鄂东北低山丘鄂东南低山丘陵)，地势较为低洼(郭阳洁 等，2010)，有利于污染物积聚。此外，襄阳市和黄冈市东南部也出现较高的 AOD 中心。

图 3.34 为湖北省细粒子(FMF)比季节分布情况。细粒子比指有效直径小于 1 μm 粒子 AOD 与总 AOD 比值(Anderson et al.，2005)。由图可知，气溶胶细粒子比分布与气溶胶光学厚度分布呈现相反的趋势，即鄂西部地区四季 FMF 值均高于东部地区，AOD 值越高的地区 FMF 值越低。春季鄂西部地区气溶胶细粒子比远低于其他 3 个季节，即便在大气较为清洁的神农架林区，其细粒子比也仅在 0.6～0.7，这是受春季频繁的沙尘天气携带大量的粗粒径沙尘粒子所影响(操文祥 等，2015)。相比冬春季，夏秋季细粒子比更高，这一结果与 Tan 等(2015)对中国东部地区的分析结果类似，夏季高温高湿的气象条件(郑祚芳 等，2002)使得气粒转化更为频繁，亚微米级气溶胶显著增加，此外，夏季植物生长繁茂，生物排放气溶胶含量增加也为夏季贡献了较多的细模态颗粒物(Li et al.，2013)。鄂西部地区夏季细粒子比接近 1，这表明此地区主要为细模态气溶胶。(FMF)最低值出现在冬季的武汉市及荆州市，其值低于 0.1，说明人为源气溶胶在这一地区排放量大，为大气带入大量粗模态颗粒物，如燃煤飞灰等(Han et al.，2009)。此外，冬季偶发的局地扬尘和沙尘输送也是粗模态颗粒物的一大贡献源(李亮 等，2013)。冬季湖北省全境范围内 FMF 值较低，就鄂西部而言，细粒子比高低值梯度较大，与人口密集程度成正比(龚胜生 等，2015)，说明冬季气溶胶成分在城镇区域很大程度受人为源排放的影响。

图 3.35 为气溶胶柱质量浓度(AMC)的空间分布状况。四季高低值分界线明显，高值区

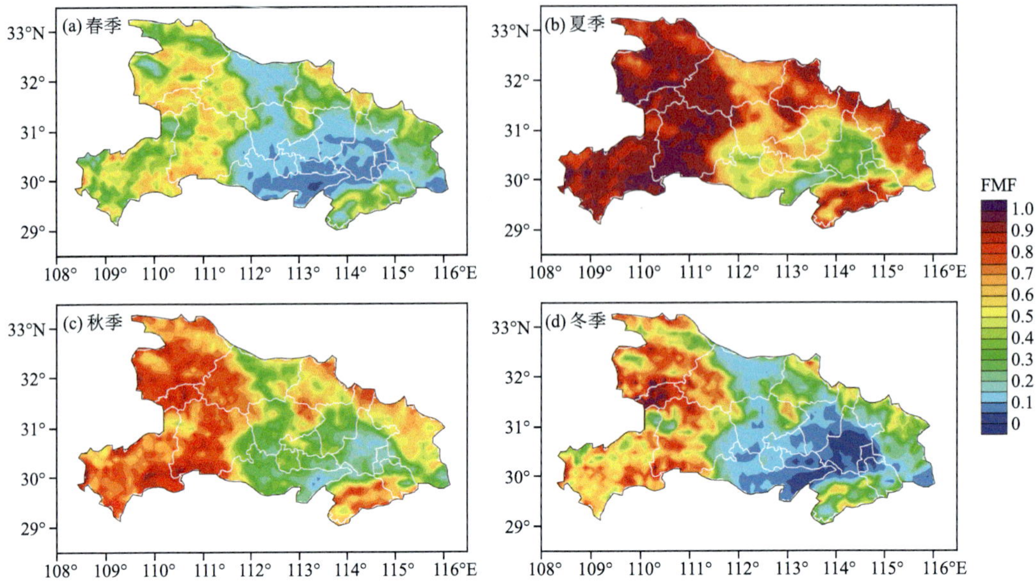

图 3.34　2002—2016 年湖北 FMF 空间分布和季节变化特征

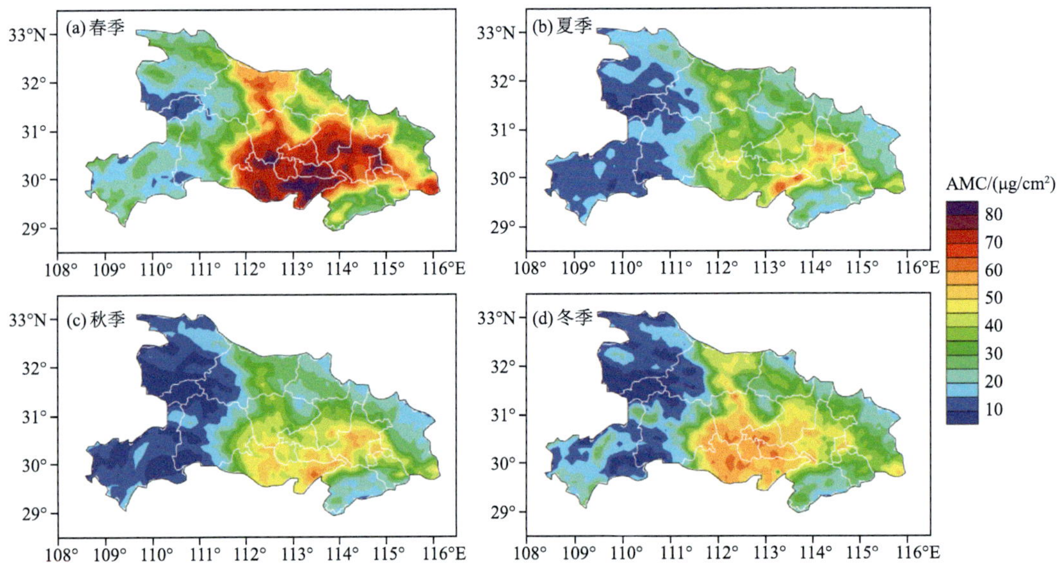

图 3.35　2002—2016 年湖北 AMC 空间分布和季节特征

主要出现在鄂中南部地区(江汉平原),鄂西部山地区全年的气溶胶浓度较低,大气较清洁,其中最低值均位于神农架林区,这一结果与 AOD 分布较为类似。夏、秋、冬三季低值区范围较春季有所扩大,结合春季低值区的细粒子比较低的状况,可能是由于春季气候条件特殊(郑祚芳 等,2002),气温回暖迅速、大风天气频繁,使土壤扬尘增加,并且伴随着北方沙尘气溶胶的大量输送,使得春季气溶胶量含量增多。春季气溶胶柱质量浓度的整体水平较高,最大值中心出现在荆州市、武汉市及孝感市,其值超过 80 $\mu g/cm^2$。冬季 AMC 高值区范围及最大值仅次于春季,这主要归因于冬季边界层条件稳定,有利于大量排放的人为气溶胶积聚和转化,使气溶胶消光随着浓度增加而增强。夏、秋两季高值中心均出现在荆州市东部及武汉地区,其最大值在 50～60 μg/cm²。夏季 AMC 分布高值区范围最小，这一状况与 AOD 分布情况略有不同，这表明夏季 AOD 高值并不是气溶胶浓度升高引起，而是由于夏季水汽含量非常高，气溶胶吸湿性增长作用明显，气—粒转化过程形成的二次气溶胶增加，两者共同作用使得消光加剧(He et al.,2012;Yu et al.,2017)。

武汉地区近年来经济不断发展，城市化水平不断提高，成为华中地区工业、经济与人口密集的大型城市之一，然而，其空气质量问题也引起人们的广泛关注。为加强对武汉地区上空气溶胶状况的认识，对其气溶胶光学特性进行分析，数据提取范围为 29.96°—31.36°N、113.68°—115.08°E。表 3.1 为武汉地区气溶胶光学厚度、细粒子比和柱质量浓度的季节平均值。武汉地区 AOD 季节平均值表现为春、夏季节高，秋冬季节低，与整个湖北省结果相同。但与 Gong 等(2014)对武汉 2012—2013 年利用太阳光度计观测的光学厚度结果略有不同(冬季偏高)。武汉 AOD 水平较高，四季均达到 0.7 以上，春天 AOD 远高于其他季节，达到 1.0，高于 2012 年武汉春季研究结果(0.83,500 nm)。Wang 等(2015)分析了武汉市 2007—2013 年长期太阳光度计观测资料，表明武汉市 500 nm AOD 在夏季达到了 1.09，高于本节的 MODIS 反演结果(0.83)。武汉四季细粒子比夏天最高(0.51)，代表颗粒物细模态消光与粗模态消光水平相当，次大值出现在秋天(0.34)，冬天最低(仅为 0.15)，这表明，相对于其他季节，冬季的粗颗粒物消光对总消光的贡献增加，这可能归因于冬季取暖等人为活动增强、燃煤飞灰等排放量增加。除此之外，冬季偶发的沙尘天气也对粗粒子消光有一定的贡献(李亮 等,2013)。武汉地区气溶胶柱质量浓度在春季达到最大值(69 μg/cm²)，夏秋冬 3 个季节相差不大，分别为 43 μg/cm²、43 μg/cm² 和 42 μg/cm²，表明除春季大量外来沙尘粒子入侵使气溶胶量增加外，其余时间武汉市气溶胶含量处于较为均一的状态，污染源比较稳定。

表 3.1　武汉地区 AOD、FMF、AMC 季节平均值

季节	FMF	AOD_550	AMC/(μg/cm²)
春季	0.20	1.00	69
夏季	0.51	0.83	43
秋季	0.35	0.74	43
冬季	0.16	0.75	42

图 3.36 为武汉地区气溶胶光学厚度、细粒子比和气溶胶柱质量浓度的年平均及月平均情况。光学厚度峰值略滞后于气溶胶柱质量浓度峰值，而细粒子比峰值滞后于 AOD 峰值。细粒子比峰值出现在夏季，其中最大值(0.70)出现在 2010 年 6 月，这是由于夏季温度高、湿度大，容易产生粒径较小的二次颗粒物(He et al.,2012)。气溶胶光学厚度月平均最大值出现在 2010 年 6 月，达到 1.62；次大值发生在 2014 年 6 月，AOD 值为 1.58；最小值出现在 2014 年和 2015 年的 12 月，均为 0.36，仅为最大值的 1/5。从 14 年的月均变化趋势分析来看，AOD 和 AMC 整体呈现下降趋势，其中 AOD 每月变率为−0.0006(通过 90%显著性检验)，AMC 每月变率为−0.05(通过 95%显著性检验)。FMF 呈逐年增加趋势，增长率为 0.0004，但显著性水平较低(P=0.17)。2008 年平均光学厚度达到最大值(0.98)，AOD 在 2008 年前有逐年增加的趋势，每月增加 0.002(通过 95%显著性检验)，而在 2010 年后光学厚度呈现逐年降低的趋势，每月降低 0.004(通过 99%显著性检验)。气溶胶柱质量浓度年平均最大值(54 μg/cm²)和次大值(53 μg/cm²)分别出现在 2007 年、2008 年，2008 年之后月平均距平减小，峰谷值均有所

降低。表明武汉周边区域空气质量状况有所改善，推测与近年来大气污染治理政策的实施有很大关系。这一点在对于武汉近些年地面空气质量检测结果的趋势研究中也得到了印证(许刚 等，2016；高丹丹 等，2016)。

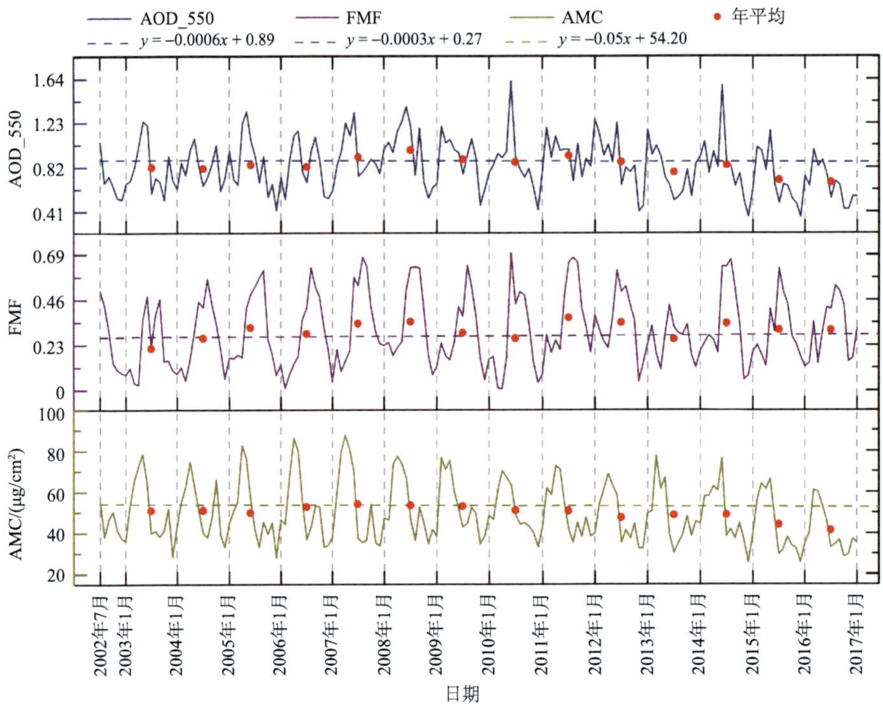

图 3.36 2002—2017 年武汉地区 AOD_550、FMF、AMC 月均变化及年平均状况

3.5 不同天气条件污染物特征对比

不同天气条件、天空状况下，污染物会受到外部因素的影响而产生富集或稀释效应。因此，依据天气现象观测，将 2013 年武汉站的天气分为晴天、雨天、雾天和霾天 4 种类型，分别分析污染物分布特征。其中，雾天和霾天的挑选依据是，以 20:00(北京时，下同)为日界，一日(20:00—20:00)累计 1/4(含)以上定时观测时次天气现象判识为雾(或霾)，即确定为一个雾(或霾)天。对比图 3.37 中武汉市 6 种污染物浓度可知，4 种天气下的污染物浓度变化基本都是雾天最高、霾天次之、晴天再次之、雨天最低。与晴天条件相比，雨天各种污染物浓度均有明显下降。雾、霾都是低能见度天气现象，其产生时大气一般都处于静稳状态，风力小，且边界层结构不利于污染物扩散(童尧青 等，2007)，所以污染物浓度水平较高。雾天 5 种污染物的浓度最高，而霾天时 O_3 浓度是 4 种天气条件下最高的，霾天时其他污染物浓度仅次于雾天。究其原因，雾天由于大气饱和，近地面水汽充足，有利于粒径小于 2.5 μm 的细粒子吸湿增长，从而进一步降低能见度；同时，雾天大气中雾滴影响太阳辐射，促使 O_3 浓度降低。

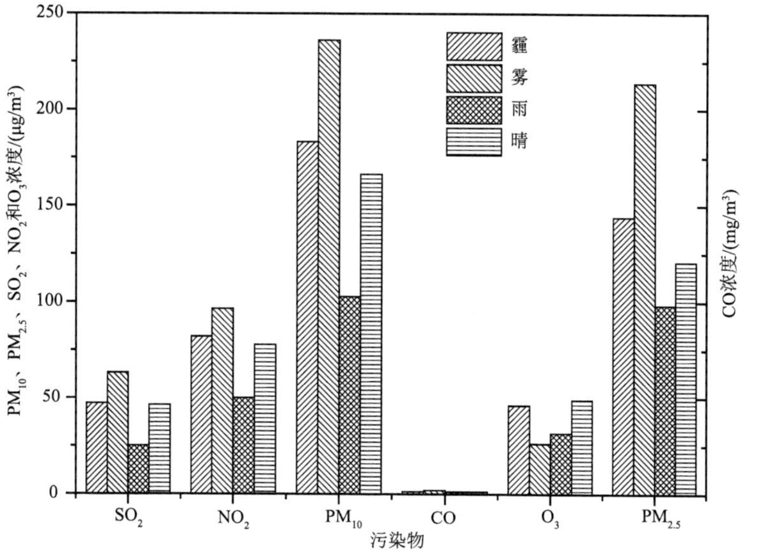

图 3.37 晴天、雨天、雾天和霾天条件下武汉市6种污染物浓度对比

图 3.38 给出武汉市 AQI(空气质量指数)的日变化。经分析发现,晴天和霾天的 AQI 日变化特征一致,雨天其日变化幅度变小;雾天,AQI 值最大,且在后半夜明显高于其他几种天气条件下的 AQI 值,PM_{10} 和 $PM_{2.5}$ 浓度的最高值与其他几个气象条件下略有不同,这与雾的多发时段有关,在 00:00—08:00 雾发生频次很高,雾中污染物浓度也很高。经对比可知,雾中污染物浓度比霾的要高,但由于雾的持续时间一般较短,且近年来多地呈现雾日数下降、霾日数增长的趋势(丁一汇 等,2014),所以霾对公众健康的影响越来越突出。

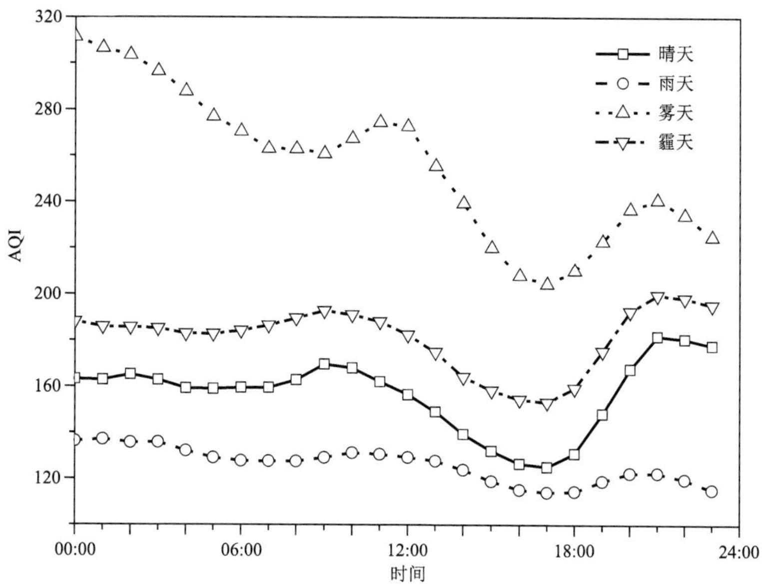

图 3.38 晴天、雨天、雾天和霾天条件下武汉市空气质量指数(AQI)的日变化

3.6 三种地形下 AQI 特征及其与气象因子的关系

湖北地形复杂，有平原、山地、河谷，还有平原和山地过渡地带，空气质量在不同地形下表现出不同的特征。湖北 13 个地市空气质量分布显示湖北省空气质量总体呈现两边低中间高、山区低平原高的特点，因此，本节分析选取污染较严重的襄阳、宜昌和武汉三地作为代表站，三个地区分别位于江汉河谷、平原山区过渡以及平原地带，结合其地理位置，可进一步探讨不同地形条件下的空气质量分布特征。

3.6.1 相对湿度

在高湿度的环境下气溶胶粒子吸湿增长，相对湿度达到 80％以上标准时，$PM_{2.5}$粒子浓度出现明显增长。由图 3.39 中相对湿度随 AQI 的变化可以看出，武汉市的变化规律与 2013 年针对细粒子的研究基本一致（岳岩裕 等，2016），当 AQI 超过 250，相对湿度增长明显，而在 AQI 低值端也出现了相对湿度的高值，可能与降水天气有关。宜昌空气质量在优良状态时，其相对湿度随 AQI 增长呈下降明显，随后波动变化，襄阳与之类似，但当其 AQI 超过 200 时，相对湿度略有增加，超过 250 以后，相对湿度急剧下降，这可能与北方干冷空气南下带来的输入性污染有关。综上所述，三个城市中，武汉的污染湿增长比较明显，宜昌和襄阳的污染增长可能受外来输入或者污染物堆积等其他因素影响比较大。

3.6.2 风向风速

通过图 3.40 可以看出，污染最重的襄阳以西北风、北风和南风频次最多，AQI 高值区集中在北偏东和偏西方向，0°左右是襄阳主风向也是污染最重的方向。宜昌风向分布呈斜对称，东南方向和西北方向占比最大，而污染主要集中在偏东和偏北方向。综合来看，宜昌污染的主风向是偏东风；武汉风向偏北方向最多，污染最重的风向为偏西风，两者不统一，污染主风向不明显。

进一步对风速进行分析，发现三个城市之中，襄阳地区大风速出现的频数明显高于其他两个城市，风速最大集中在 1～3 m/s，达到 30％，超过 4 m/s 的占比 23％。武汉市静风占比大于其他两个城市，达到 8％，主要风速集中在 0～2 m/s，达到 58％，超过 4 m/s 的仅占 6％。宜昌市风速相对集中于 1～2 m/s，占比最大，达到 50％，超过 4 m/s 的也只有 4％。由此可见，武汉和宜昌静风、小风的影响为主，局地累积效应明显，输送影响也主要考虑弱冷空气的扩散或者大范围霾过程爆发后配合不利的风向条件，如宜昌偏东风，小风输送作用。襄阳地区主要考虑偏北风的输送效应明显。同时结合不同风速下的 AQI 分布可以看出（图 3.41），武汉和襄阳的趋势相近，在静风端最大，随着风速的加强 AQI 增加，在高风速端又出现了 AQI 值再次上升。而宜昌地区在风速 6 m/s 以内 AQI 值波动变化，且相较于静风端 AQI 值有一定增长，说明静风累积的效应不如小风输送对 AQI 贡献突出，而 AQI 值变化不大，与宜昌地区的地形有

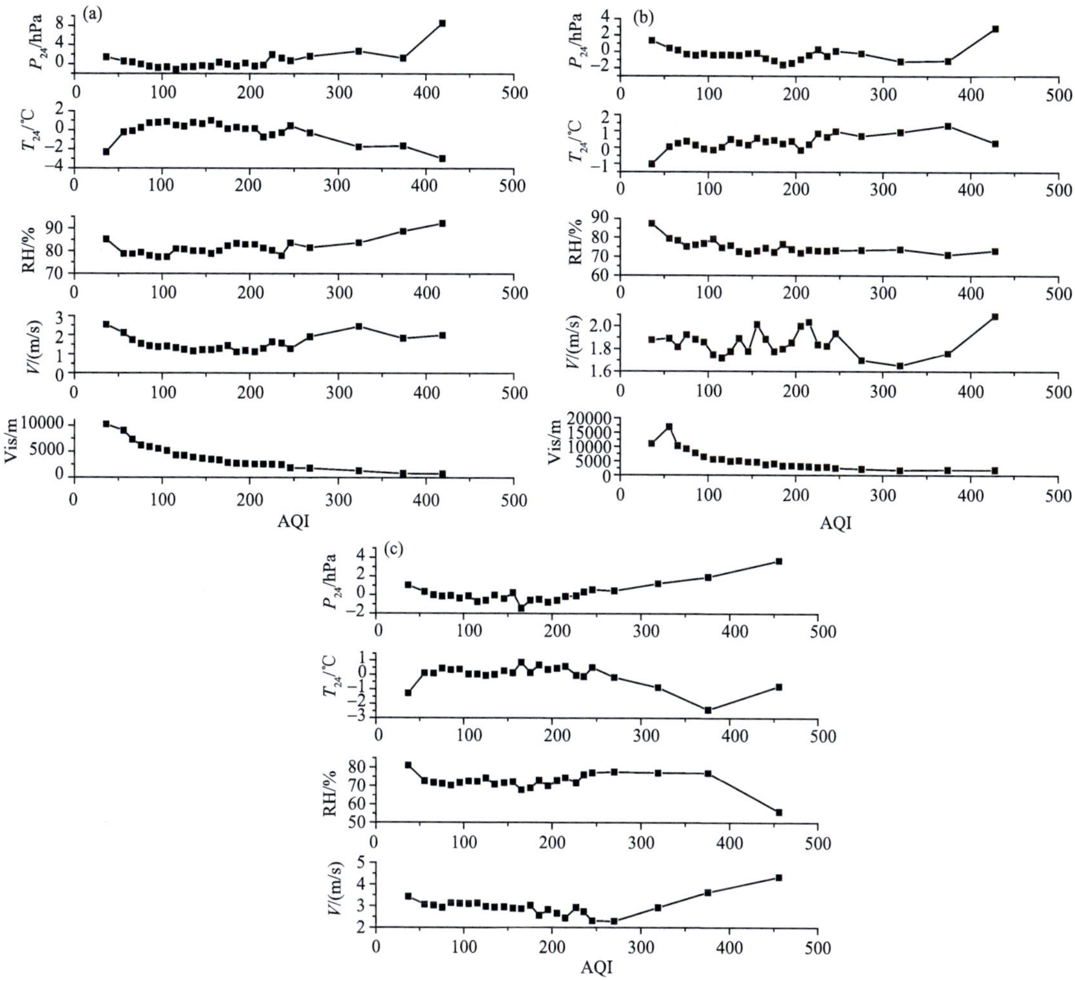

图 3.39　2015 年三个代表城市 AQI 随不同气象要素的变化
(a)武汉;(b)宜昌;(c)襄阳

关,宜昌西部高海拔的山区,促使其在主导风向偏东风下污染物易于堆积,而向外输出弱,所以 AQI 处于高值的范围较广。

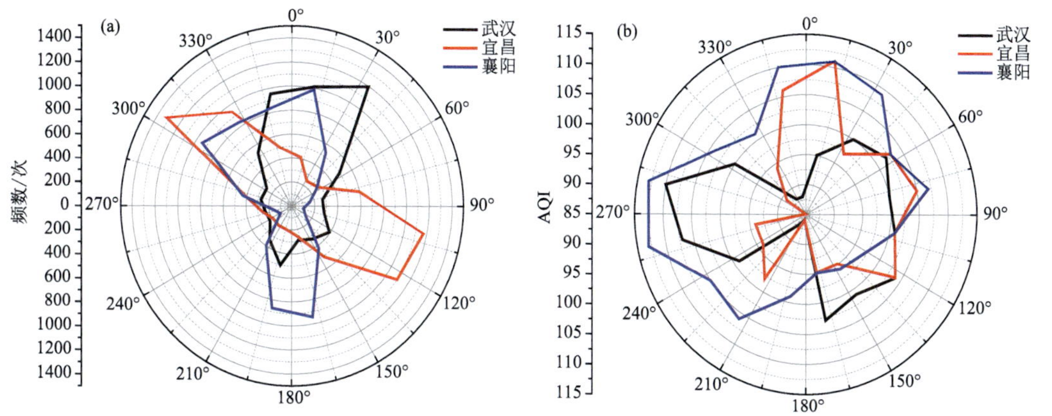

图 3.40　2015 年三个代表城市风向频次(a)和不同风向下 AQI(b)的分布特征

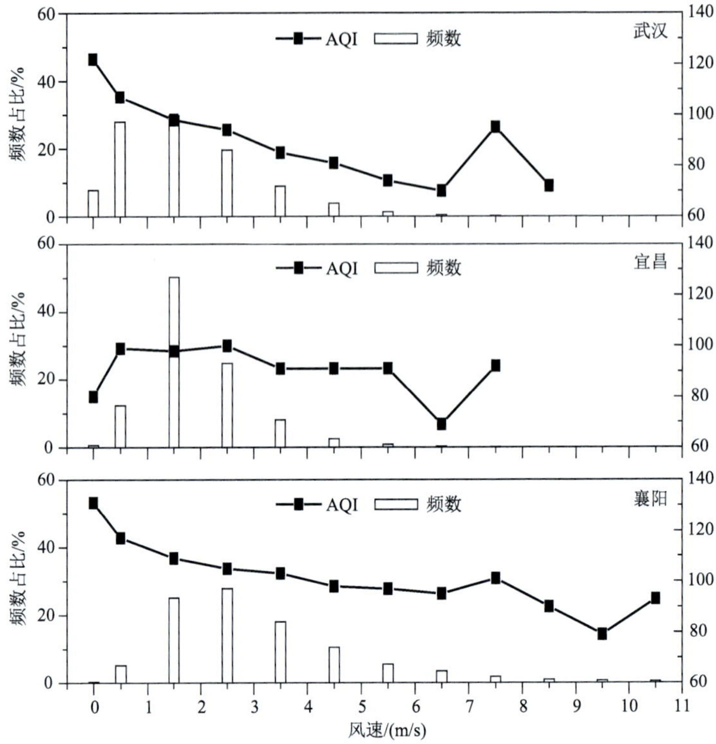

图 3.41　2015 年三个代表城市不同风速下 AQI 及频数占比

3.6.3　降水

将降雨量分为 0～0.1、0.2～0.9、1.0～4.9、5.0～9.9、10.0～24.9、25.0～49.9、50.0 以上这 7 个区间，研究 AQI、AQI 差值（当前时刻与前一小时 AQI 之差）、AQI 相对差值（AQI 差值与前一小时 AQI 的比值）在不同降雨量范围内的变化（图 3.42）。发现随着降雨量的增加 AQI 整体上呈下降趋势。武汉和宜昌在降雨量为 0～0.1 mm 时，AQI 差值为正；襄阳降雨量 0.2～0.9 mm 时，AQI 为正值，说明当降雨量小于 1.0 mm 时 AQI 值会出现增长，而超过 1.0 mm 后，AQI 差值为负。三地 AQI 减小值最大出现在中雨量级下，大雨量级下 AQI 减小值小，出现了低 AQI 值、高差值的特征，说明在大量级降水下，空气中污染物绝对浓度低，但其浓度的下降并不一定是最大的。由于 AQI 差值变化是绝对值，没有考虑到 AQI 背景值大小的影响，因此结合 AQI 相对差值分析降雨量对 AQI 值增减的影响，可以看出在 1.0 mm 以下，宜昌和襄阳 AQI 相对差值为正，其他降水量级下均为负；武汉在 0.1 mm 以下和大雨量级下，相对差值为正，其他均为负。说明其与 AQI 差值的增减规律基本一致，但从相对差值变化幅度来看，襄阳变化幅度明显大于其他两个城市，变化规律的不同是否与其污染过程形成机制（输入和累积）和消散机制（输出、降水及两者叠加）不同有关，需要进一步的探讨。

进一步对三种情况下的降水量情况进行分析（图 3.43），发现在 AQI 大于 150 的情况下，各级降水量除了大雨以上量级降水外，均出现了增长的趋势。当 AQI 大于 100 时，AQI 差值在中雨量级出现了转折，由正值转向负值。对 5.0～25.0 mm 降水量区间段内 AQI 的差值正负进行分析，小于 18.0 mm 的 AQI 下降占 33%，小于 12.0 mm 下降占 26%，小于 9.0 mm 下

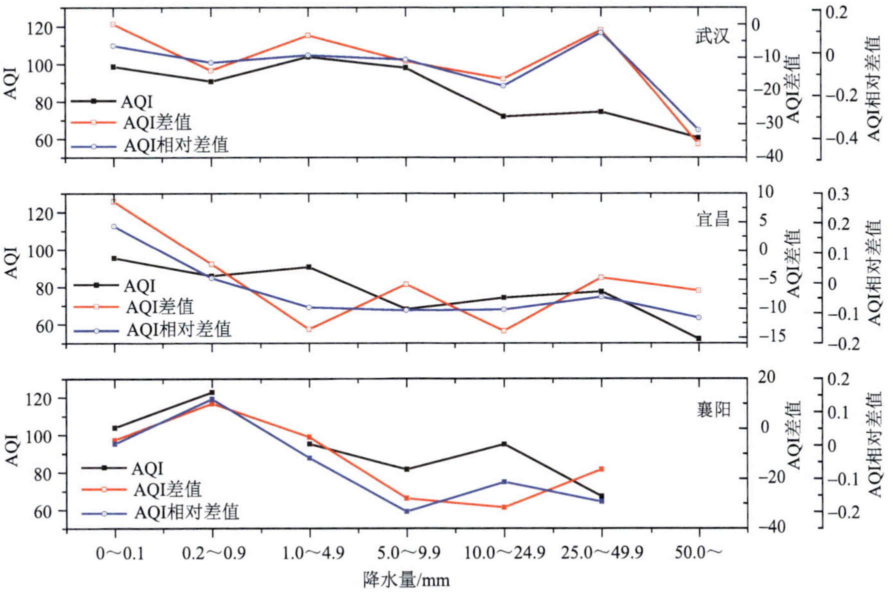

图 3.42　2015—2016 年三个代表城市不同降水量下 AQI、AQI 差值和 AQI 相对差值

降占 18%，在轻度污染级别，小雨以下降水 AQI 基本均呈上升趋势，随后随着降水量的增加，AQI 下降的占比增加。在秋冬季的 AQI 样本中，与全年样本呈现的特征也一致，1.0 mm 是分界线。而针对高污染背景特征出现变化，中度污染以上，降水的清除作用很弱，AQI 差值均为正；轻度污染以上时，AQI 随着雨强增加，出现增减变化，清洁空气的降水量阈值达到 9.0 mm。污染物浓度的增加，促使霾滴凝结核增多，降水促使大气中相对湿度的增大，进而加速霾滴生成；而同时降水也起到了清除作用，这一作用带来的 AQI 下降随着 AQI 背景浓度的增大，降水量清除作用的阈值提高。

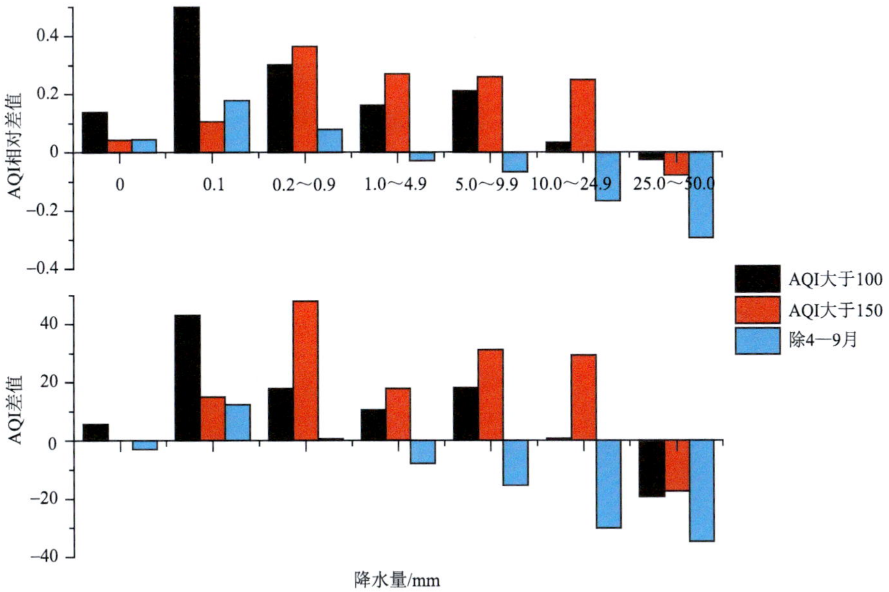

图 3.43　2015—2016 年三个代表城市不同降水量、不同 AQI 级别、不同月份 AQI 差值和 AQI 相对差值

3.7 小结

①$PM_{2.5}$浓度空间分布呈现山区低平原高的特点。将湖北划分为三个分区时，$PM_{2.5}$浓度表现为中部＞东部＞西部。$PM_{2.5}$浓度随着时间临近呈逐年减小趋势，其随时间减小的速度东部＞西部＞中部。$PM_{2.5}$作为首要污染物出现的占比逐年下降，除2016年$PM_{2.5}$首要污染物占比东部＞中部＞西部外，其他年份$PM_{2.5}$首要污染物占比均为中部＞东部＞西部。1—3月和11—12月$PM_{2.5}$作为首要污染物出现的概率远高于其他污染物。

②冬季的$PM_{2.5}$浓度明显高于其他三个季节，夏季则明显低于其他三个季节，其次是春季和秋季。湖北三个分区夏季$PM_{2.5}$优良占比接近99%；春、秋季$PM_{2.5}$轻度污染及以上的占比西部不足5%，中部最高约为15%，东部约为10%；冬季轻度污染及以上的占比西部约为25%，中部约为60%，东部约为40%。中度污染到严重污染主要出现在冬季，其他季节很小，不足5%。

③$PM_{2.5}$浓度月分布呈"U"形，其中1月、2月和12月处于高点，7月最低。4—10月期间$PM_{2.5}$优良的百分比接近或超过90%，尤其是6—8月$PM_{2.5}$优良占比超过98%，轻度—重度污染主要出现在1—3月和11—12月。$PM_{2.5}$浓度的日变化曲线呈双峰结构，峰值时间分别是11:00—12:00和22:00—23:00，谷值出现在07:00—08:00和17:00—18:00。

④PM_{10}年浓度的空间分布和时间变化特征和$PM_{2.5}$基本一致，但是随时间减小的速度中部＞东部＞西部；季节分布显示冬季＞春季＞秋季＞夏季，四个季节的PM_{10}浓度连续5年呈持续下降趋势；月分布呈"U"形，其中1月和12月处于高点，7月最低；日变化呈双峰结构，峰值的时间分别是11:00前后和21:00—22:00附近，谷值出现在06:00—07:00和16:00—17:00。

⑤PM_{10}作为首要污染物出现的概率逐月分布呈双峰型，峰值分别在春季的3—4月和秋季10—11月，谷值分别在1月或7—8月。4月湖北西部和中部PM_{10}作为首要污染物出现的概率超过$PM_{2.5}$和O_3成为最主要的污染物。

⑥O_3浓度的空间分布为西部＜中部＜东部，随时间增长速度东部＞西部＞中部，5年平均的空间分布显示恩施浓度最低，黄冈最高。夏季O_3浓度最高，冬季浓度最低，春季和秋季明显分成了两段，2015—2017年春季浓度明显高于秋季浓度，2018—2019年春季和秋季的O_3浓度基本相当。O_3浓度月分布呈"M"形，峰值分别出现在5—6月和8—9月。湖北西部和中部地区5—9月，首要污染物主要是O_3，湖北东部O_3为主要首要污染物的时间更长，为4—10月。O_3浓度日变化呈单峰分布，一天当中O_3浓度的峰值出现在15:00—16:00，最低值出现在07:00—08:00。

⑦雾天、霾天、晴天、雨天四种天气条件下，6种污染物（SO_2、NO_2、CO、O_3、$PM_{2.5}$和PM_{10}）浓度值基本上为雾天＞霾天＞晴天＞雨天。00:00—08:00雾发生频次很高，雾天00:00—08:00污染物浓度明显高于其他天气条件。

⑧湖北省空气质量空间分布为两边低中间高、山区低平原高，污染中心位于襄阳地区。与

空气质量关系较明显的气象因子包括相对湿度、变温、变压、风、降水等，其中武汉 AQI 与相对湿度相关性最好，另外，武汉和襄阳 AQI 达 250 以上时，均对应了明显的 24 h 正变压和负变温；受不同地形影响，襄阳、宜昌的主污染风向分别为偏北风和偏东风，而武汉的主污染风向不明确，且污染天气下襄阳大风速出现的频数明显高于其他两个城市，而宜昌小风输送对 AQI 贡献最突出；不同级别的空气质量下，降水对污染物的沉降作用不同，随着污染程度的增加，降水的清除作用减弱，当降水量在微量降水级别（1.0 mm 以下）时，三个城市 AQI 均出现不同程度的增长，在轻度以上污染情况下，清洁空气的降水量阈值达到 9.0 mm。

第 4 章 湖北大气污染影响要素分析

4.1 污染物输送特征分析

污染天气气溶胶主要集中在边界层内，而大气边界层受到不同尺度天气系统和近地面气象要素的共同影响(王式功 等，1998；任阵海 等，2004；Kang et al.，2013)，导致污染物的稀释扩散能力不同。大尺度上表现为纬向环流增强、东亚冬季风强度减弱和东亚大槽减弱有利于重度霾的维持(戴竹君 等，2016；吴萍 等，2016)，而冷锋、均压场和高压后部等则容易导致污染物的上游输送和本地累积效应(马志强 等，2015；许建明 等，2016)。其中，冷锋影响下气象条件和大气扩散的能力会出现显著变化，从而导致污染物浓度的改变，冷锋过境前污染程度加重，过境时大风和降水促使污染物浓度迅速下降(张秀宝 等，1989；冯鑫媛 等，2014)。程念亮等(2013)对春季影响中国东部的一次强冷锋活动的模拟发现，强冷锋前后污染物浓度呈先升后降又上升的现象，锋前出现一条高浓度污染带，锋面过后污染物浓度急剧降低。对湖北省大范围霾过程的研究发现，北风是霾天气的主导风向，其占武汉总风向频率的 55.4%(周悦 等，2016)。

在实际的预报工作中发现，冷锋过程与污染物之间关系复杂，需要进一步开展不同等级冷空气对 $PM_{2.5}$浓度变化规律的影响分析。本章基于 2013—2016 年 93 次冷锋影响过程，研究冷锋和降水对武汉市 $PM_{2.5}$浓度增大和降低的影响机制，并对浓度下降幅度进行定量分析，以期为武汉市开展重污染天气预报及预警提供参考。

4.1.1 资料与方法

研究资料为 2013 年 1 月 1 日—2016 年 12 月 31 日武汉站和孝感站的逐小时气象要素观测资料，包括气温、气压、24 h 变温、24 h 变压、降水量、湿度、风向和风速等，以及相应时期武汉市逐小时的 $PM_{2.5}$质量浓度观测数据；湖北省气象信息与技术保障中心提供的 2013—2016 年湖北省 78 个台站天气现象和海平面气压场观测数据。

冷锋个例的挑选参照马志强等(2015)和俞布等(2017)提出的标准，具体指标为 24 h 变压 ≥4 hPa、|24 h 变温|>0 ℃、24 h 偏北风控制时间≥6 h，且当武汉站和孝感站同时满足上述条件时，认为冷锋过程影响武汉地区。研究时期内共挑选出了 93 个冷锋过程，利用这些过程中变压最大日的气象和污染数据进行分析。

4.1.2　结果与分析

4.1.2.1　大范围霾过程天气分型特征

区域内污染物排放相对稳定的情况下，天气形势是影响大范围空气污染物扩散和混合程度的决定性因素（马志强 等，2015），尤其是地面气压场能综合反映大气的扩散能力和稳定程度。李琼等（1999）研究发现，大气中的污染物浓度不仅与当日的天气类型密切相关，与前几日天气类型的持续时间、地面气压场等要素也存在联系。2013—2016 年湖北省 41 次大范围霾过程中，武汉达到重度污染天气的过程数为 27 次，针对重度污染过程不同天气形势的 $PM_{2.5}$ 浓度的变化规律进行分类研究，发现不利于武汉市污染物扩散的天气形势主要包括以下 4 种：均压场、低压倒槽、冷高压前部、高压后部（图 4.1），这与戴竹君等（2016）的分型研究相类似。其中，低压倒槽天气系统影响下的污染过程持续时间最长，冷高压前部影响下的持续时间最短。均压场影响下 $PM_{2.5}$ 浓度平均值和最大值均为最大，冷高压前部次之。冷高压前部型霾过程虽然持续时间短，但其 $PM_{2.5}$ 浓度较高，且此类型下由于伴随着冷锋过境 $PM_{2.5}$ 粒子存在跨区域的输入和输出，空气质量变化明显。同时，不同程度冷锋，其浓度变化也存在差异，因此，将进一步对冷锋影响下的霾过程展开研究。

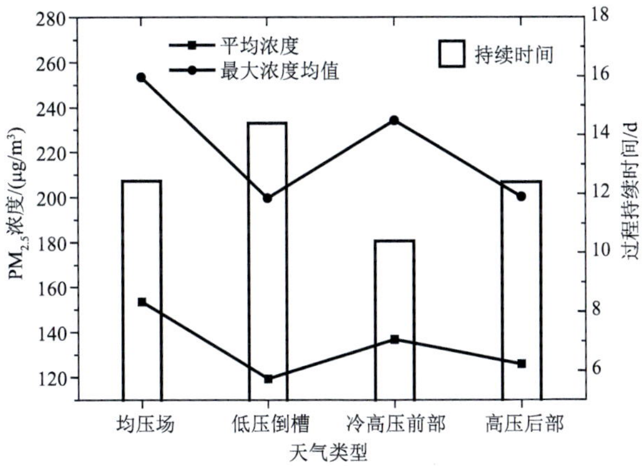

图 4.1　2013—2016 年武汉不同天气类型下 $PM_{2.5}$ 浓度的变化特征

4.1.2.2　冷锋影响过程的基本特征

气团被认为具有一定的空间尺度且各种物理属性较为一致。冷锋是指锋面在移动过程中，冷气团起到主导作用，推动锋面向暖气团一侧移动的天气过程，锋面两侧有明显的温差，其在四季都有，冬半年最为常见，冷锋后通常存在较强的 24 h 正变压和 24 h 负变温，冷锋前可能出现弱的负变压和正变温。冷锋对武汉地区污染天气发展和消散有着关键性影响，冷锋越强，锋面前后 3 h 变压梯度越大，产生的风速也越大。在大气容量一定的情况下，风的作用会使污染物出现跨区域传输，促使武汉地区的污染物浓度呈现爆发性增长，并在大风的作用下向下游传输。程念亮等（2013）的研究表明，冷锋对当地污染物的去除不仅有水平方向的输送作用，还会使污染物向高空传输。由于所处位置的差别，每个气象站对冷气团过境的表征不尽相同（马志强 等，2015），但当具有一定水平尺度的气团影响武汉时，武汉和临近地区的气象站观测资料均会出现明显的跃变。基于此标准，选取位于武汉西北方向的孝感作为比对观测站，挑选得到 93 个影响武汉地区的冷锋气团过程，探讨其对武汉地区 $PM_{2.5}$浓度的影响规律。其中，$PM_{2.5}$浓度差值是指当前时刻与上一时刻 $PM_{2.5}$浓度的差值；浓度相对差值是指 $PM_{2.5}$浓度差值与上一时刻 $PM_{2.5}$浓度的比值。

冷空气影响下的 $PM_{2.5}$浓度可能出现下降和上升两种变化规律。其中，下降过程发生在 $PM_{2.5}$浓度先升后降、先降后升和直接下降 3 类背景变化特征下，而上升过程则发生在 $PM_{2.5}$浓度先升后降和直接上升 2 类背景变化特征下（表 4.1）。可以看出，$PM_{2.5}$浓度下降的过程占 66%，平均下降幅度为 41 μg/m³。其中，直接下降的过程最多，为 32 个，且该类型的风速最大。26 个过程在冷锋作用下 $PM_{2.5}$浓度先下降，但随后迅速回升，这种类型过程中 $PM_{2.5}$浓度最低，下降幅度为 37 μg/m³。与直接下降的过程相比，冷空气降温幅度更大、变压更强，前期因其他因素 $PM_{2.5}$浓度已有所下降，在冷锋作用下 $PM_{2.5}$浓度达到最低点，但冷空气过境后系统会从有利于扩散的条件转为没有影响或者不利于扩散的条件，因此，$PM_{2.5}$浓度回升迅速。$PM_{2.5}$浓度上升的过程占 34%，平均上升幅度为 45 μg/m³。冷空气在大部分先升后降过程中起到了污染物的输送作用，促使 $PM_{2.5}$浓度上升，也有少数过程（仅 3 个）是表现为促使 $PM_{2.5}$浓度下降。不论是上升还是下降过程，先升后降变化类型的 $PM_{2.5}$浓度平均值均最高，致使武汉地区达到中度污染。上升的第 2 种类型是 $PM_{2.5}$浓度直接上升，其气象条件与直接下降过程相反，风速最小，且变压也最小，冷锋强度偏弱。

表 4.1 2013—2016 年武汉冷锋影响过程 $PM_{2.5}$浓度变化和基本要素特征

变化类型		样本数	$PM_{2.5}$浓度 /(μg/m³)	$PM_{2.5}$浓度差值 /(μg/m³)	24 h 变压 /hPa	24 h 变温 /℃	24 h 平均风速 /(m/s)	24 h 极大风速 /(m/s)
下降	先升后降	3	157	−40	10.93	−1.5	2.42	5.23
	先降后升	26	40	−37	8.26	−5.05	2.36	5.06
	直接下降	32	61	−46	6.93	−3.40	2.7	5.57
上升	先升后降	19	139	47	6.14	−1.99	2.71	5.21
	直接上升	13	101	42	5.87	−2.62	1.84	4.21

93 个冷锋影响过程中，66 个过程伴随有降水出现。锋面抬升作用及冷暖空气的交汇都会促使锋面过境前和过程中产生降水，这使得冷锋过境的影响不仅需要考虑风力的作用，降水过程也会显著影响武汉市的空气质量。由图 4.2 可以看出，随着降水量级的增加，$PM_{2.5}$浓度呈下降趋势，平均浓度由 85 μg/m³下降至 44 μg/m³，但在日降水量级达到大雨及以上时，浓度略有升高，但仍低于小雨时的浓度。$PM_{2.5}$浓度差值是指降水当天与前一天浓度差值，不同量级降水基本上浓度差值均表现负值，即浓度下降，当日降水量 5 mm 以下时 $PM_{2.5}$浓度差值平均值接近 0，即浓度增大和下降程度相近，降水影响不明显。当降水量超过 10 mm 时，即中雨以上量级，$PM_{2.5}$浓度差值绝对值高，下降明显。

上述研究发现，不同的冷锋过程会对 $PM_{2.5}$浓度的增减产生差异性影响。王式功等（1998）以 24 h 降温幅度为衡量标准，将兰州市冷锋天气划分为强冷锋、较强冷锋和弱冷锋，发现随着冷锋强度的增大，$PM_{2.5}$浓度下降愈发显著。按照 24 h 变温幅度和平均风速来分区间探讨冷锋强度对 $PM_{2.5}$浓度的影响（表 4.2），同时结合 $PM_{2.5}$浓度差值与 24 h 变温、24 h 变压、极大风速、$PM_{2.5}$浓度的关系可以看出（图 4.3），当变温强度为 −2～0 ℃时（弱冷锋），$PM_{2.5}$浓

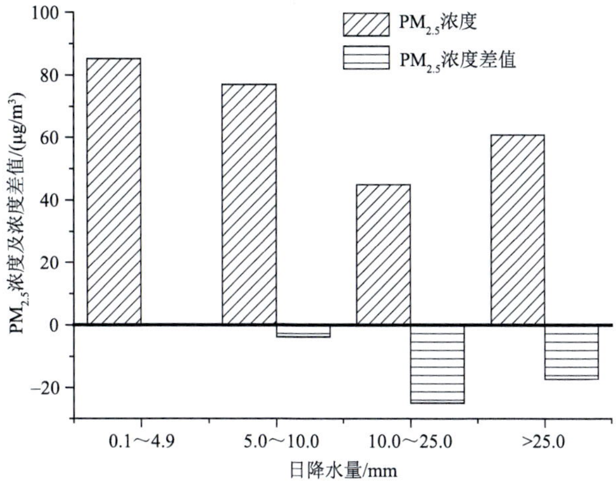

图 4.2　2013—2016 年武汉不同降水量级下的 $PM_{2.5}$ 浓度及浓度差值

度上升过程占比达到 50%，正变化样本数占比最大，但由于浓度下降过程下降值更高，因此整体平均为负值。随着 24 h 气温下降幅度的增大，$PM_{2.5}$ 平均浓度整体呈下降趋势，其中，变温强度为－4～－2 ℃（中等强度冷锋）时 $PM_{2.5}$ 浓度下降幅度最大，但变温强度为－6～－4 ℃（较强冷锋）时浓度差值为正值（15.3 μg/m³），此区间浓度增大的样本明显增多，占比接近 1/2，且浓度最大为 140 μg/m³，此时变压和极大风速均为最大，说明武汉地区污染的加剧需要较强冷锋过程的输入作用，因此，－6～－4 ℃是污染输入型冷锋过程主要的降温区间。当变温超过－6 ℃（强冷锋）时，浓度增大样本最少，仅有 2 个过程，但其增大值分别为 122 μg/m³ 和 129 μg/m³，其他过程均为浓度下降，平均浓度值最低，说明强冷锋过境的作用主要表现为清除效应。

表 4.2　2013—2016 年武汉不同变温和风速区间内 $PM_{2.5}$ 浓度、变压和极大风速特征

参数	取值区间	浓度上升过程占比	$PM_{2.5}$浓度/(μg/m³)	$PM_{2.5}$浓度差值/(μg/m³)	24 h 变压/hPa	24 h 极大风速/(m/s)
24 h 变温/℃	(−2,0]	14/28	92	−2.8	6.6	5.3
	(−4,−2]	8/30	80	−28.6	6.6	5.0
	(−6,−4]	7/15	93	15.3	8.6	5.7
	(−∞,−6]	2/20	51	−20.3	7.8	4.8
24 h 平均风速/(m/s)	[0,2)	13/36	82	−6.0	6.8	4.3
	[2,3)	11/34	85	−6.1	7.3	4.9
	[3,4)	4/12	74	−17.8	6.6	6.1
	[4,+∞)	3/11	61	−43.4	8.1	7.7

进一步分析平均风速对 $PM_{2.5}$ 浓度变化的影响，随着平均风速的增大，变压加强，$PM_{2.5}$ 浓度下降的幅度增大，不同风速区间浓度增大的样本数占比均为 1/3 左右。由于平均风速与 $PM_{2.5}$ 浓度差值的相关性不显著，因此利用极大风速进行分析。武汉地区冷锋过程极大风速较弱，主要集中在 3～8 m/s，占比达 91%，随着极大风速的增大，$PM_{2.5}$ 浓度差值呈下降趋势，极大风速小于 6 m/s 尤为凸出；当极大风速处于[6,8) m/s 区间段时，$PM_{2.5}$ 浓度下降平均值减

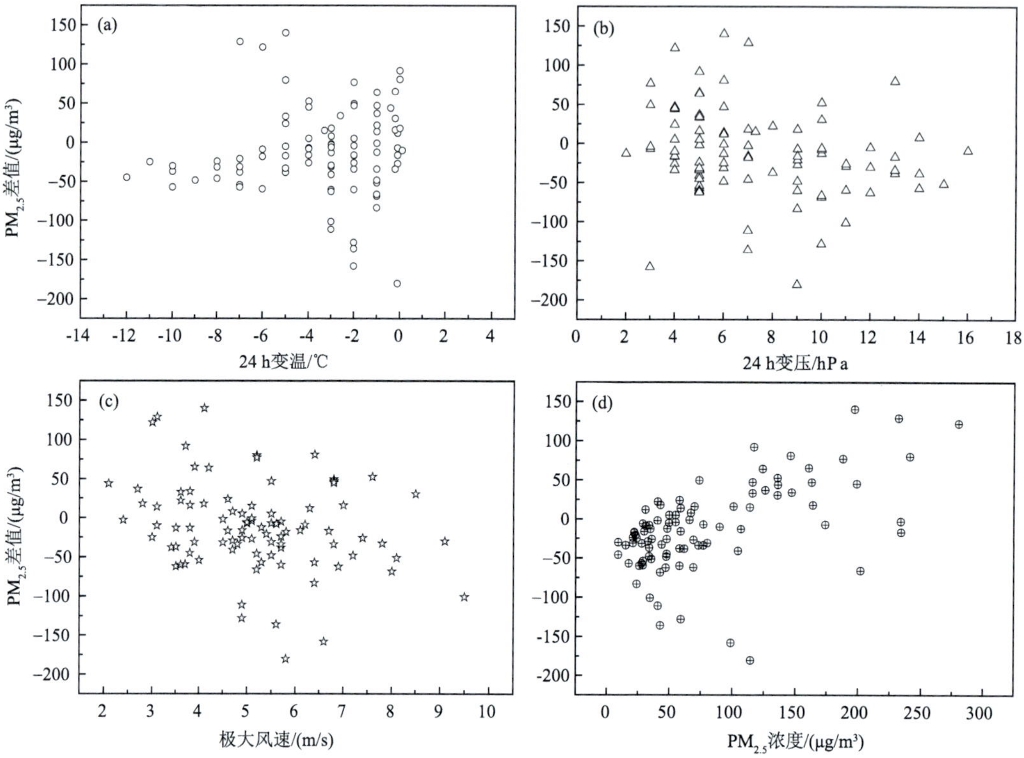

图 4.3　2013—2016 年武汉 $PM_{2.5}$浓度差值随 24 h 变温、24 h 变压、极大风速、$PM_{2.5}$浓度的变化特征

小，可能与这一风速范围存在浓度增大的过程有关；极大风速超过 8 m/s 后，$PM_{2.5}$浓度下降最大。24 h 变压与 $PM_{2.5}$浓度差值的相关性一般，线性相关系数为 0.4，未通过 P 检验。$PM_{2.5}$浓度增加的过程主要集中在变压小于 6 hPa 区间，而浓度下降过程变压范围大，呈倒三角分布，最大降幅平均值出现在 8～12 hPa。从 $PM_{2.5}$浓度差值与 $PM_{2.5}$的对应关系来看，两者之间呈正相关，相关系数为 0.7，通过 P 检验。以 100 μg/m³ 为分界，当 $PM_{2.5}$浓度小于 100 μg/m³ 时，浓度差值负值居多，占 85%；超过 100 μg/m³ 时，浓度差值以正值为主，占 75%。高 $PM_{2.5}$浓度对应高的浓度正差值，即由浓度增长导致，尤其在 $PM_{2.5}$浓度大于 150 μg/m³ 时，大幅度浓度增加与冷锋过程有关，输入型污染作用明显。整体来看，$PM_{2.5}$浓度表现为上升的要素区间为变温 −2～0 ℃和 −6～−4 ℃、极大风速小于 4 m/s、变压小于6 hPa。弱冷锋清除效果差，$PM_{2.5}$输入作用大于输出；同时，较强冷锋可以让北方更远区域的 $PM_{2.5}$粒子输送到武汉，造成 $PM_{2.5}$浓度瞬间突增，这都有助于 $PM_{2.5}$浓度增大。$PM_{2.5}$浓度下降出现的范围广，浓度下降幅度最大的变温、变压和极大风速区间分别为 −4～−2 ℃和低于 −6 ℃、8～12 hPa、大于 8 m/s，由此可以看出 $PM_{2.5}$浓度下降主要发生在中等强度冷锋和强冷锋过程中。

4.1.2.3　重污染过程冷锋和降水对 $PM_{2.5}$浓度影响

当某一区域的污染物累积到一定程度，其会在风力的作用下进行输送，进而加重其他区域的污染，而冷锋过程在污染物跨界传输中起着重要作用（王喜全 等，2011）。在本节的研究中发现，冷锋影响的污染过程中 70%～80%的过程在变压发生时或者前后一天出现了降水，且降水量数值跨度大，日降雨量范围 0～80 mm，其中 20 mm 以下降水最多，占比达到 85%。因此，针对湖北省大范围霾过程中武汉达到重度污染过程消散阶段冷空气和降水所起的作用开展具体讨论。2013—2016 年湖北省大范围霾过程中影响武汉市的个例数分别为 15 个、11 个、7 个和 8 个（图 4.4），其中，达到重度污染的个例数分别为 12 个、6 个、5 个和 4 个，大范围霾过程和重度污染过程呈现逐年下降趋势。污染物的清除方式主要有降水和冷空气两种，大范围霾过程和重度污染过程中受到冷空气和降水共同作用的个例占比分别为 39.0％和 44.4％，降水为主分别占 26.8％和 11.1％，冷空气为主分别占 29.3％和 37.0％。重度污染背景下仅依靠降水清除污染物的过程很少，多数过程需要冷空气（风）的参与。冷空气的作用主要体现在污染过程的后期，冷空气来向的不同也造成其对污染浓度影响的差别，本节主要考虑西北路、北路和东路冷空气。将冷空气的影响分为纯冷空气作用、东路冷空气配合中到大雨和北路或西北路冷空气配合小到中雨（图 4.5），仅受冷空气作用时 $PM_{2.5}$ 浓度日下降速度最快，为 71.1 $\mu g/(m^3 \cdot d)$，但结束时的浓度最高，为 67.3 $\mu g/m^3$。冷空气配合降水的清除效果明显，结束浓度一般在 46 $\mu g/m^3$ 左右，但下降速度没有单纯受冷空气影响快。其中，东路冷空气强度一般较弱，冷暖空气对峙，降雨相对较大，均为中雨或者大雨，$PM_{2.5}$ 浓度日下降速度最小，为 51.9 $\mu g/(m^3 \cdot d)$，这与开始下降时 $PM_{2.5}$ 浓度值偏低有关，与其他两种方式相比最高浓度平均值偏低 20～30 $\mu g/m^3$；西北路或北路冷空气

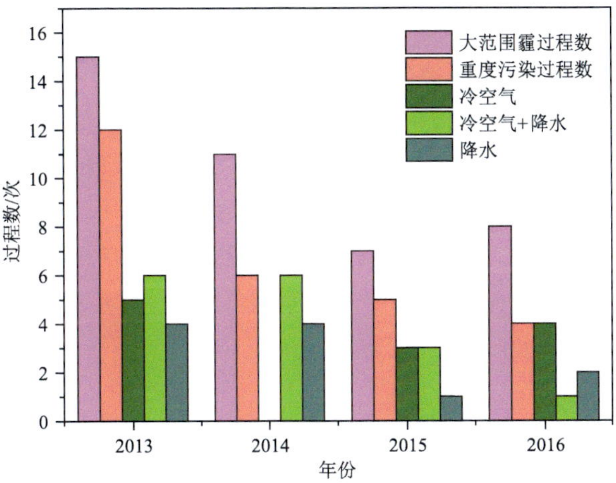

图 4.4　2013—2016 年武汉不同年份大范围霾过程和重污染过程清除特征

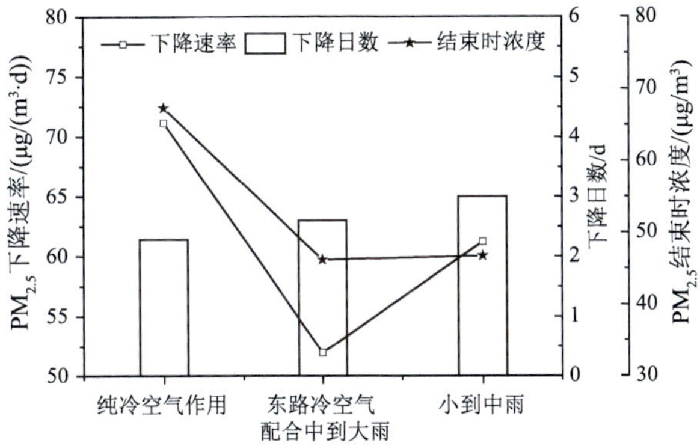

图 4.5　2013—2016 年武汉不同路径冷空气 $PM_{2.5}$ 浓度变化特征

影响时降水量级为小雨，日下降速度为61.2 μg/(m^3 · d)，但清除维持时间最长，平均值为 3 d。综上可以看出，单纯冷空气清除速度快，但 $PM_{2.5}$ 最终清除的效果没有配合降水时理想，浓度值偏高。降水作用仍是大气中粒子有效清除的关键，尤其是在中雨以上量级降水。

4.2 降水及相对湿度对污染天气的影响

降水作为影响污染物浓度的关键气象要素，其一方面主导了大气中的湿清除过程，是大气自净的最重要机制之一（秦瑜 等，2003）。大气气溶胶粒子的湿清除是指气溶胶粒子被大气凝结物清除并最终降落到地面的过程，其主要指雨滴在下降过程中通过布朗扩散、惯性碰并等过程捕获气溶胶粒子，使之从大气中清除（章澄昌 等，1995）。另一方面降水发生对近地面的增湿作用会显著增强气溶胶受吸湿增长的影响，并加剧二次气溶胶的生成，使得其质量浓度增加（李晓配 等，2017）。

由于缺少对大范围地区、长时间序列降水和颗粒物浓度相关特征的分析研究，目前对于降水对 $PM_{2.5}$ 和 PM_{10} 质量浓度影响的一般性规律和特征缺乏定量认识。在长江中游地区，一些重污染过程发生时的天气形势如低压倒槽、冷锋通常伴有降水的发生（许建明 等，2016），冷锋影响的污染过程中 70%～80%的过程伴随着降水。因此，需要对长序列的降水和颗粒物（PM_{10} 和 $PM_{2.5}$）协同观测数据进行分析，分析不同污染情况下不同等级降水对颗粒物的影响特征，归纳不同湿度条件下降水发生前后颗粒物浓度的变化规律，总结降水发生时颗粒物受湿清除或湿增长作用的差异性影响，这将有效提高降水发生时气溶胶浓度预报的合理性和准确率，增强对高影响天气作用下污染过程变化机制的认识。

4.2.1 数据和方法

$PM_{2.5}$ 和 PM_{10} 质量浓度数据来源于湖北省 13 个地（市）的国控点，资料长度为 2015 年 1 月 1 日—2017 年 12 月 31 日，时间分辨率为 1 h。气象要素资料来自于湖北省 13 个地（市）自动气象站气象观测逐小时数据，包括降水量、相对湿度、风速。选取出现轻度污染等级以上的时段来探讨降水对颗粒物浓度变化的影响，同时剔除了风速大于 3 m/s 以上降水时次的数据，以保证低风速的环境条件。按照《环境空气质量指数（AQI）技术规定（试行）》（HJ 633—2012），将污染天气分为轻度污染（LP）、中度污染（MP）、重度污染（SP）和严重污染（TP）。

由于本节中主要使用的是小时降水量，因此对降水强度的划分参照邻近省份安徽的地方标准《短时临近降雨强度等级划分》（DB 34/T 1592—2012），如表 4.3 所示，将降水等级分为小雨（LR）、中雨（MR）、大雨（HR）、暴雨（TR）和大暴雨（SR）。

表 4.3 短时临近降雨强度等级划分

等级	小雨(LR)	中雨(MR)	大雨(HR)	暴雨(TR)	大暴雨(SR)
1 h 降水量(R)/mm	$0<R<1.5$	$1.5\leqslant R<3.5$	$3.5\leqslant R<8.0$	$8.0\leqslant R<20.0$	$20.0\leqslant R<50.0$

4.2.2　结果与分析

4.2.2.1　不同等级污染天气的分布特征

图 4.6 统计了 2015—2017 年湖北省 13 个地区受不同等级污染的影响特征。从各地区污染天气的总日数来看，襄阳和宜昌为湖北省污染天气最为频发的地区，分别达到了 335.3 d 和 304.1 d，每年将有近三分之一的天数出现污染，而这两个地区也是受外地源输送和本地源累积作用影响的典型代表区域。污染天气发生少于 160 d 的地区则分布在了湖北省四周山区的恩施、黄冈、十堰和咸宁，显著低于其他地区。

而从不同等级污染日数的分布来看，轻度污染占到总污染日数的 60%以上，尤其是污染较轻的咸宁、黄冈等地区轻度污染占比达到 80%以上，均为 100 d 以上。中度污染的占比则主要集中在 18%～23%，不同地区中度污染日数相差一般不超过 30 d。重度污染天数显著下降，为中度污染天数的一半左右，但值得注意的是襄阳和宜昌地区的重度污染天数下降不显著，尤其是襄阳地区的重污染天数与中度污染天数接近，均约为 80 d，是其他地区的 2～10 倍。

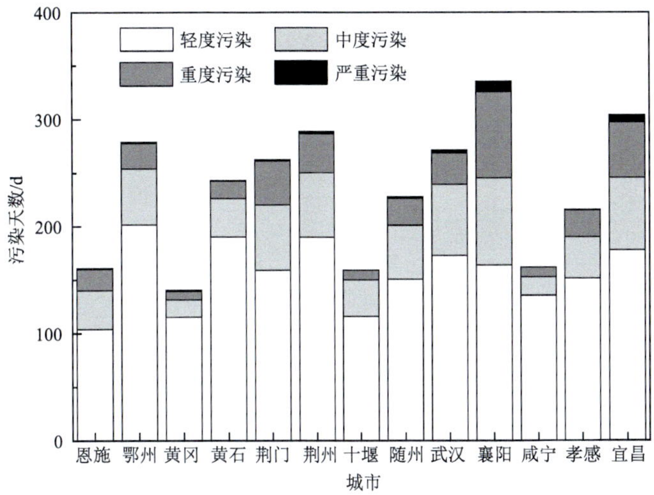

图 4.6　2015—2017 年湖北 13 个地区受不同等级污染的影响特征

4.2.2.2　污染天气的降水特征

进一步分析 2015—2017 年湖北省污染日降水等级的分布特征可以看到(图 4.7)，从不同等级雨强的站时分布来看，各个地区污染天气出现小雨的站时均值为 298 h，其中襄阳地区的污染天气受小雨影响最大，达到 587 h，均值为 497 h，而其他几个污染较重地区受小雨影响的站时比较接近，均值为 330 h 左右；中雨发生的站时则显著低于小雨一个数量级，均值为21 h，襄阳、宜昌和武汉等重污染影响的中心区域受中雨影响较小，仅为 10 h 左右；各个地区受大雨影响的站时较为一致，主要集中在 5～12 h，且以武汉、鄂州等为代表的武汉城市圈地区(由武汉和周边约 100 千米半径范围内的黄石、鄂州、孝感、黄冈、咸宁、仙桃、天门、潜江九市构成的城市联合体)不同国控点大雨站时差别十分显著，达到 10 h 以上；污染天气过程中出现暴雨的站点也主要位于武汉城市圈地区，均在 7 h 以内；大暴雨则鲜有发生，仅在黄石等 4 个地区的国控点出现了 1 h 的极端降水天气。

不论是哪种等级的降水在同一地区的不同国控点均表现出发生站时的差异性特征，且由于强降水通常表现出局地性强的特征，小雨、中雨和大雨发生站时的平均偏差率同样也表现为逐渐增加的特征，分别为 14.75%、26.42%和 35.01%，雨强越大各个地区不同国控点受降水的差异性影响也越明显，这也进一步佐证了我们将同一地区的不同国控点受降水的影响分开研究是合理的。

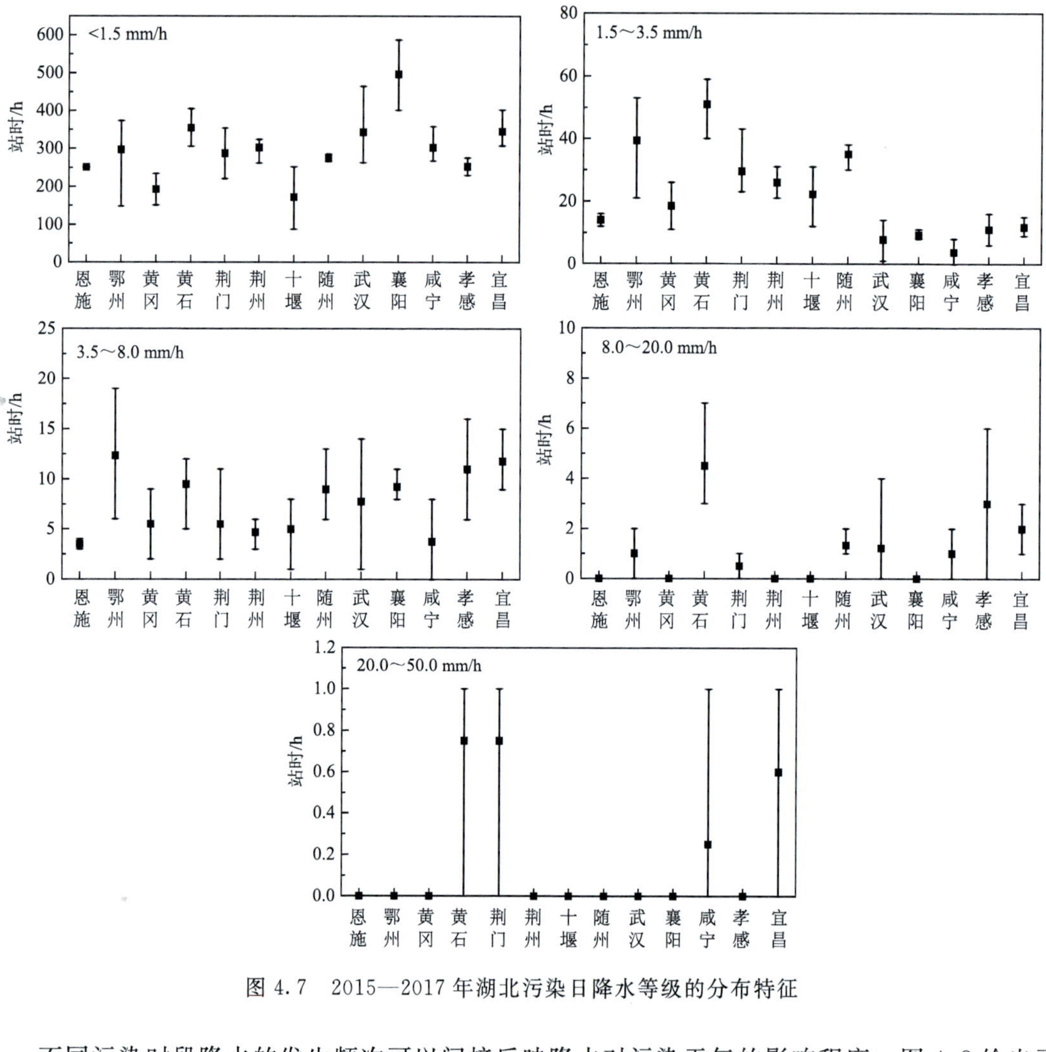

图 4.7 2015—2017 年湖北污染日降水等级的分布特征

不同污染时段降水的发生频次可以间接反映降水对污染天气的影响程度。图 4.8 给出了 2015—2017 年湖北省污染天气过程不同等级降水的日分布特征。可以看到，不论是哪种等级的降水在污染过程的日分布特征均表现为单峰型，峰值出现在 20:00—23:00(北京时，下同)。同时，对比每一时刻均有发生的小雨、中雨和大雨小时数，随着时间的推移，各时刻小雨时数与中雨时数、大雨时数的比值分别从 00:00—03:00 的 17 和 110 左右，下降到 19:00—23:00 的 6 和 30 左右(图略)，而大暴雨则显著集中在了 17:00—23:00，这些时刻均正好落在了 $PM_{2.5}$ 峰值浓度出现的时段内。随着降雨强度的增加，降水愈发集中在夜晚发生，进而表明污染过程中降水的出现可能对颗粒物浓度的变化存在较大影响。

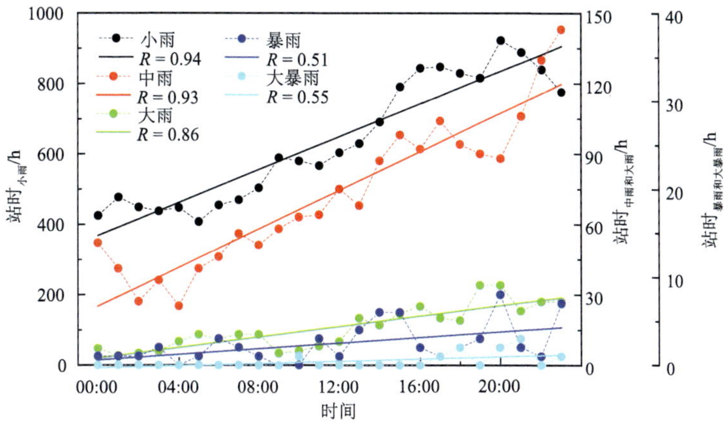

图 4.8　2015—2017 年湖北污染天气过程不同等级降水的日分布特征

4.2.2.3　污染过程降水前后颗粒物质量浓度的变化特征

污染过程中受降水影响最为直接的就是颗粒物($PM_{2.5}$和 PM_{10})浓度的大小，其数值一方面受到降水粒子在降落过程中惯性碰并等过程导致的湿清除作用，另一方面受降水增湿影响导致的气溶胶吸湿增长和二次气溶胶生成作用。同时，本地源排放、外部源输送以及气团扩散等因素共同作用形成的颗粒物背景浓度变化规律也影响着颗粒物浓度的数值。因此，本节统计分析降水发生前后 $PM_{2.5}$、PM_{10}以及两者比值的相关特征，揭示降水影响下颗粒物浓度的一些分布规律。图 4.9 给出了不同 $PM_{2.5}$与 PM_{10}比值变化区间内 $PM_{2.5}$浓度变率与 PM_{10}浓度变率的相关特征。总体而言，降水发生后 $PM_{2.5}$和 PM_{10}浓度的变化值小于降水发生前的小时浓度值，这表明降水发生对颗粒物浓度的改变是在降水发生前背景浓度的范围内，同时，在重污染过程的爆发性形成或快速消散阶段基本没有降水的发生，均从侧面说明了降水对重污染天气的改善能力有限。降水结束后 PM_{10}浓度和 $PM_{2.5}$浓度分别有 61.5%和 52.3%的样本数表现为减小的特征，PM_{10}受降水的湿清除影响更为显著，这与许建明等(2016)对上海地区降水湿清除的研究结果相对一致。其指出，上海地区降雨主要清除的是粒径<1 μm 和 2.5～10 μm 的大气气溶胶粒子，而 PM_{10}则包含了这两个粒径区间的气溶胶粒子。同时，降水影响下二次气溶胶的生成也使得 $PM_{2.5}$浓度受湿清除影响弱于 PM_{10}浓度。降水影响下，$PM_{2.5}$浓度变率与 PM_{10}浓度变率总体表现为一致性的特征，72.5%的时次两者为同时增加或减小的变化规律，$PM_{2.5}$浓度变率和 PM_{10}浓度变率的绝对值主要集中在 0.5 以内，且存在部分时次的绝对值接近 1。

进一步将不同 $PM_{2.5}$和 PM_{10}比值变化区间的 $PM_{2.5}$浓度变率和 PM_{10}浓度变率分布特征进行对比分析，可以看出，不同区间内 $PM_{2.5}$浓度变率和 PM_{10}浓度变率均表现为较好的正相关关系，相关系数在 0.7 以上，但不同比值区间内两者的相关关系存在差异性。降水发生后 $PM_{2.5}$和 PM_{10}的比值主要集中在−0.6～0.5 的范围内，其中 $PM_{2.5}$占比减少的小时数占 42.7%，增加的小时数占 57.3%。当 $PM_{2.5}/PM_{10}$的数值减小时(−0.6～−0.1)，可以看到各比值区间范围内拟合线的斜率均大于 1，PM_{10}浓度变率要大于 $PM_{2.5}$浓度变率的数值，且随着比值减小，斜率逐渐增大，PM_{10}的变化主导着 $PM_{2.5}$占比的减小；而当 $PM_{2.5}/PM_{10}$的数值增大时(0.1～0.5)，各比值区间范围内拟合线的斜率则均小于 1，$PM_{2.5}$浓度变率要大于 PM_{10}浓度变率的数值，且随着比值增大，斜率逐渐减小，$PM_{2.5}$的变化主导着 $PM_{2.5}$占比的增大；而当 $PM_{2.5}/PM_{10}$的数值接近 0

时(−1～1),拟合线的斜率接近 1,$PM_{2.5}$和 PM_{10}浓度的变率相对一致。

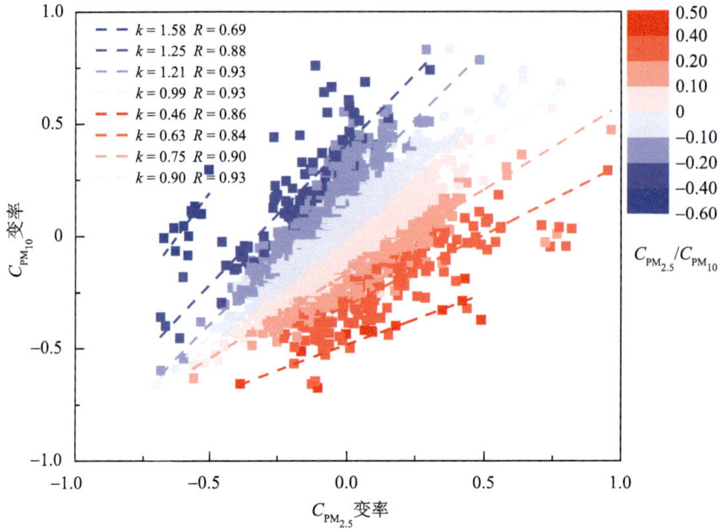

图 4.9　2015—2017 年湖北不同 $PM_{2.5}$与 PM_{10}比值变化区间内 $PM_{2.5}$浓度变率($C_{PM_{2.5}}$)与 PM_{10}浓度变率($C_{PM_{10}}$)

4.2.2.4　降雨对颗粒物质量浓度的影响

通过上两节的分析,初步了解了污染过程中降水和颗粒物浓度的分布特征,下面将两者相结合来探讨降水对颗粒物浓度特征的影响规律。本节重点分析降水前后 PM_{10}和 $PM_{2.5}$质量浓度变率和降水强度、降水发生前 PM_{10}和 $PM_{2.5}$初始质量浓度的关系。需要说明的是,由于气溶胶数浓度不是常规观测项目,因此用 $PM_{2.5}$和 PM_{10}质量浓度代替。图 4.10 给出了相近 PM_{10}和 $PM_{2.5}$质量浓度变率区间内(间隔 0.05)降水发生前 PM_{10}和 $PM_{2.5}$质量浓度、平均雨强以及浓度变率平均值的分布特征。由图 4.10a 可见,当平均雨强较小的时候(<0.5 mm/h),PM_{10}质量浓度平均变率均表现为正值,处于 0.4～0.8,且 PM_{10}初始质量浓度也为低值(<140 μg/m^3)。这表明降水影响的这些时次主要为污染过程的初始阶段,且降水带来的气溶胶吸湿增长和二次气溶胶的生成作用要强于降水导致的湿清除作用,进而使得 PM_{10}质量浓度增大。而当平均雨强较大的时候(>1.0 mm/h),PM_{10}质量浓度平均变率均表现为负值,处于−0.66～−0.20,且 PM_{10}初始质量浓度也明显增加(>160 μg/m^3),降水导致的湿清除作用为主导。值得注意的是,当平均雨强为 0.5～1.0 mm/h、PM_{10}初始质量浓度平均值在 110～180 μg/m^{3}时,PM_{10}质量浓度平均变率既有正值也有负值,且绝对值均小于其他两种情况,这表明此时降水的湿增长和湿清除作用对 PM_{10}质量浓度的影响程度接近,不存在哪种作用为主导。

降水对 $PM_{2.5}$质量浓度的影响与对 PM_{10}质量浓度的影响类似(图 4.10b),以湿增长为主导作用的平均雨强范围是小于 0.5 mm/h,但是以湿清除为主导作用的平均雨强大小则明显大于主导 PM_{10}质量浓度湿清除作用的雨强数值,其要大于 1.4 mm/h,粒径更小的颗粒物需要更大的雨强才能更为显著地被降水清除。同时,对于湿增长和湿清除作用影响程度接近的雨强范围中,不论是 PM_{10}或 $PM_{2.5}$,其质量浓度的初始值越大,降水越容易出现湿清除作用,而越小则降水越容易产生湿增长作用,PM_{10}质量浓度的阈值为 150 μg/m^3,$PM_{2.5}$质量浓度的阈值为 95 μg/m^3,这与许建明等(2016)对上海地区湿清除作用为主导时 $PM_{2.5}$初始浓度阈值的判断相对一致。

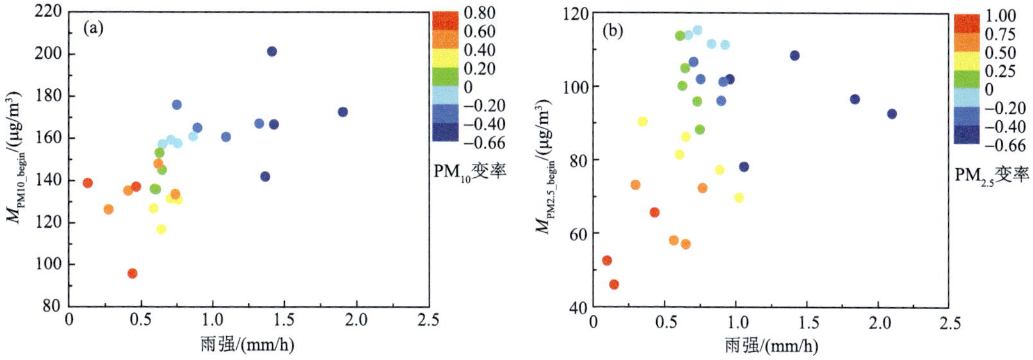

图 4.10 2015—2017 年湖北不同雨强下 PM_{10} 和 $PM_{2.5}$ 初始浓度和浓度变率

4.2.2.5 相对湿度对降雨过程 PM_{10} 质量浓度变化的影响

气溶胶吸湿增长和二次气溶胶的生成在重污染形成中起到了关键作用，孙业乐(2018)阐明了二次气溶胶的快速增长在华北平原重污染生成过程中所起的重要作用，指出二次气溶胶在重污染期间的占比可高达 70%，高湿和低风速则是气溶胶吸湿增长和二次气溶胶生成的重要环境因素(Sun et al.,2014)。降水的发生会显著提高环境的相对湿度，而风速达到 3 m/s 以上降水时次数据的剔除则保证了低风速的环境条件，因此本节分析了不同相对湿度环境下降水对颗粒物浓度变化的影响。图 4.11 给出了不同等级降水影响下各相对湿度区间内(0～100%，间隔 1%)PM_{10} 质量浓度变率的分布特征。可以看出，仅在小雨发生时出现了相对湿度低于 40%的时次，且此时各相对湿度区间内 PM_{10} 质量浓度均表现为显著降低的变化特征，多

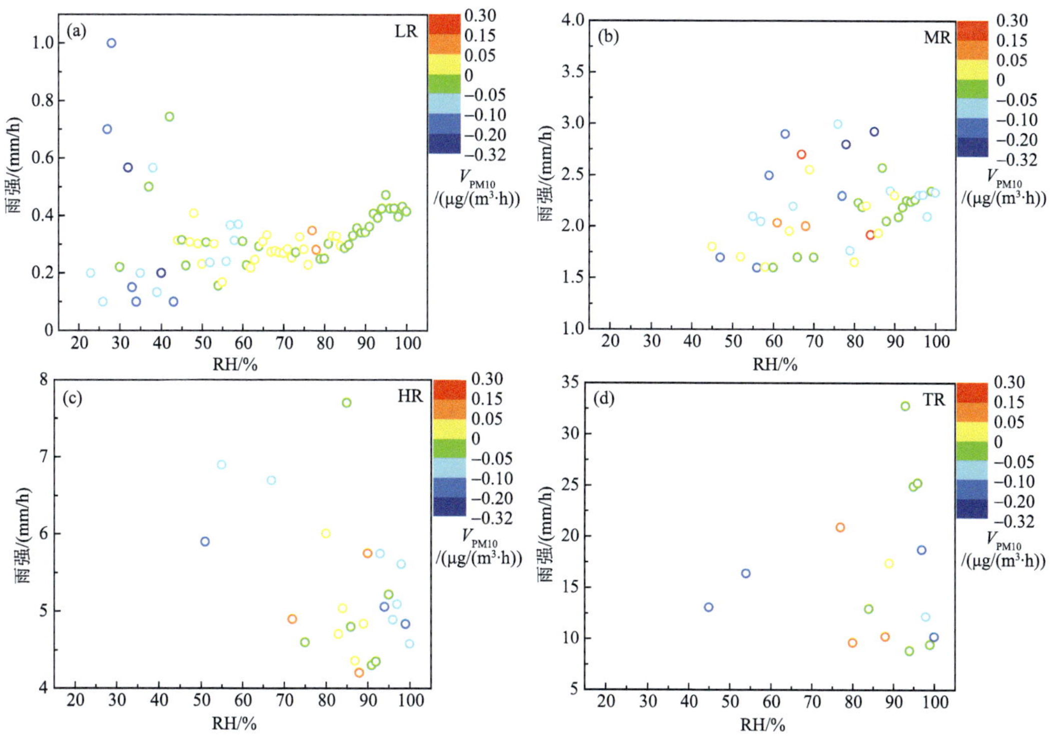

图 4.11 2015—2017 年湖北不同相对湿度区间不同雨强下 PM_{10} 浓度 $V_{PM_{10}}$ 变率

个相对湿度区间内 PM_{10} 质量浓度变率为－0.32～－0.20 的范围，干环境下降水的发生对 PM_{10} 的湿清除作用显著。随着相对湿度逐渐增大，湿增长的影响逐渐显现出来，40%～90% 的相对湿度区间内 PM_{10} 质量浓度受湿清除和湿增长的共同影响，且在相对湿度为 65%～90% 时，PM_{10} 质量浓度在气溶胶吸湿增长和二次气溶胶生成影响下出现了增大的变化特征，而在接近饱和的相对湿度区间内（90%～100%），PM_{10} 质量浓度在降水影响下略微下降，变率集中在－0.05～0。随着降水等级的增加，在接近饱和的相对湿度区间内（90%～100%），PM_{10} 质量浓度持续表现为下降的变化特征，且降水等级越强，PM_{10} 质量浓度降低越明显。而对于湿清除和湿增长共同影响的相对湿度区间（40%～90%），当低湿（50%左右）和雨强较大时湿清除起主导作用，而当高湿（约 90%）和雨强较小时湿增长起主导作用。

$PM_{2.5}$ 质量浓度变率的分布特征与 PM_{10} 类似，但在接近饱和的相对湿度区间内（90%～100%）降水的湿清除作用减弱，而高湿环境下（约 90%）和雨强较小时湿增长作用增强。

4.3 $PM_{2.5}$ 浓度爆发性增长特征

长江中游地区霾污染程度却呈现逐年上升趋势，长江流域中游“次盆地”——两湖平原盆地大气气溶胶浓度凸增，形成一个新的区域性霾污染核心区，并且这一区域霾污染的发生具有常年化态势。Wang 等（2017）指出，导致北京地区重污染发生的 $PM_{2.5}$ 有 80% 以上来自于本地排放，这是导致 $PM_{2.5}$ 浓度爆发性增长和快速回落的主要原因。张小曳等（2013）的研究揭示了北京极端霾事件生消过程中的快速变化（爆发性增长和快速消除）主要由区域输送和南北气团交替所致，爆发性增长估算的区域输送贡献高达 53%～70%（Li et al.，2017）。同时，越来越多的研究指出，污染物的区域输送主导了污染过程的生消变化。

长江中游大气污染形势越来越严峻，但针对其大气污染演变规律开展的相关研究相对较少。本节围绕 2018 年 1 月影响湖北地区近两周的一次持续性重污染天气过程开展分析。

4.3.1 数据和方法

$PM_{2.5}$ 和 PM_{10} 质量浓度数据来源于湖北省襄阳（Xy）、荆门（Jm）、荆州（Jz）、宜昌（Yc）、孝感（Xg）、武汉（Wh）的国控点，资料长度为 2018 年 1 月 12—24 日，时间分辨率为 1 h。气象要素资料来自于相应地（市）自动气象站气象观测逐小时数据，包括降水量、相对湿度、风速。探空资料来自武汉和宜昌探空站 L 波段探空数据。NCEP 再分析 1°×1°资料用来分析地面风场。

混合层高度是利用位温垂直探空廓线数据来进行计算，是某一层位温第一次超过位温最小值 1.5 K 时的高度。

4.3.2 污染过程概况

2018 年 1 月 12—24 日长江中下游地区出现了一次大范围的霾天气过程，其中湖北作为此次过程影响的中心区域，多个城市出现了长时间的低能见度事件，$PM_{2.5}$和PM_{10}的质量浓度均出现500 μg/m³左右的小时值，且在污染物和浓雾的共同作用下，能见度多次出现连续数小时低于100 m的情况。从颗粒物质量浓度的变化特征来看(图4.12)，整个污染过程可以分为3个时期。12—17日，颗粒物质量浓度表现为先缓慢上升后缓慢下降的变化特征，而孝感和武汉受过程影响较弱，以平稳变化为主；18—19日，颗粒物质量浓度表现为爆发性增长后迅速减小的变化特征，这种爆发性增长的主要表现在位于中部主输送通道上的襄阳、荆门和荆州，以及次级输送通道上的宜昌、孝感和武汉等站点$PM_{2.5}$质量浓度的显著增大，且存在中部地区污染物向东部和西部的输送作用；20—24日，主要为两次(20—21日和22—24日)颗粒物质量浓度起伏变化过程，变化幅度与第1个时期类似，随后整个污染过程在近一天的持续降水中结束。同时，在3个时期的过程中，基本都伴有降水出现，小时雨量为1 mm左右，微量降水对颗粒物质量浓度的影响不明显。

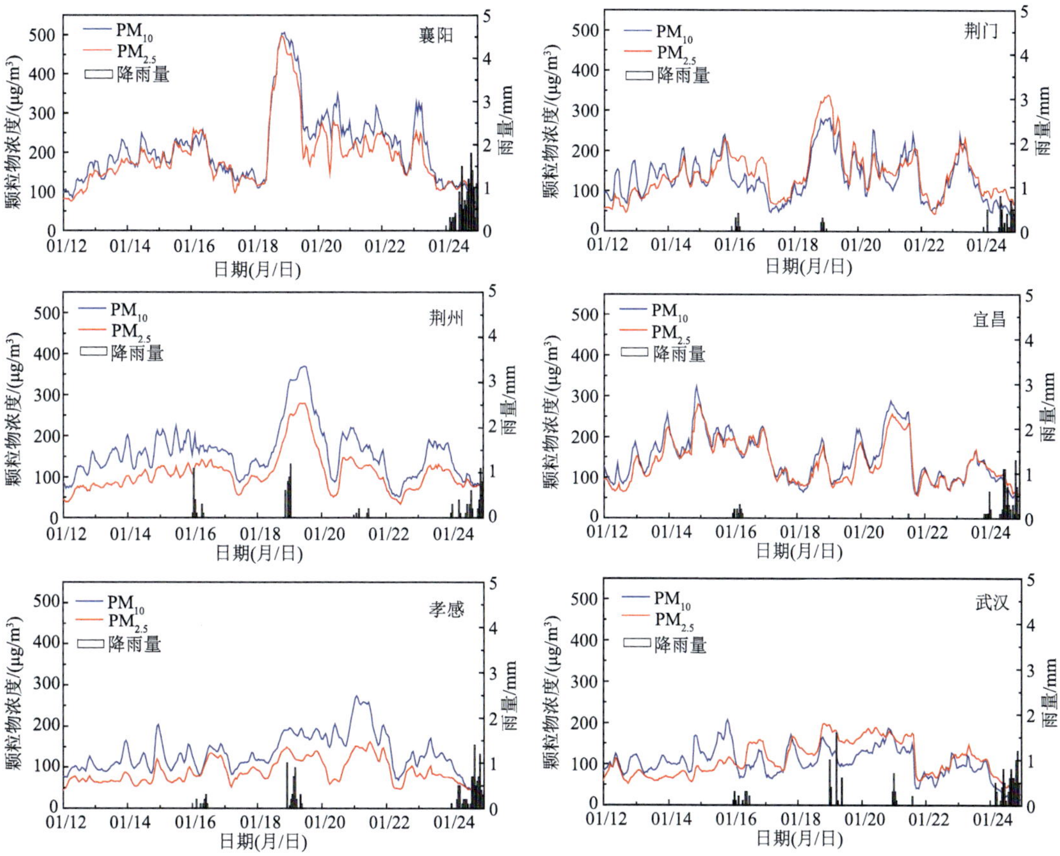

图4.12 2018年1月12—24日襄阳、荆门、荆州、宜昌、孝感和武汉的$PM_{2.5}$、PM_{10}和降雨量逐小时变化

4.3.3 颗粒物质量浓度爆发性增长的成因分析

从颗粒物质量浓度的变化特征来看，此次污染天气中有一次显著的颗粒物质量浓度爆发性增长，随后迅速回落的过程，其在襄阳，荆门和荆州地区表现得尤为显著，而在宜昌，孝感和武汉地区则表现得较弱。表4.4给出了此次过程6个站$PM_{2.5}$质量浓度的变化特征，可以看

表 4.4　襄阳、荆门、荆州、宜昌、孝感和武汉的 $PM_{2.5}$ 质量浓度变化

		襄阳			荆门			荆州		
	单位	开始	峰值	结束	开始	峰值	结束	开始	峰值	结束
时间		18 日 02:00	18 日 21:00	19 日 13:00	18 日 05:00	19 日 02:00	19 日 18:00	18 日 08:00	19 日 12:00	20 日 09:00
$PM_{2.5}$	$\mu g/m^3$	114.50	496.50	184.50	116.25	338.25	116.67	97.00	278.67	49.33
增长速度	$\mu g/(m^3 \cdot h)$		20.11			10.57			6.49	
下降速度	$\mu g/(m^3 \cdot h)$		19.50			13.85			10.92	
		宜昌			孝感			武汉		
	单位	开始	峰值	结束	开始	峰值	结束	开始	峰值	结束
时间		18 日 05:00	18 日 20:00	19 日 03:00	18 日 07:00	18 日 22:00	19 日 09:00	18 日 12:00	18 日 20:00	19 日 11:00
$PM_{2.5}$	$\mu g/m^3$	78.80	178.50	74.20	72.00	148.5	114.50	119.88	197.11	150.22
增长速度	$\mu g/(m^3 \cdot h)$		6.65			5.10			9.65	
下降速度	$\mu g/(m^3 \cdot h)$		14.90			3.09			3.13	

到，首当其冲受北方污染气团输送影响的襄阳地区 $PM_{2.5}$ 质量浓度的增长和降低速率均为6个站中最高的，分别达到了 20.11 μg/(m³ · h)和 19.50 μg/(m³ · h)，表现出“爆发性增长”的变化特征，$PM_{2.5}$ 质量浓度在短时间内出现剧烈的变化，表明这是一次典型的受污染物输送主导的污染过程。而荆门、荆州和宜昌等地的 $PM_{2.5}$ 质量浓度下降速率则显著高于其增长速率，这些地区的环境受输送型污染影响后的恢复能力较强。尤其值得注意的是武汉地区，其爆发性增长过程的峰值浓度接近 200.00 μg/m³，增长速率仅略低于主体输送通道上荆门的数值，达到了 9.65 μg/(m³ · h)。而下降速率仅为增长速率的1/3，且孝感地区的 $PM_{2.5}$ 质量浓度下降速率与武汉地区相当，均为 3.00 μg/(m³ · h)左右，湖北省东部武汉城市圈较弱的扩散条件是该地区重污染天气持续的重要原因之一。

4.3.3.1 水平输送的影响

风速、风向是影响输送型污染过程最为主要的气象要素，风速为污染气团的持续移动提供了动力条件，而风向则决定了污染气团来自哪个重污染地区。图4.13给出了颗粒物质量浓度爆发性变化前后阶段1月17—19日02:00,08:00,14:00和20:00风场的空间分布特征，在爆发性增长发生前6个站点主要受到偏南风的影响(17日14:00)，以轻度污染为主，而从17日20:00开始，湖北省中东部均开始受偏北气流的影响，但此时湖北省北边界处的风速偏弱，来自北方的污染气团还未输送到湖北地区。18日02:00开始，6个站开始分别出现颗粒物质量

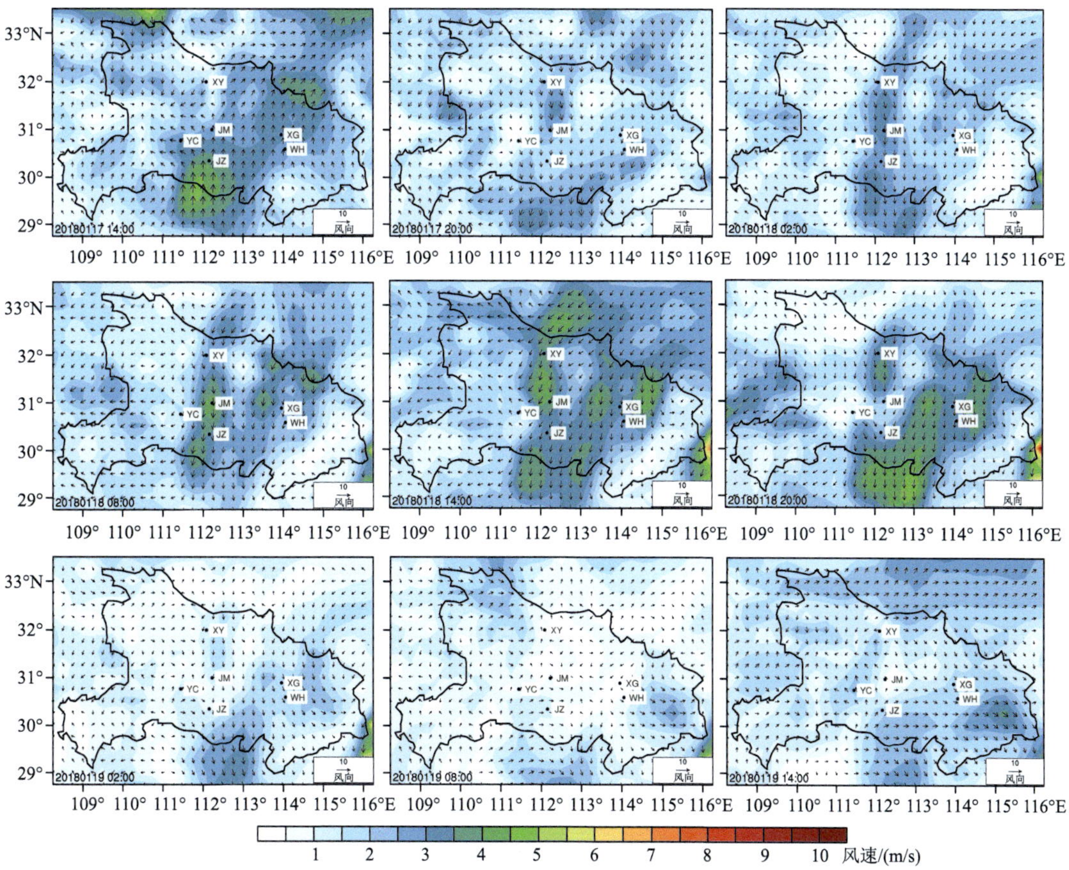

图4.13 1月17—19日14:00、20:00、02:00和08:00风场特征

浓度爆发性增长过程，可以清楚地看到湖北省中部地区存在一个与北方地区相连接的风速输送带，风速为 3 m/s 左右显著高于周围地区，且风向维持为一致性的偏北风。随后中部地区的污染物输送风速明显增大，直至 18 日 20:00 风速达到 5 m/s 左右，且东部地区东北来向的输送气流也显著增强，进而使得襄阳、孝感和武汉地区的颗粒物质量浓度达到峰值。但值得注意的是，对于湖北省东部地区，中部通道的影响偏弱且东部通道的输送较弱，导致孝感和武汉在此次过程中颗粒物质量浓度的爆发性增长与中部地区襄阳、荆门和荆州相比显著偏弱。

19 日 02:00 开始，湖北省以北地区的偏北风输送气流几乎完全消失，使得受其直接影响襄阳地区颗粒物质量浓度开始迅速下降，而荆门和荆州地区颗粒物质量浓度的增长速度也明显下降。但在 19 日 08:00，全省风速显著下降，6 个站点所在地区出现大范围 1 m/s 左右的风速低值区，并在中部地区形成了一个弱的风速辐合区，使得荆门地区的颗粒物质量浓度出现了短时间再次增长，而宜昌和荆州地区的颗粒物质量浓度达到峰值。但在缺少外部污染物输送影响的情况下，各站点颗粒物质量浓度随后下降显著，爆发性增长过程也趋于结束。

为了进一步分析风速和风向对颗粒物质量浓度爆发性变化的影响，图 4.14 给出了爆发性变化阶段 6 个站 $PM_{2.5}$ 质量浓度的小时变化量、10 m 风速和风向的组合玫瑰图。除了受地形影响较大的宜昌地区外，其他 5 个站均以偏北风主导和较大的风速对应 $PM_{2.5}$ 质量浓度的显著增大，其中位于中部污染物主体输送通道处的襄阳、荆门和荆州分别在地面偏北风风速达到 4 m/s、9 m/s 和 2.5 m/s 左右时，$PM_{2.5}$ 浓度的增加达到了 70.75 μg/(m³ · h)、36.50 μg/(m³ · h)和 12.70 μg/(m³ · h)，而即使是在爆发性增长时间短，峰值浓度较低的孝感和武汉，仍然可以看到在偏北风风速达到 4 m/s 和 3.5 m/s 左右时，$PM_{2.5}$ 质量浓度的增加达到了 10.50 μg/(m³ · h)和 22.40 μg/(m³ · h)，外部源输送影响下 $PM_{2.5}$ 质量浓度的增加特征十分显著。

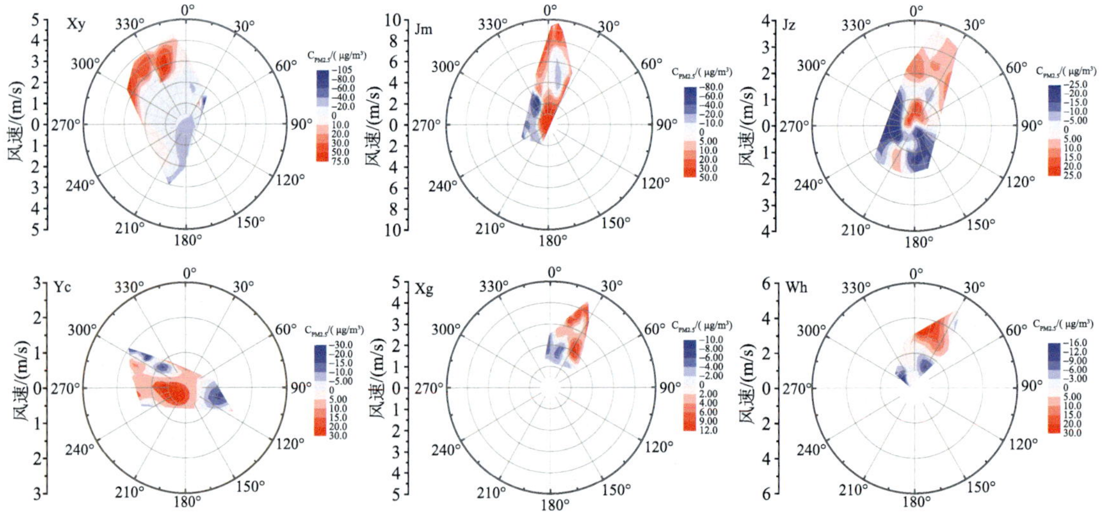

图 4.14　爆发性变化阶段 6 个站 $PM_{2.5}$ 质量浓度变化量(阴影)、10 m 风速(圈线)和风向组合玫瑰图

可以注意到，荆门、荆州和宜昌均在风速为 1 m/s 左右出现了 $PM_{2.5}$ 质量浓度增大的极大值，这与上节分析中这 3 个站点在 19 日左右位于中部风速辐合区相一致，此时较差扩散条件导致的污染物累积是这一时段污染天气维持的主要原因。同时，$PM_{2.5}$ 质量浓度的降低过程与

水平扩散条件的转好(风速增大)没有直接联系,反而其多发生在风速减小的情况下(低于 2 m/s),且极大值多出现在偏东或偏西风影响的时段,表明天气系统或风向的转变对污染过程的减弱影响较大。

4.3.3.2　风场垂直结构的影响

风速、风向的垂直结构能够进一步反映污染物在不同高度上的输送特征,由于受探空站点数量的限制,本节只给出了受输送影响较弱宜昌、武汉地区(L 波段探空)颗粒物浓度爆发性变化阶段风速、风向的垂直分布特征(图 4.15)。

尽管通过地面风场的分析,宜昌地区的污染过程受输送的影响偏弱,但从 1 月 18 日 08:00—1 月 19 日 08:00 水平风场的垂直结构来看(图 4.15a),18 日 08:00 开始,500 m 以下高度的风场开始转为以弱的偏北风为主,风速小于 5 m/s,并在 18 日 20:00 颗粒物浓度达到极大值时,1500 m 以下高度的风场均转变为偏北风为主,风速显著增强,风场对污染物的输送能力达到最大,并在 1100 m 左右出现 8 m/s 的极大风速,19 日 08:00,近地层偏北风风向保持不变,但风速明显降低,污染物输送影响基本结束。

上节的分析中可以看到武汉地区污染过程受地面风场输送的影响明显强于宜昌地区,同样武汉地区 1000 m 高度以内的偏北风风速也明显大于宜昌地区的数值,400～600 m 的风速均超过了 6 m/s,但输送层的高度低于宜昌地区,这可能与其距离位于“襄阳—荆门—荆州”的主体污染输送通道较远有关。

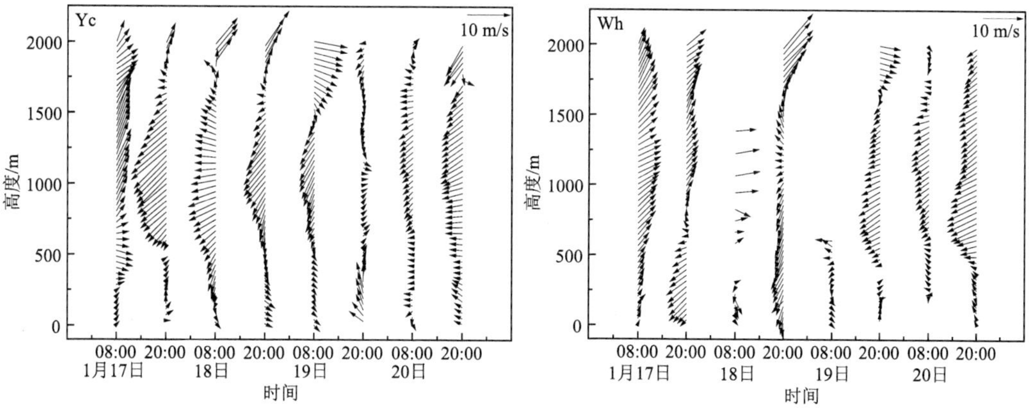

图 4.15　宜昌和武汉 1 月 17—20 日风廓线特征

4.3.3.3　气温的垂直结构影响

逆温层的结构能够较好地反映大气边界层的稳定特征,逆温层越低、厚度越厚、强度越大,则近地层空气向上扩散的能力就越弱。图 4.16 给出了颗粒物浓度爆发性变化前后武汉和宜昌地区逆温层的相关特征,色斑柱的顶层和底层代表每个逆温的顶层和底层,不同色柱说明不同的逆温强度。

对于武汉地区而言,逆温层主要表现为双层结构,下层逆温层底部高度均在 500 m 左右,上层逆温层则位于 1700 m 左右,逆温层厚度一般在 300 m 左右,少数时次能达到 500 m 以上,进一步计算了上层和下层逆温层的逆温强度,除了 17 日和 18 日上、下层逆温的平均强度能超过 2 ℃/(100 m),其他时间的上、下层逆温强度平均值均在 1 ℃/(100 m)左右。其中,爆发性增长过程发生前 2 个时次的逆温层分布规律与其他时次存在显著不同。17 日 20:00 和 18 日 08:00 均出现了贴地逆温，且平均逆温强度分别达到了 2 ℃/(100 m)和 1.2 ℃/(100 m)，18 日 08:00 逆温层的厚度达到了接近 500 m，强的贴地逆温会显著抑制近地面污染物的扩散和空气的湍流交换作用，进而加强污染物在近地面的堆积，伴随着污染气团输送的影响，共同导致了武汉地区的颗粒物爆发性增长过程。

与武汉地区类似，宜昌也存在双层逆温的特征，但是由于其地理位置的原因，受静稳天气导致的累积型污染影响严重，从其下层逆温多为贴地逆温也可以看出这一特点，上层逆温的高度与武汉地区类似，均在 1700 m 左右，但是逆温层厚度更厚，部分时次超过 700 m，这也进一步导致了其静稳天气的多发。尽管污染物的输送对宜昌地区影响偏弱，但仍然可以看到爆发性增长的初期存在较强的贴地逆温，随着 18 日 20:00 污染物输送作用达到最大，贴地逆温的厚度显著减小到 10 m 左右，较强偏北气流的持续输送会破坏贴地逆温层的结构，而这与武汉地区的变化规律一致。

武汉和宜昌地区的混合层高度清晰地反映了该段时间内污染物垂直扩散的高度，武汉地区的混合层高度主要在 400 m 左右，而宜昌地区仅有 150 m 左右，如此低的混合层高度会使得污染物被限制在离地较小的范围内，进而形成严重的污染过程。值得注意的是，在爆发性增长达到极大值的 18 日 20:00，混合层的高度并没有进一步下降，相反，其在偏北气流的作用下出现了比较明显的抬升，这也从侧面进一步佐证了此次爆发性增长过程受污染物输送的影响较大。

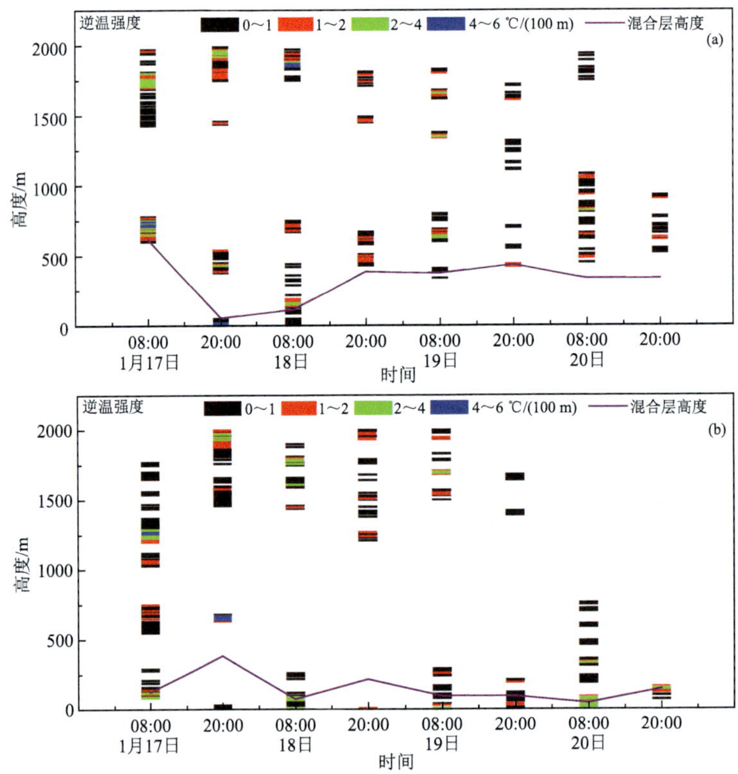

图 4.16　1 月 17—20 日武汉(a)和宜昌(b)地区逆温层的相关特征

4.4 气象因子对臭氧污染影响分析

湖北省 O_3 浓度呈东高西低分布特征，东部城市圈为浓度高值区，O_3 已经成为第二大首要污染物。目前，武汉城市圈 O_3 的研究侧重于化学特征及单一城市污染过程的特征分析，本节针对城市圈 2015—2017 年完整时间序列开展气象条件对 O_3 浓度演变的影响研究。

4.4.1　气象要素与 O_3 浓度的相关关系

表 4.5 给出了 2015—2017 年逐日 O_3 浓度与气温、日照、气压、相对湿度、风速、能见度之间的相关关系。可以看出，湖北省东部 5 个主要城市 O_3 浓度与气温、日照的相关性最好，为正相关关系且相关系数多数大于 0.5，这与文献的研究结果相近（蒋璐璐 等，2016；杨娜 等，2019），气温越高、日照越强，越有利于 O_3 的生成。O_3 浓度与相对湿度呈负相关，相关系数在 −0.28～−0.54，相对湿度高反而不利于 O_3 的生成，研究表明，高湿环境有利于颗粒物的湿增长，$PM_{2.5}$ 浓度增加，抑制 O_3 的生成（王宏 等，2011）。其与气压也呈负相关关系，相对较低的气压通常出现在夏季，也是 O_3 浓度的高值阶段。刘姣姣等（2014）指出，O_3 浓度升高与大气压下降幅度密切相关，大气压下降超过 0.4 kPa 时，O_3 质量浓度较高，而与风速的相关性最差。与能见度呈正相关，相关性低于 0.5。

表 4.5　2015—2017 年逐日 O_3 浓度与气象要素的相关性

	气温	日照	气压	相对湿度	风速	能见度
武汉	0.43*	0.41*	−0.30*	−0.30*	0.03	0.26*
黄冈	0.53*	0.54*	−0.39*	−0.44*	−0.09	0.28*
黄石	0.59*	0.58*	−0.46*	−0.41*	0.03	0.41*
咸宁	0.48*	0.57*	0.26*	−0.54*	0.29*	0.41*
孝感	0.63*	0.47*	−0.50*	−0.28*	−0.03	0.35*

* 表示通过了相关性检验。

4.4.2　O_3 超标日及浓度峰值时段的气象要素特征

进一步对武汉 O_3 浓度的影响因素进行深入分析。根据《环境空气质量指数（AQI）技术规定》（HJ 633—2012），O_3 最大 8 h 滑动平均值大于 100.00 μg/m³ 为一级超标，大于 160.00 μg/m³ 为二级超标。2015 年武汉市一级超标日 150 d，均值浓度为 127.8 μg/m³；二级超标日 59 d，均值浓度为 186.3 μg/m³。2016 年武汉市一级超标日 147 d，均值浓度为 128.6 μg/m³；二级超标日 34 d，均值浓度为 181.2 μg/m³。2017 年武汉市一级超标日 121 d，均值浓度为 126.4 μg/m³；二级超标日 26 d，均值浓度为 174.5 μg/m³。虽然二级超标日浓度相差不大，但是 2015 年二级超标日数明显偏多，几乎为 2017 年的 2 倍。从首要污染物来看，2015 年、2016

年和 2017 年 O_3 作为首要污染物的占比分别为 25.4%、30.7%、26.6%；$PM_{2.5}$ 作为首要污染物的占比为 55.4%、47.6%、39.8%；PM_{10} 作为首要污染物的占比 15.0%、13.7%、15.8%。可以看出，O_3 作为首要污染物，其占比在 25%～30%，仅次于 $PM_{2.5}$，为武汉市第二主导的污染物。表 4.6 给出了 2015—2017 年武汉市不同 O_3 级别下气象要素的平均值，同时由于 O_3 浓度峰值一般出现在 14:00—15:00，因此探讨臭氧日最大浓度与气象要素的关系（图 4.17），重点关注当日 14:00—15:00 的气象要素值。将气温、相对湿度、辐射、日照、风速和风向分为不同的区间，分析 O_3 的浓度变化。

O_3 超标日的气压和全年平均气压不同，就全年而言，O_3 超标日主要出现在 5—9 月，夏季气压整体偏低，而 O_3 达标日全年均有，尤其是 1—4 月和 10—12 月气压比较高，因此 O_3 超标日气压偏低。但是对于 5—9 月，在大陆高压或副高控制下，此时气压偏高，晴热高温的天气也较多，有利于 O_3 生成，因此超标日气压偏高。整体而言，超标日气压在 1005～1007 hPa 左右。5—9 月 O_3 超标日的平均气温基本在 25 ℃以上，高温对 O_3 生成有利。模式研究也发现高温热浪期间 O_3 浓度出现显著增加，高温直接加强光化学反应的进行（Pu et al.，2017；赵福燕 等，2020）。当气温超过 26 ℃时，光化学反应明显（表 4.6）。随着气温的升高（图 4.17a），O_3 浓度也逐渐上升，日均值在 27 ℃以上时 O_3 浓度达到最大，14:00 和 15:00 气温在 29～33 ℃时，O_3 浓度最高。

相对湿度较高的情况下，空气中水汽所含的自由基 H、OH 等迅速将 O_3 分解为氧分子，降低 O_3 浓度。水汽也会通过消光机制影响太阳辐射致使紫外辐射衰减，进而降低 O_3 浓度（程念亮 等，2016）。通过表 4.6 可以看出，超标日的相对湿度要低于达标日或全年的均值，基本在 77%以下，O_3 的生成不需要高湿的环境。通过图 4.17b 可以看出，随着相对湿度增加，O_3 浓度逐渐下降，且当相对湿度高于 80%时，O_3 日平均浓度下降速率明显增大；而对于 14:00 或 15:00 的相对湿度而言，O_3 浓度的高值区相对湿度主要处于 30%～60%，超过 60%时浓度下降明显。安俊琳等（2009）研究发现，相对湿度 60%左右存在光化学反应强度临界值，大于 60%时 O_3 浓度随相对湿度的增大而减小。

O_3 的生成是本地光化学污染及区域输送的共同作用，光化学过程受到地面总辐射量的直接影响（周秀骥 等，1994），辐射强度越大，光化学反应越明显，臭氧质量浓度越容易升高。O_3 浓度与总辐射、净辐射的相关系数分别为 0.429、0.448，通过了相关性检验，相关性较好。从表 4.5 来看，无论是总辐射还是净辐射，O_3 超标日均为最高，超过 1.3 MJ/m^2，尤其是净辐射，是达标日 2 倍左右。太阳辐射对 O_3 生成的影响直接，且作用明显。图 4.17c 显示，随着总辐射的增加，O_3 浓度也呈现出增大的趋势，日平均总辐射在 1.5～2.0 MJ/m^2 时，O_3 浓度最高；14:00 总辐射超过 2.3 MJ/m^2，O_3 超标，而 15:00 仅需超过 1.9 MJ/m^2，O_3 即超标。研究也表明，日照时间长，有利于促进光化学反应生成 O_3（程念亮 等，2016）。超标日的日照时数一般可以超过 8 h，明显大于全年均值或者 5—9 月均值，基本为达标日的 3～6 倍。通过图 4.17d 可以看出，随着日照总时数的增加，O_3 浓度缓慢增大，在总时数 10～12 h 时，达到浓度峰值；对于 14:00 或 15:00 而言，单个时次日照时数超过 0.2 h 后，O_3 浓度即呈现波动变化。

风的作用主要表现在垂直输送、水平输送和局地累积等方面。北京高浓度 O_3 多出现在平均风速低于 2.0 m/s 的时候，风速增大，输送作用增强，也会导致 O_3 浓度上升。高风速时会抬高边界层，进而增加垂直方向动量输送，将高层高浓度的 O_3 向下输送带到地面（程念亮 等，2016）。Zhou 等（2019）指出，O_3 的高浓度值主要集中在 3.0～5.0 m/s 的一个风速范围。虽然通过大量样本的分析，O_3浓度与风速之间的相关性并不显著（表 4.5），但武汉 O_3超标日风速均低于全年风速平均值。通过图 4.17e 可以看出，平均风速与 O_3的相关特征不显著，而随着14:00 和 15:00 风速的增大，O_3表现为缓慢下降的变化特征，尤其是风速超过 4.5 m/s 以后下降趋势更为明显。风向对 O_3也有着重要影响，武汉地区为偏南至偏西风时 O_3浓度较高（图 4.17f），最高浓度出现在风向为 260°左右，与福州受偏南和偏东风影响时臭氧浓度较高类似（王宏 等，2011）。

表 4.6 2015—2017 年武汉市不同 O_3浓度级别下气象要素日均值

		日照 /h	气压 /hPa	气温 /℃	相对湿度 /%	风速 /(m/s)	地面温度 /℃	能见度 /km	总辐射 /(MJ/m²)	净辐射 /(MJ/m²)
2015	0.5	超标日	8.1	1007.2	24.7	76.6	1.2	28.4	53.8	1.3
	达标日	2.4	1016.9	12.4	82.2	1.8	13.5	59.5	0.6	0.2
	全年	4.5	1013.3	17.1	79.9	1.6	18.9	60.9	0.9	0.3
	5—9 月超标日	8.1	1005.5	25.8	76.6	1.2	29.6	55.3	1.4	0.5
	5—9 月达标日	2.5	1003.7	24.3	85.9	2.2	25.6	76.9	0.7	0.3
	5—9 月	5.7	1004.6	25.4	80.0	1.7	28.0	66.9	1.1	0.4
2016	超标日	8.6	1005.0	26.9	70.8	1.3	30.5	104.3	1.5	0.5
	达标日	2.3	1016.6	13.0	82.7	1.8	14.0	75.0	0.6	0.1
	全年	4.4	1012.9	17.4	78.5	1.8	19.1	87.8	0.9	0.3
	5—9 月超标日	8.6	1005.3	27.1	71.1	1.3	30.8	107.7	1.5	0.5
	5—9 月达标日	1.1	1004.8	23.1	88.1	2.1	24.1	119.4	0.5	0.2
	5—9 月	5.7	1004.5	25.9	78.1	1.8	28.3	118.4	1.2	0.4
2017	超标日	8.8	1006.5	25.7	73.8	1.1	29.6	106.8	1.5	0.5
	达标日	2.7	1015.3	14.2	80.0	1.8	15.4	91.3	0.7	0.2
	全年	4.5	1012.8	17.5	78.8	1.6	19.2	97.2	0.9	0.3
	5—9 月超标日	8.6	1006.2	26.1	74.8	1.1	30.2	102.5	1.5	0.5
	5—9 月达标日	2.3	1005.0	25.0	87.2	1.8	26.4	133.5	0.7	0.3
	5—9 月	5.6	1004.9	26.2	81.8	1.5	28.5	126.6	1.1	0.4

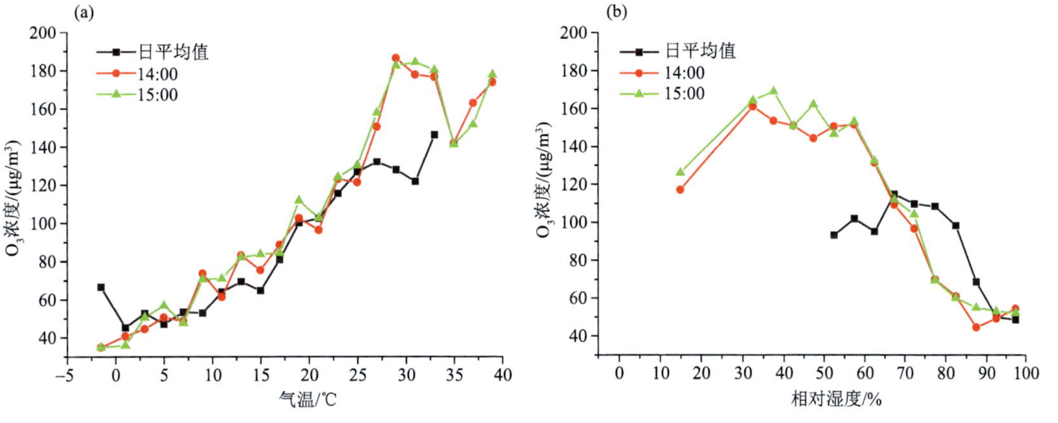

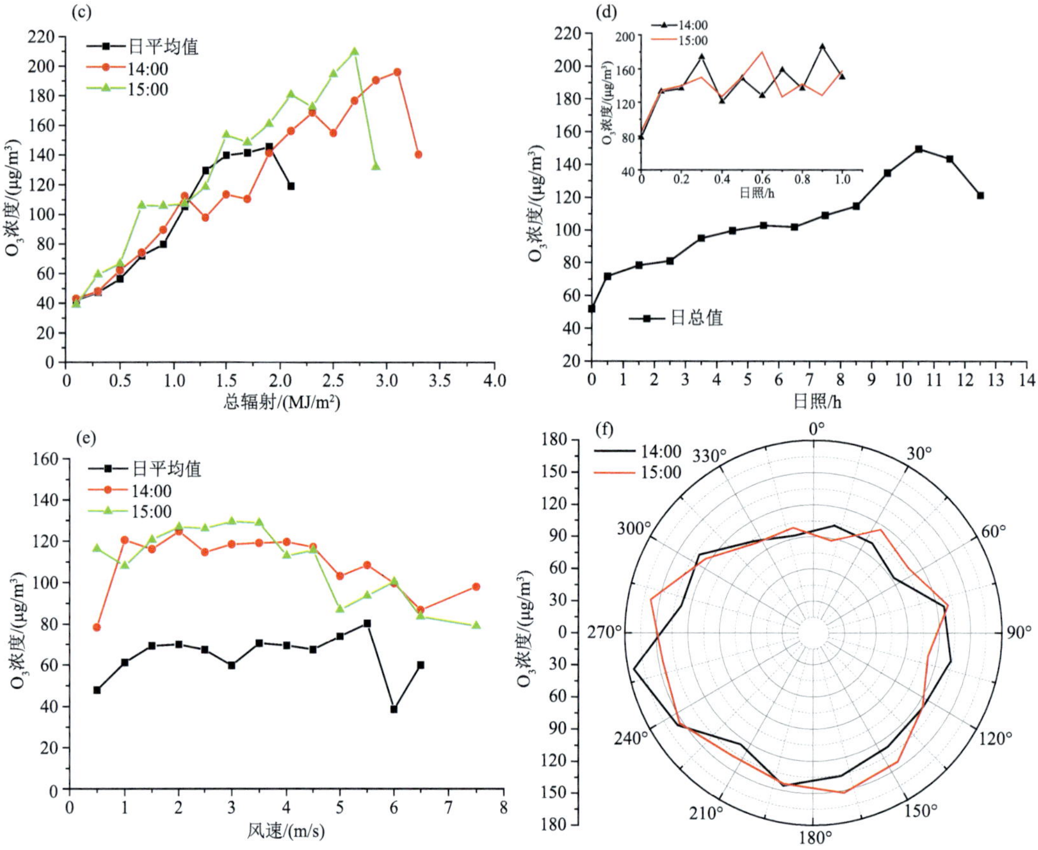

图 4.17　2015—2017 年武汉不同气温(a)、相对湿度(b)、总辐射(c)、日照(d)、风速(e)和风向(f)区间 O_3 浓度分布

4.5 小结

①冷空气促使 $PM_{2.5}$ 浓度下降的过程占 66%，平均下降幅度为 41 μg/m³。冷空气作用表现为促使 $PM_{2.5}$ 浓度上升的占 34%，平均上升幅度为 45 μg/m³。71%的冷空气过程伴有降水，随着降水量级的增加，$PM_{2.5}$ 浓度和 $PM_{2.5}$ 浓度差值呈下降趋势。当降水量超过 10 mm 时，即中雨以上量级，浓度下降明显，清除效果显著，而当日降水量为 5 mm 以下时，$PM_{2.5}$ 浓度差值平均值接近 0，降水影响不显著。$PM_{2.5}$ 浓度上升主要出现在弱冷锋和较强冷锋影响下，其中，24 h 变温 −2～0 ℃和 −6～−4 ℃、极大风速小于 4 m/s、24 h 变压小于 6 hPa 时 $PM_{2.5}$ 浓度增幅大，输入特征明显；而 $PM_{2.5}$ 浓度下降主要出现在中等强度冷锋和强冷锋过程。

②武汉市大范围霾过程和重度污染过程呈现逐年下降趋势。重污染过程主要天气形势为均压场、低压倒槽、冷高压前部、高压后部，污染持续时间最长的天气型为低压倒槽，而 $PM_{2.5}$ 浓度值最大的天气型为均压场。污染消散主要受到大风输出和降水的影响，冷锋影响的污染

过程中 70.0%～80.0%的过程伴随着降水。对于重污染过程而言，冷空气和降水共同作用占 44.4%，仅冷空气作用占 37.0%。仅冷空气作用过程污染物的清除速度最快，但结束时的浓度最高；而配合降水时清除效果明显，结束时的浓度较低。

③降水结束后分别有 61.5%和 52.3%的 PM_{10} 和 $PM_{2.5}$ 浓度变率表现为减小的特征，PM_{10} 受降水的湿清除影响更为显著。当平均雨强小于 0.5 mm/h 时，降水对 PM_{10} 和 $PM_{2.5}$ 浓度的影响均以湿增长作用为主导；而当以湿清除作用为主导时，PM_{10} 浓度的下降需要平均雨强大于 1.0 mm/h，而 $PM_{2.5}$ 浓度的下降则需要平均雨强大于 1.4 mm/h，粒径更小的颗粒物需要更大的雨强才能显著地被降水清除。对于湿增长和湿清除作用影响程度接近的雨强范围中，PM_{10} 或 $PM_{2.5}$ 质量浓度的初始值越大，降水越容易导致湿清除作用，而越小则越易导致湿增长作用，PM_{10} 质量浓度的阈值为 150 $\mu g/m^3$，$PM_{2.5}$ 质量浓度的阈值为 95 $\mu g/m^3$。

④相对湿度小于 40%的干环境下降水对 PM_{10} 的湿清除作用显著，在接近饱和的相对湿度区间内(90%～100%)，降水表现出弱的湿清除作用，且降水等级越强，PM_{10} 质量浓度降低越明显。相对湿度为 40%～90%时，湿清除和湿增长作用的影响程度相当，低湿(50%左右)和雨强较大时湿清除起主导作用，当高湿(约 90%)和雨强较小时湿增长起主导作用。

⑤在颗粒物质量浓度爆发性增长阶段，湖北省中部地区存在一个与北方地区相连接的风速输送带，襄阳、荆门、荆州、孝感和武汉均以偏北风主导和较大的风速对应 $PM_{2.5}$ 质量浓度的显著增高，其中襄阳和荆门分别在地面偏北风风速达到 4 m/s 和 9 m/s 时，$PM_{2.5}$ 浓度的增高达到了每小时 70.75 $\mu g/m^3$ 和 36.50 $\mu g/m^3$，此时污染天气主要受外部污染传输的作用；随后中部地区形成的弱风速辐合区进一步加剧了颗粒物质量浓度的爆发性增长。

⑥主体污染物输送通道上偏北输送气流的高度可以达到 2200 mm 左右，而受其边缘影响的武汉和宜昌则为 1000～1500 m 左右，为双层逆温结构。颗粒物质量浓度爆发性增长前贴地逆温显著增强，但随着较强偏北气流的持续输送，逆温层结构被破坏，强度明显减小，且混合层高度表现出类似的变化特征。

⑦2015 年武汉市 O_3 超标日为 2017 年的两倍，且 O_3 作为首要污染物的占比为 25%～30%。O_3 浓度与气温、日照、辐射和能见度呈正相关关系，且与气温和日照的相关性最好；与相对湿度和气压呈负相关关系；而与风速的关系不明显。14:00 和 15:00 的气温为 29～33 ℃、相对湿度在 30%～60%、日平均总辐射达到 1.5～2.0 MJ/m^2、日总日照时数为 10～12 h 时，O_3 浓度最高。偏南至偏西风时 O_3 浓度值较高，且最高浓度出现在风向 260°左右。武汉市 5—9 月 O_3 超标日颗粒物浓度较高，高浓度的 O_3 会加剧化学反应促进二次颗粒物的生成。

第 5 章 湖北污染天气分型研究

5.1 湖北省 $PM_{2.5}$ 区域污染天气分型研究

污染源排放是大气污染的内因，气象条件则是外因，除了控制排放源，研究大气环流形势和气象要素分布是深入理解和揭示污染天气发生发展的重要手段，对环境气象预报预警有现实的指导意义。以往研究表明，不同地区引起持续污染事件的天气环流形势各不相同，主导的气象要素也各异(Quan et al.，2011；Shu et al.，2017；Zhan et al.，2019)，大气环流、局地气象要素、边界层结构与特殊地形叠加是影响 $PM_{2.5}$ 浓度的重要气象因素。湖北省位于长三角、京津冀、珠三角和成渝城市带相交融汇的中心节点，空气质量受区域传输影响较大，且具有高温高湿等特点，区域传输及本地污染源排放使得湖北省复合型污染问题日益突出，秋冬季 $PM_{2.5}$ 浓度出现阶段性超标。本章节针对 2015—2022 年湖北省 $PM_{2.5}$ 区域污染过程，分天气类型研究污染时空分布及大气层结特点，探讨气象要素对 $PM_{2.5}$ 污染的作用机制，对科学有效地预测区域污染天气有十分重要的意义。

5.1.1 数据与方法

(1)数据来源

$PM_{2.5}$ 数据来源于湖北省环境监测中心站提供的 2015—2022 年湖北省 17 个国控点 $PM_{2.5}$ 日值及小时值。研究 $PM_{2.5}$ 等级基于《环境空气质量标准》(GB 3095—2012)定义的标准，$0<PM_{2.5}\leqslant 35\ \mu g/m^3$ 为优；$35\ \mu g/m^3 < PM_{2.5} \leqslant 75\ \mu g/m^3$ 为良；$75\ \mu g/m^3 < PM_{2.5} \leqslant 115\ \mu g/m^3$ 为轻度污染；$115\ \mu g/m^3 < PM_{2.5} \leqslant 150\ \mu g/m^3$ 为中度污染；$150\ \mu g/m^3 < PM_{2.5} \leqslant 250\ \mu g/m^3$ 为重度污染；$PM_{2.5} > 250\ \mu g/m^3$ 为严重污染。

污染天气分型所需的常规气象观测资料为：①2015—2022 年湖北省 17 个市(州)地面自动站逐小时海平面气压、相对湿度、温度、风速、风向、降水、能见度资料；②2015—2022 年湖北省高空(2 次/日)及地面(8 次/日)观测资料；③NCEP/NCAR 逐日(空间分辨率为 $2.5°\times 2.5°$)及每日 4 次(空间分辨率为 $1°\times 1°$)再分析资料、ERA5 逐小时(空间分辨率为 $0.25°\times 0.25°$)再分析资料，气象要素包括高度、风、温度、海平面气压、相对湿度等。

分析气流后向轨迹特征所用数据为美国国家海洋和大气管理局(NOAA)开发的后向轨迹模式 HYSPLIT4.8 及 GDAS 全球同化数据。

(2)研究方法

①区域污染日标准:在《环境空气质量标准》(GB 3095—2012)(环境保护部,2012)基础上定义$PM_{2.5}$日均浓度>75 μg/m^3即为空气污染超标日,$PM_{2.5}$日均浓度>115 μg/m^3为中度污染日,$PM_{2.5}$日均浓度>150 μg/m^3为重度污染日。为研究大气环流对区域污染的影响,排除局地污染的作用,定义湖北省17个城市国控点$PM_{2.5}$日均浓度平均值达超标日标准($PM_{2.5}$浓度>75 μg/m^3),且任一城市$PM_{2.5}$日均浓度达重度污染日标准($PM_{2.5}$浓度>150 μg/m^3)或任三个城市$PM_{2.5}$日均浓度达中度污染日标准($PM_{2.5}$浓度>115 μg/m^3),即为一个湖北省$PM_{2.5}$区域污染日。

②环流分型方法:采用Lamb-Jenkinson环流分型和主观分型方法进行。Lamb-Jenkinson环流分型方法(Jenkinson et al.,1977)(简称L-J方法)通过定义指数及分类标准,将主观分型方法客观化,得到局地环流的客观数值描述,在气候变化研究中得到广泛应用。本章首先采用L-J方法对湖北省$PM_{2.5}$区域污染环流形势进行客观分型,但L-J方法分型种类较多,且环流类型具有相似性,再结合主观分型将相似环流进行主观归类,得到主要天气分型。

5.1.2 区域污染天气分型研究

5.1.2.1 区域污染大气环流背景特征

区域污染不仅与污染源排放有关,还与大尺度环流背景密切相关,其中地面环流形势对$PM_{2.5}$浓度演变作用非常明显(李培荣 等,2020)。统计2015—2022年湖北省区域污染日,共245 d,分别对其地面环流进行环流分型,得到4类主要环流类型(表5.1):冷高压底前部型(121 d)、均压场型(51 d)、高压后部型(47 d)、低压倒槽型(26 d)。基于各类气象要素的合成分析,获得相应的高空、地面环流形势特点和气团后向轨迹聚类图(图5.1)。

(1)冷高压底前部型

地面高纬度蒙古国常有冷高压强烈发展并向南扩散(中心强度达1040 hPa),高压底前部气压梯度大值区常伴有2~7 m/s左右的偏北大风(图5.1a1),自北向南扩散并影响到湖北,冷锋南下过程中大风易携带北方污染物向南输送,受其影响,湖北污染浓度明显升高,污染远程输送强。同时,高空500 hPa为平直西风环流控制,低层850 hPa多受两个反气旋环流之间的弱切变辐合影响,低层相对湿度较大(60%~80%)(图5.1b1),天空云系较多,或伴随日降水2 mm以下的弱降水出现,高湿和气流汇合有利于颗粒物本地累积和二次非均相化学生成(Su et al.,2017;Chen et al.,2018;Wang et al.,2019)。此类型出现频率最高(占49.4%),接近污染天气型的一半,多发生在秋冬季节,北方污染源排放增大,偏北大风带来河南、河北和山东(占84%)污染物的远距离输入较明显(图5.1c1)。

(2)均压场型

多为冷高压南下后,高压中心控制,气压梯度小,地面风力微弱,风向不定(图5.1a2),污染输送弱。高空受西北气流影响,水汽含量不高(50%~70%)(图5.1b2),以多云或晴天气为主,夜间易出现辐射逆温,大气环流常处于静稳状态,扩散能力差,前期高压南下过程中带来的远程输送污染物不易扩散输出,污染物局地积累作用大。该类型出现频率较低(占20.8%),污染主要以本地污染累积和弱的偏北路短程输送(占93%)为主(图5.1c2)。

表 5.1 湖北省 $PM_{2.5}$ 区域污染日分型日期及季节分布表

	冷高压底前部型（121 d）	均压场型（51 d）	高压后部型（47 d）	低压倒槽型（26 d）
春季	2015-03-09，2017-03-07	2015-03-10，2015-03-11，2015-05-24，2015-05-25，2016-03-18，2017-03-06	2015-03-15	2015-03-14，2015-03-16，2016-03-03，2016-03-06，2016-03-07，2016-03-16，2016-03-17
夏季	—	—	—	—
秋季	2015-10-22，2015-10-24，2015-10-30，2018-11-29，2018-11-30，2021-11-02	2015-10-17，2015-10-23，2017-11-07，2018-11-25	2015-10-16，2016-11-15，2017-11-08，2017-11-09	2015-10-25，2016-11-16，2017-11-16
冬季	2015-01-05，2015-01-11，2015-01-12，2015-01-13，2015-01-16，2015-01-25，2015-01-26，2015-01-27，2015-01-30，2015-01-31，2015-02-03，2015-02-04，2015-02-07，2015-02-08，2015-02-15，2015-02-18，2015-02-22，2015-12-10，2015-12-11，2015-12-12，2015-12-14，2015-12-22，2015-12-23，2015-12-24，2015-12-25，2015-12-27，2015-12-29，2015-12-30，2016-01-03，2016-01-04，2016-01-05，2016-01-06，2016-01-10，2016-01-11，2016-01-12，2016-01-14，2016-01-15，2016-01-17，2016-01-18，2016-01-30，2016-02-01，2016-12-09，2016-12-10，2016-12-12，2016-12-19，2016-12-20，2016-12-29，2017-01-01，2017-01-02，2017-01-04，2017-01-19，2017-01-26，2017-01-27，2017-01-29，2017-01-30，2017-02-17，2017-12-04，2017-12-07，2017-12-23，2017-12-24，2017-12-29，2017-12-30，2018-01-02，2018-01-16，2018-01-18，2018-01-19，2018-01-23，2018-01-29，2018-01-30，2018-02-10，2018-12-14，2018-12-15，2018-12-16，2018-12-21，2018-12-22，2019-01-04，2019-01-05，2019-01-07，2019-01-08，2019-01-14，2019-01-15，2019-01-19，2019-01-20，2019-01-21，2019-01-25，2019-01-26，2019-01-28，2019-01-30，2019-02-07，2019-02-26，2019-12-09，2019-12-13，2019-12-14，2020-02-05，2020-12-09，2020-12-26，2021-01-04，2021-01-06，2021-01-21，2021-01-22，2021-01-23，2021-12-10，2021-12-11，2022-01-02，2022-01-04，2022-01-17，2022-01-19，2022-01-20，2022-02-01，2022-12-10，2022-12-27，2022-12-28，2022-12-29	2015-01-06，2015-01-07，2015-01-08，2015-01-09，2015-01-10，2015-01-14，2015-01-15，2015-01-17，2015-01-18，2015-01-20，2015-02-01，2015-02-02，2015-02-05，2015-02-06，2015-02-10，2015-02-11，2015-02-16，2015-02-23，2015-12-20，2016-12-03，2016-12-07，2016-12-08，2017-01-11，2017-12-05，2018-02-16，2018-12-12，2019-01-11，2019-01-29，2019-02-21，2019-02-25，2019-12-07，2019-12-08，2020-12-19，2020-12-27，2020-12-28，2021-01-26，2021-02-12，2021-12-09，2022-01-16，2022-12-30，2022-12-31	2015-01-03，2015-01-19，2015-02-12，2015-02-13，2015-02-14，2015-02-17，2015-12-26，2015-12-31，2016-01-01，2016-01-02，2016-01-09，2016-01-19，2016-02-08，2016-02-24，2016-02-25，2016-12-16，2016-12-30，2016-12-31，2017-01-03，2017-01-22，2017-01-23，2017-01-24，2017-01-25，2017-12-06，2017-12-27，2017-12-28，2017-12-31，2018-01-01，2018-01-13，2018-01-14，2018-01-20，2018-01-21，2018-12-01，2019-01-06，2019-01-24，2019-02-01，2019-12-24，2020-01-04，2020-01-22，2021-12-08，2022-01-03，2022-01-18	2015-01-04，2015-01-23，2015-01-24，2016-12-18，2017-01-28，2017-02-19，2018-01-15，2018-02-17，2018-12-02，2018-12-19，2019-02-05，2019-02-06，2019-12-15，2020-12-08，2021-01-05，2021-12-23

(3)高压后部型

地面常有蒙古高压东移入海,高压东移南下过程中易在华北和华东地区形成较严重污染,高压入海后,湖北处于高压后部,受弱的偏东气流(2～5 m/s)回流输送影响(图 5.1a3),易将东部污染物向西输送到湖北,造成污染增长。高空同样为平直西风环流控制,低层西南暖湿气流较小(2～4 m/s),水汽输送弱,除鄂西南外,大部相对湿度小(40%～60%)(图 5.1b3),以多云或晴天为主,污染吸湿增长较弱。该类型出现频率较低(占 19.2%),以上游污染物的偏东路短程回流(占 57%)输送为主(图 5.1c3)。

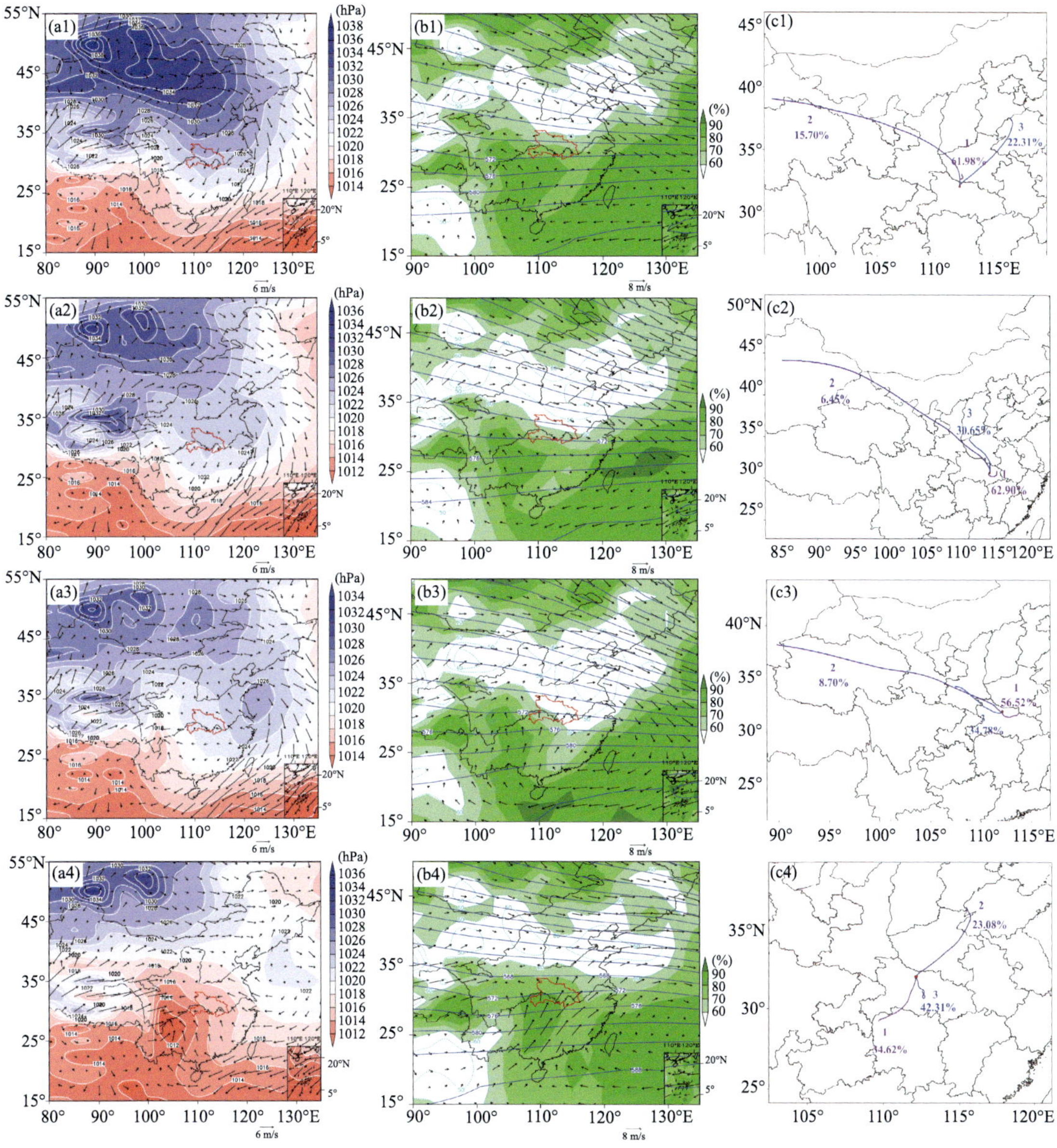

图 5.1　4 类天气型下地面环流形势(海平面气压场和地面风场)(a1～a4)、高空环流形势(500 hPa 位势高度场、850 hPa 风场和 925 hPa 相对湿度)(b1～b4)和气团后向轨迹聚类(48 h 500 m 高度,c1～c4)图(a1、b1、c1:冷高压底前部型;a2、b2、c2:均压场型;a3、b3、c3:高压后部型;a4、b4、c4:低压倒槽型)

(4)低压倒槽型

低层及地面在西南地区有暖低压发展，湖北处于低压倒槽顶部，东北和东南气流汇合有利于污染物水平汇积(图 5.1a4)。高空多短波槽活动，低层较大的西南暖湿气流(8～12 m/s)有利于水汽输送(图 5.1b4)，相对湿度较大(70%～90%)，春秋季常伴有 5 mm 以下日降水(图略)，高湿和气流汇合有利于颗粒物浓度增长，且西部湿度比东部大(图 5.1b4)，配合地面偏东风(2～6 m/s)输送 (图 5.1a4)，西部污染比东部严重。该类型出现次数最少(占 10.6%)，以本地污染源的湿增长和弱的东南路输入(占 77%)为主(图 5.1c4)。

5.1.2.2 分型天气背景下污染时空分布特征

(1)时间分布特征

4 类区域污染日呈逐年递减趋势，2019 年、2021 年和 2022 年略有反弹，冷高压底前部型在各年中出现日数均最多，其次为均压场型和高压后部型，低压倒槽型出现最少(图 5.2a)。按季节及月份分布来看(图 5.2b、5.2c)，4 类天气型均在冬季出现最多，且冷高压底前部型明显多于其他 3 类；秋季和春季总日数相当，秋季冷高压底前部型最多，春季低压倒槽型和均压场型相对较多。同样，4 类天气型在 1 月出现最多，其次为 12 月，均为冷高压底前部型占主要影响系统，2 月、3 月、10 月及 11 月中，其他 4 类天气类型占比逐渐过渡为相差不大。夏季未出现区域污染。4 类天气型的月、季表现与大气环流气候背景相关，冬季冷空气活动频繁，多

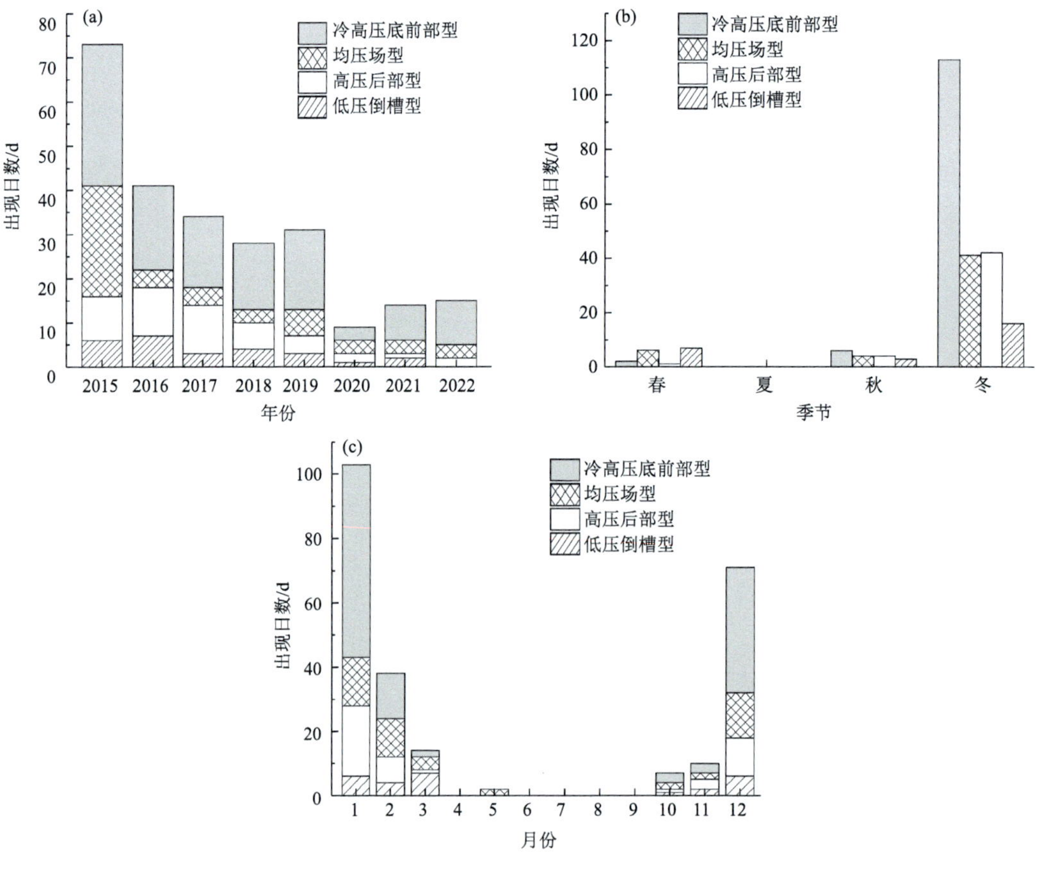

图 5.2　2015—2022 年湖北 4 类污染天气型逐年(a)、分季节(b) 及分月(c)日数分布图

冷高压发展并扩散南下，气压梯度加大，偏北风明显，且冬季正值北方供暖污染源排放期，冷高压底前部型容易带来北路污染物输入，出现频率较高；春季3月冷空气活动减弱，西南暖湿气流逐渐活跃，受西南低压倒槽发展影响，低压倒槽型出现频率增大；秋季冷暖空气交替调整，4种类型出现频率相当。

(2)空间分布特征

①冷高压底前部型：鄂西山区至江汉平原过渡地带污染相对较严重(图5.3a)，即在襄阳—随州—荆门—宜昌—荆州$PM_{2.5}$浓度均值超过115 μg/m³，其中襄阳、荆门污染最严重，$PM_{2.5}$浓度均值达167 μg/m³和144 μg/m³；其次为江汉平原东部至鄂东地区，除武汉污染较重($PM_{2.5}$浓度均值达125 μg/m³)，其他地区$PM_{2.5}$浓度均值分布在100～115 μg/m³，咸宁污染相对较轻，$PM_{2.5}$浓度均值为94 μg/m³；鄂西山区十堰污染相对较重($PM_{2.5}$浓度均值达99 μg/m³)，神农架、恩施污染较轻。此种污染天气类型下重度污染日日数与$PM_{2.5}$浓度均值空间分布一致(图5.3f)，即襄阳出现重污染日频率最高(71 d)，高达59%，其次为荆门(51 d)和宜昌(43 d)，达42%和36%，随州、荆州及武汉分别出现21 d、26 d和23 d，频率在17%～21%，出现次数相对较少，这与南下冷空气的强度相关。恩施和咸宁只出现5 d和4 d，低于5%，神农架未出现。中度污染日日数空间分布与重度污染日日数相似(图5.3e、f)，但城市间出现日数差别缩小，襄阳出现97 d，高达80%。

②均压场型：污染相对其他三种类型最轻，污染浓度空间分布差异最小(图5.3b)，污染最严重的地区为襄阳和宜昌，$PM_{2.5}$浓度均值分别达136 μg/m³和131 μg/m³；其次为江汉平原地区，$PM_{2.5}$浓度均值超115 μg/m³；鄂西山区污染最轻。从重度污染日出现频率来看(图5.3f)，与$PM_{2.5}$浓度均值空间分布也是一致的，襄阳和宜昌出现日数较多，分别出现22 d和16 d，频率高达43%和31%，江汉平原出现6～10 d，均在11%～20%，恩施、神农架未出现重度污染日。同样中度污染日出现日数城市间差别缩小，多分布在15～30 d(图5.3e)。

③高压后部型：污染主要在鄂西山区至江汉平原过渡地带(图5.3c)，即襄阳—宜昌—荆门—荆州一带，其中襄阳污染最严重，$PM_{2.5}$浓度均值达165 μg/m³，宜昌、荆门、荆州$PM_{2.5}$浓度均值均超120 μg/m³，鄂东污染相对较轻，恩施、神农架和咸宁地区污染最轻。从重度污染日出现频率来看(图5.3f)，襄阳出现最多26 d，频率高达55%，宜昌、荆门、荆州则分别出现17 d、12 d和10 d重度污染日，出现频率为36%、26%和21%，其他城市出现重污染日频率均小于20%，神农架、咸宁未出现重度污染日。中度污染日出现日数多分布在10～38 d(图5.3e)，襄阳出现38 d，高达81%。

④低压倒槽型：鄂西及江汉平原西部地区污染比鄂东严重(图5.3d)，特别在襄阳、宜昌$PM_{2.5}$浓度均值超146 μg/m³，为重污染中心，其次为荆门、荆州为132 μg/m³和121 μg/m³，需要特别指出的是，恩施在此种类型天气形势下，污染较其他三类明显加重，$PM_{2.5}$浓度均值达92 μg/m³，比鄂东污染更严重。从重度污染日出现日数来看(图5.3f)，襄阳、宜昌、荆门出现天数最多，超10 d(频率分别为46%、42%、39%)，恩施出现4 d，出现频率为15%，其他城市出现重污染日频率均小于15%，神农架、咸宁未出现重度污染日。中度污染日出现日数多分布在5～20 d(图5.3e)，恩施出现26 d(达27%)，比其他3类中出现频率高。

从四类天气型污染浓度分布来看，均在鄂西山区至江汉平原过渡地带污染最严重，而襄阳均是重度和中度污染出现频率最高的城市。冷高压底前部型污染强度最强、影响范围最广；均压场型污染相对较轻，湖北省中部地区污染浓度分布差异较小，污染分布较均匀；高压后部型和冷高压底前部型分布相似，但污染浓度偏低；低压倒槽型西部比东部污染严重，鄂西南污染比其他三类更严重。湖北省污染浓度空间分布与天气形势影响及地形作用密切相关。

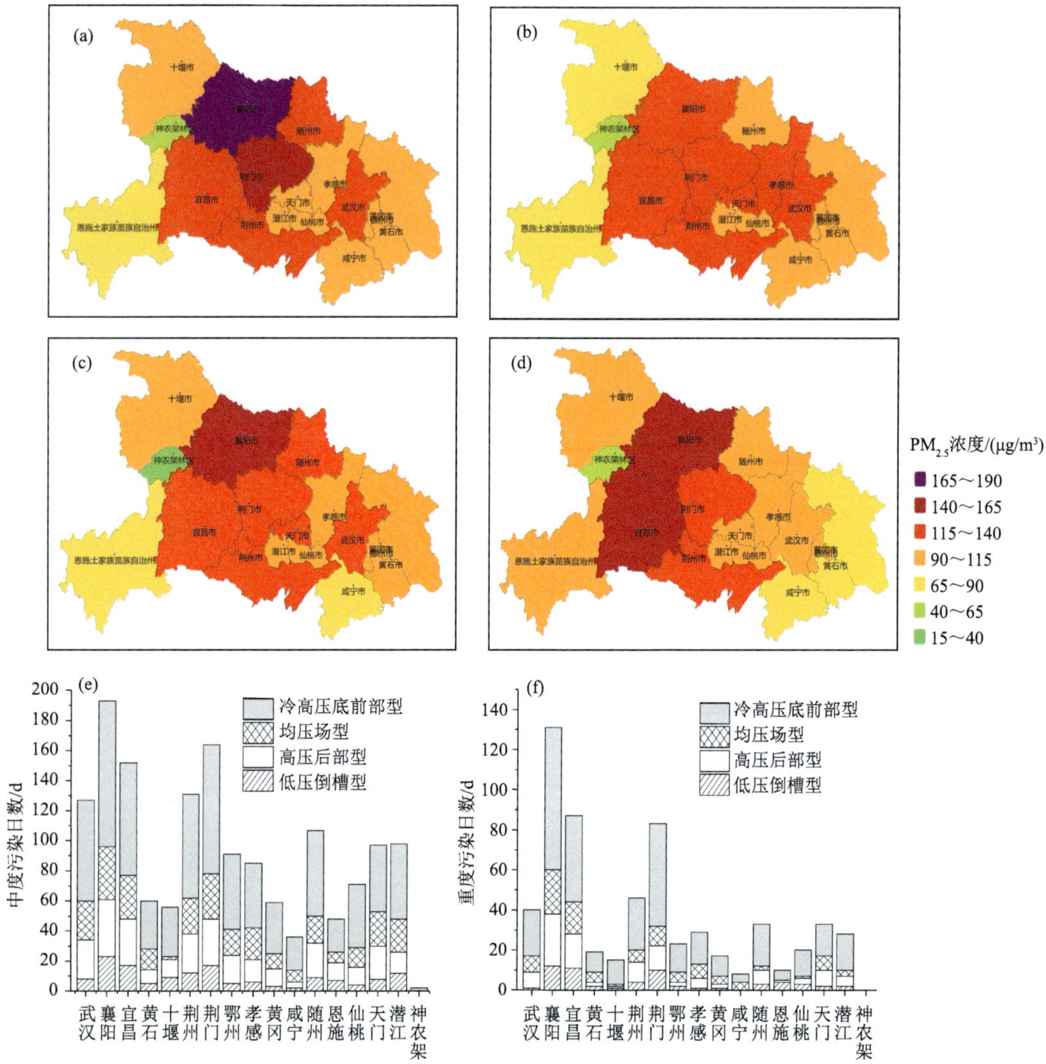

图 5.3　2015—2022 年湖北 4 类污染天气型下 $PM_{2.5}$ 浓度均值空间分布（单位：$\mu g/m^3$）
(a)冷高压底前部型；(b)均压场型；(c)高压后部型；(d)低压倒槽型；中度(e)、重度污染(f)日日数（单位：d）

5.1.2.3　多种污染天气型下大气层结特征

天气系统显著影响污染物的空间分布，局地气象要素与大气污染状况密切相关(Zheng et al.,2015；尉鹏 等，2015)。从大气层结的动力热力分布特征来看，4 类污染天气型之间气象要素层结分布特征对污染影响各异(图 5.4)。

①冷高压底前部型受偏北路冷空气影响，低层(1000～850 hPa)有弱冷平流(-0.5×10^{-5}～-0.2×10^{-5} ℃/s)，随高度增长弱冷平流转为弱暖平流，垂直方向温差加大，低层 850 hPa 以下易形成锋面逆温，因锋面厚度及逆温层次分布差别较大，合成后逆温并不明显，但各污染日均存在逆温现象。受低层风切变影响(图 5.1b1)，边界层内有弱的风辐合(-0.1×10^{5}～0 /s)，且

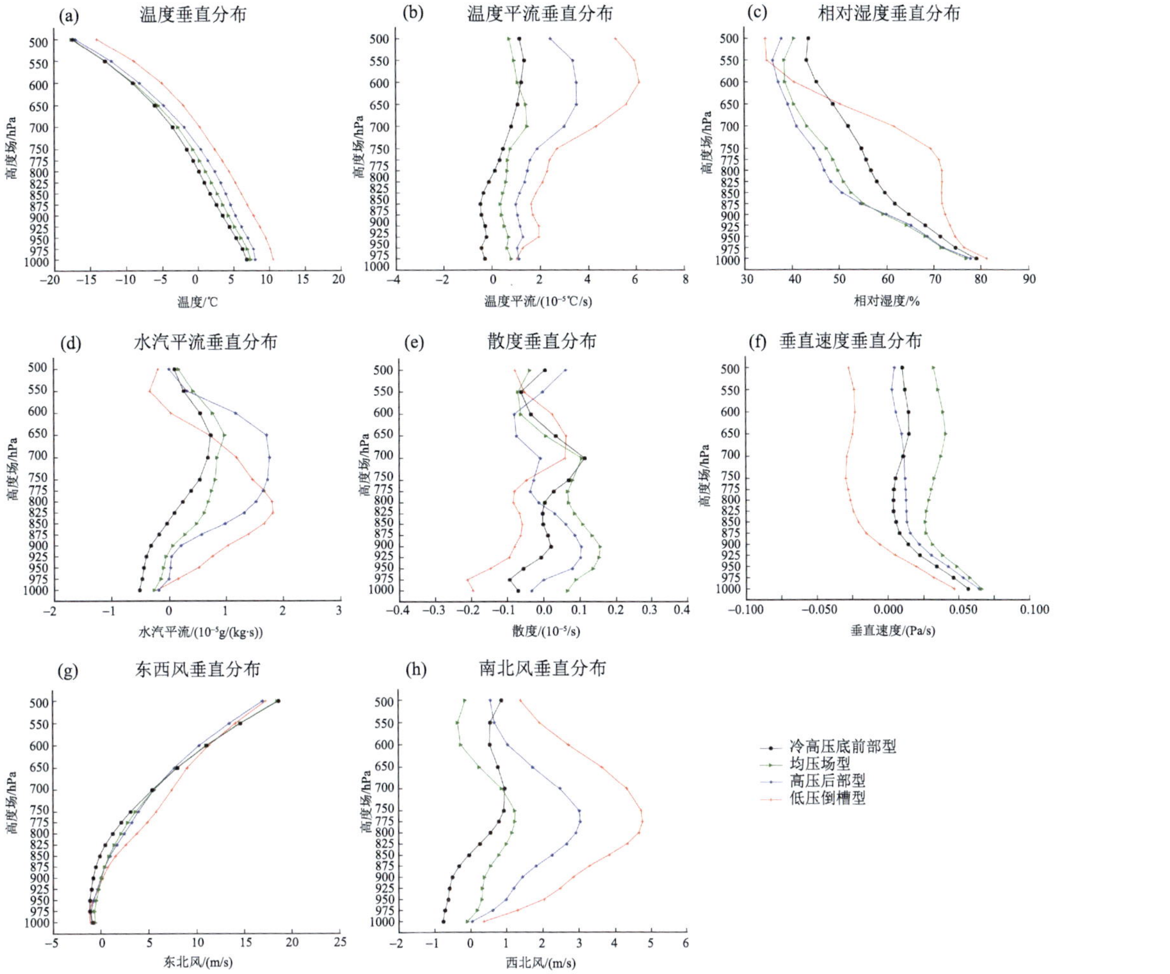

图 5.4　2015—2022 年湖北 4 类天气型下各类物理量及气象要素垂直分布

伴随弱下沉气流（0～0.06 Pa/s），对污染聚积有利。冷空气输送干平流（边界层内水汽平流＜−0.4 g/(kg・s)）导致水汽输入弱，但边界层冷平流降温易导致温度偏低、空气凝结、湿度增长，虽然湿层浅薄，但湿度大（70%～80%）且集中在 925 hPa 以下，对颗粒物吸湿增长有利。边界层北风分量明显（−0.5～0 m/s），有利于引导北方污染向南传输。

②均压场型受高压环流控制下静稳天气影响，低层为弱干平流，相对湿度条件一般（52%～76%），湿层浅薄且集中在 1000～975 hPa，低层虽有风的辐散，但整层下沉气流明显（0.02～0.07 Pa/s），减弱了污染物的垂直扩散能力。下沉气流配合边界层浅薄湿层是导致均压场型污染的主要气象因素，边界层局地污染累积明显。

③高压后部型边界层水汽平流弱，湿层浅薄，相对湿度条件一般（50%～77%），高湿区集中在 975 hPa 以下，虽然边界层以上水汽平流增大，但湿度仍偏小，对颗粒物吸湿增长不利。整层均为下沉气流（0.02 Pa/s），严重阻碍空气的垂直交换。边界层弱东风和南风，引导偏东路污染向西输送，导致高压后部型在西部比东部污染更严重（图 5.3c）。下沉气流配合偏东风对污染物的传输是导致高压后部型污染的主要气象因素。

④低压倒槽型受东南暖湿气流影响温度最高、暖平流明显，易导致平流逆温的形成（张文

龙 等，2016），950～925 hPa 有较大的暖平流有利于 950 hPa 以下形成逆温。受东北风和东南风汇合影响（图 5.1d1），边界层风辐合（-0.2×10^{-5}～-0.1×10^{-5}/s）明显，且伴随弱下沉气流（0～0.05 Pa/s）。相对湿度较大（75%～80%）、湿层深厚（1000～750 hPa），与低层南风发展带来湿平流（0～1.0×10^{-5} g/(kg·s)）输送相关，有利于加剧污染物的二次生成。本地污染累积和吸湿增长明显，输入污染较弱。

5.1.2.4 污染天气下边界层大气稳定度特征

近地面逆温层会阻碍空气的垂直运动，抑制污染物的垂直扩散（张人禾 等，2014）。较低的混合层高度、较小的通风系数以及逆温层的存在是重污染天气出现和维持的气象条件（张恒德 等，2017）。湖北省 $PM_{2.5}$ 浓度冬季最高，春秋季次之，各季节下 4 类污染浓度分布差异较大，下面分季节分天气型来讨论边界层大气稳定度特征对污染浓度的影响，包括逆温要素、混合层高度及地表通风系数。由于春季高压后部型及冷高压底前部型出现日数均小于3 d，在此不参与统计。

（1）逆温要素分布特征

由于湖北省探空站点只有武汉、宜昌及恩施，为了研究湖北省区域污染期间逆温要素特征，针对湖北省污染严重的三个重点城市（襄阳、宜昌、武汉）进行统计研究，襄阳使用距其最近的南阳探空站数据来进行分析。低压倒槽型由于资料缺失问题，秋季样本数少于 3 d，不参与统计。采用 08:00 的探空数据，得到逆温底高、逆温厚度和逆温强度特征。统计发现（图 5.5），所有污染天气型中均伴有边界层逆温层存在，四种类型中冬季逆温要素值多比春秋季偏高，冬季 25%～75%分位值逆温底高为 16～2078 m、逆温厚度 91～667 m、逆温强度 0.5～4.9

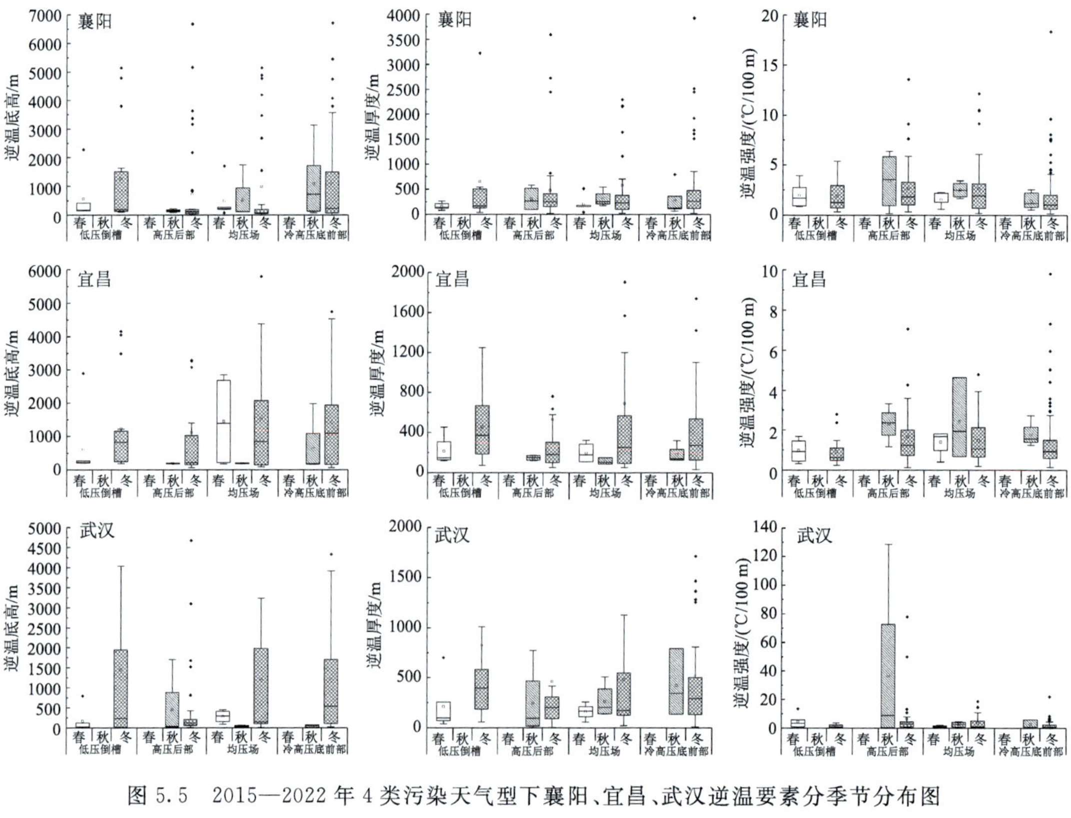

图 5.5 2015—2022 年 4 类污染天气型下襄阳、宜昌、武汉逆温要素分季节分布图

℃/(100 m)；春、秋季25%～75%分位值逆温底高为14～937 m、逆温厚度17～517 m、逆温强度0.4～5.9 ℃/(100 m)。逆温底高越低、逆温厚度越厚、逆温强度越大，$PM_{2.5}$垂直扩散越不容易，污染越重。三个城市中，低压倒槽型冬季$PM_{2.5}$浓度偏高，冬季比春季逆温底高偏高、逆温强度相当，但逆温厚度偏厚，可见低压倒槽型冬季逆温偏厚对污染浓度影响更大；高压后部型襄阳秋季比冬季污染严重，逆温强度作用更明显，但宜昌、武汉冬季比秋季污染严重，逆温厚度作用更大；均压场型襄阳冬季污染最严重、春季相对污染较轻，冬季逆温底偏低、逆温厚度厚、逆温强度偏强，不利于$PM_{2.5}$浓度垂直扩散，但宜昌与武汉均为冬季与春季污染相当、秋季污染最轻，与逆温厚度和逆温强度的分布关系较大；冷高压底前部型襄阳、宜昌冬季污染比秋季严重，逆温厚度偏大，是影响$PM_{2.5}$浓度偏高的主要原因之一。可见，逆温厚度和逆温强度在影响$PM_{2.5}$浓度中作用更大。

(2)混合层高度和地表通风系数分布特征

同样，混合层高度越低、地表通风系数越小，大气稳定度越高，越不利于$PM_{2.5}$垂直扩散，污染越重。4类天气形势下，除均压场春季外，其他季节混合层高度和地表通风系数均较低，25%～75%分位值多分布在18～340 m和10～1881 m^2/s(图5.6)。宜昌混合层高度和地表通风系数值最小，分别不超过100 m和120 m^2/s；其他城市中混合层高度和地表通风系数分布较一致。除冷高压底前部型外，其他3类混合层高度冬季多比其他季节低，地表通风系数均偏小，不利于污染物垂直扩散，对应冬季$PM_{2.5}$浓度偏高；冷高压底前部型混合层高度和地表通风系数冬季和秋季相当，但污染冬季却更严重，可见不仅大气稳定度对$PM_{2.5}$浓度垂直扩散影响较大，冷空气强度和上游污染物水平输入也是冷高压底前部型污染增长的主要原因。

5.1.2.5　地形对$PM_{2.5}$浓度累积的作用

$PM_{2.5}$浓度不仅受地面环流形势影响，更与地形有密切的关系，地形通过促发局地环流改变地面风场会影响$PM_{2.5}$浓度分布。湖北省地势为西、北、东三面高起，中部向南敞开，具有马蹄形层状分布特征，中部为江汉平原(图1.1)，特殊地形分布下，导致湖北省有三条主要气流通道：通道一，襄阳—荆门—荆州；通道二，襄阳—随州—孝感；通道三，武汉—黄石—黄冈南部。统计发现，除宜昌受地形影响，常年风向多为东南风和西北风，且风速偏小，其他城市在不同类天气型下主导风向有所差别。图5.7分别给出五个重点污染城市的极大风分布图。

①冷高压底前部型：受蒙古高压扩散南下影响，湖北省主导风向为偏北风，正北和东北方向的风占50%以上，风速偏大，极大风速以2～10 m/s为主，有利于污染物向南传输。按地理位置分布来看，襄阳西侧和东侧分别受秦岭余脉、武当山脉(海拔1 km以上)和桐柏山脉(海拔1 km以下)影响，为气流通道一和二入口，主导风为正北风，极大风速4～10 m/s；荆门西侧受大巴山脉东段的巫山、荆山影响，东侧受大洪山影响，处于气流通道一上，主导风也为正北风，风速最大，极大风速6～14 m/s；荆州处于气流通道一的下风口，西侧受武陵山脉影响，以正北风和东北风为主，极大风速4～10 m/s；武汉则受桐柏山、大洪山间的通道二和大别山阻挡回流影响，主导风为正北风和东北风，极大风速2～8 m/s。特殊的地形导致各城市间主导风向有所差别，也直接引导污染的传输路径，导致湖北省污染的空间分布差别。

②均压场型：受地面反气旋环流控制，风向不定，风力微弱，极大风速多为1～4 m/s。4个城市均有来自各方向的风，但襄阳偏南风、荆门西南风、荆州东北风和南风频率较高，这与各城市地理位置和地面高压反气旋环流流场密切相关，水平风速较小，不利于$PM_{2.5}$水平传输，各城市间污染浓度差别较小。

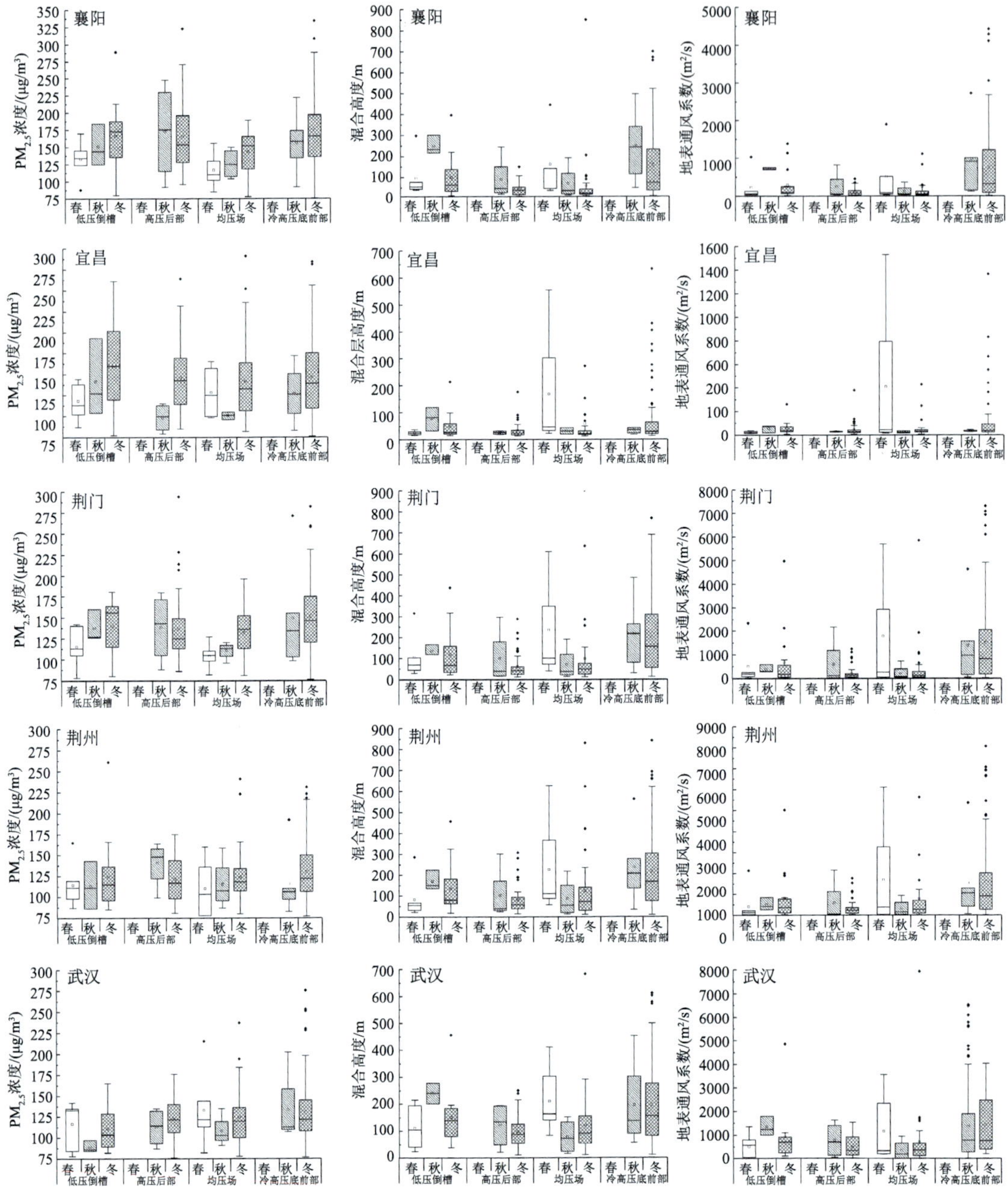

图 5.6　4 类污染天气型下 5 个重点污染城市 $PM_{2.5}$ 浓度及混合层高度、地表通风系数分季节分布图

③高压后部型：受入海高压后部偏东气流影响，湖北省主导风向为偏东风，东北和东南方向的风出现频率较高，有利于污染物向东传输，受西部山脉阻挡作用，在山脉东侧聚积加重。武汉受幕阜山和大别山影响，通道三上东南风使得污染向东北传输，沿通道二向襄阳输送，同时受秦岭余脉、武当山脉阻挡，污染易在襄阳停滞增长，武汉、荆州、宜昌极大风速 1～6 m/s，襄阳、荆门风速较大，极大风速 4～14 m/s。

④低压倒槽型：受低压倒槽顶部环流影响，湖北省地面以偏北或偏东风为主，正北风和东北风频率最高，风速较大，襄阳、荆门、荆州极大风速达 4～14 m/s，武汉风速偏小。正北风和

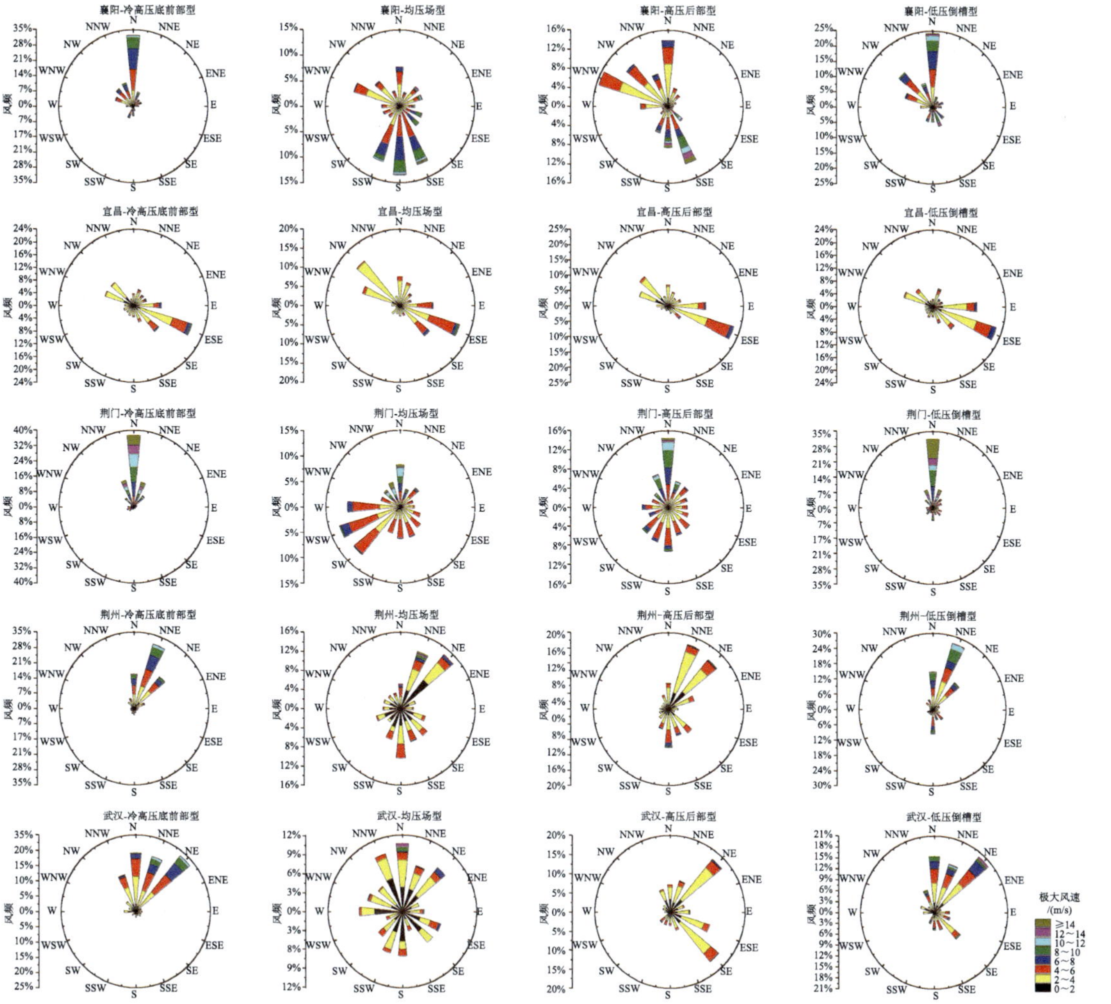

图 5.7 2015—2022 年 4 类天气型下襄阳、宜昌、荆门、荆州、武汉地面极大风分布图
（风速色斑的径向长度代表频率）

东北风主导有利于污染物向西、向南输送，同时受湿度分布的影响，西部比东部污染严重，尤其在鄂西南，污染湿增长更明显，污染浓度比其他天气类型下更严重。

5.1.2.6 小结

①湖北省 $PM_{2.5}$ 区域污染呈逐年递减趋势，2021 年和 2022 年略有反弹。污染主要发生在冬季，其次为秋季和春季。冬季 $PM_{2.5}$ 浓度最高，春季次之，秋季最低。区域污染主要发生在鄂西山区至江汉平原过渡地带，以襄阳污染最严重。

②影响湖北省区域污染增长的天气形势主要为冷高压底前部型、高压后部型、均压场型和低压倒槽型。天气特征上共同点均表现为混合层高度与地表通风系数均较低、边界层存在弱下沉运动和逆温层，抑制污染物的垂直扩散，在近地面形成污染。

③4 类污染天气类型气象要素影响机理各异，均在冬季出现最多，且冷高压底前部型明显多于其他 3 类。冷高压底前部型受蒙古高压南下影响，气压梯度大引导偏北大风带来污染物的远程输送，边界层弱冷平流导致气温低、锋面逆温和浅薄高湿层（70%～80%）有利于污染物

在边界层吸湿增长，强输入性污染配合吸湿性累积增长，导致污染强度最强、范围最广；高压后部型和均压场型都具有浅薄湿层(1000～975 hPa)特点，相对湿度条件一般(50%～77%)，污染吸湿增长相对较弱。但高压后部型伴有偏东风带来污染物回流输送，输入污染为主，均压场型则为静稳的大气层结状态，气压梯度小、风力微弱，多晴空辐射逆温，逆温强度大，扩散能力差，污染主要为弱北风的输入和本地累积；低压倒槽型多受地面暖低压影响，偏北风和东北风输入性污染较弱，气温高、气压低易引起气流水平辐合导致本地污染汇积，边界层暖平流带来平流暖盖逆温和深厚湿层(1000～750 hPa)，逆温层底高偏低、厚度偏厚，有利于边界层维持稳定结构，吸湿增长明显，地面主导风使得西部污染明显高于东部。

④同类天气形势下，湖北省各城市污染分布差异受地形影响较大，地形通过改变局地环流，引起风向的改变，导致污染传输路径变化，形成特殊的污染分布特征。

5.1.3 湖北省 $PM_{2.5}$区域污染天气模型

本章对湖北省 $PM_{2.5}$区域污染过程综合分析其时空分布、天气尺度环流、大气层结特征和地面气象要素，总结出 4 类 $PM_{2.5}$污染天气模型及特点(图 5.8、表 5.2)。

①冷高压底前部型(占 49.4%)。分布特征：污染强度最强、影响范围最广、出现频率最高(冬秋季最多)，鄂西山区至江汉平原过渡地带污染相对较严重。环流特征：高空：平直西风环流控制，多云或阴天；低层：两个反气旋环流之间的弱切变影响，有利于北风和南风辐合、水汽汇合，湿度高；地面：蒙古冷高压底前部，冷高压东移南下带来的偏北路输送型污染(平均风 2～7 m/s 偏北风)。层结特征：温低、浅薄湿层、高湿(70%～80%)、干冷平流、锋面逆温、弱风辐合、弱下沉运动。污染类型：污染主要来源于河南、河北和山东，以偏北路长距离输入型污染为主；湖北特殊地形是造成此种污染分布的主要原因。

②均压场型(占 20.8%)。分布特征：整体污染相对最轻，污染分布较均匀，冬春季最多。环流特征：高空：西北气流影响，多云或晴天；低层：弱高压反气旋环流控制，湿度一般，大气层结静稳状态；地面：均压场或弱反气旋环流控制，风速微弱(平均风 1～4 m/s)、风向不定，大气输送、扩散能力弱。层结特征：温低、浅薄湿层、相对湿度一般(52%～76%)、弱干冷平流、弱风辐合、弱下沉运动。污染类型：污染主要以本地污染源排放为主，或伴有弱的偏北路污染输送。

③高压后部型(占 19.2%)。分布特征：在鄂西山区至江汉平原过渡地带污染稍严重，秋冬季最多。环流特征：高空：平直西风环流控制，多云或阴天；低层：反气旋环流后部，水汽输送弱、湿度一般；地面：入海高压后部，受偏东路的气流输送影响(平均风 2～5 m/s 偏东风)。层结特征：温高、浅薄湿层、相对湿度一般(50%～77%)、弱湿平流、弱风辐合、弱下沉运动。污染类型：本地污染污染排放和污染物的偏东路回流输送叠加。

④低压倒槽型(占 10.6%)。分布特征：出现频率最低，西部比东部污染严重，冬春季最多。环流特征：高空：多短波槽活动，阴天；低层：西南涡顶部，西南暖湿气流影响，西部湿度比东部地区大；地面：暖低压倒槽顶部，受东南和东北气流辐合影响(平均风 2～6 m/s)。层结特征：温高、深厚湿层、相对湿度较大(75%～80%)、暖湿平流、平流逆温、弱风辐合、弱下沉运动。污染类型：本地污染源的湿增长为主，叠加偏东路污染物的输入。

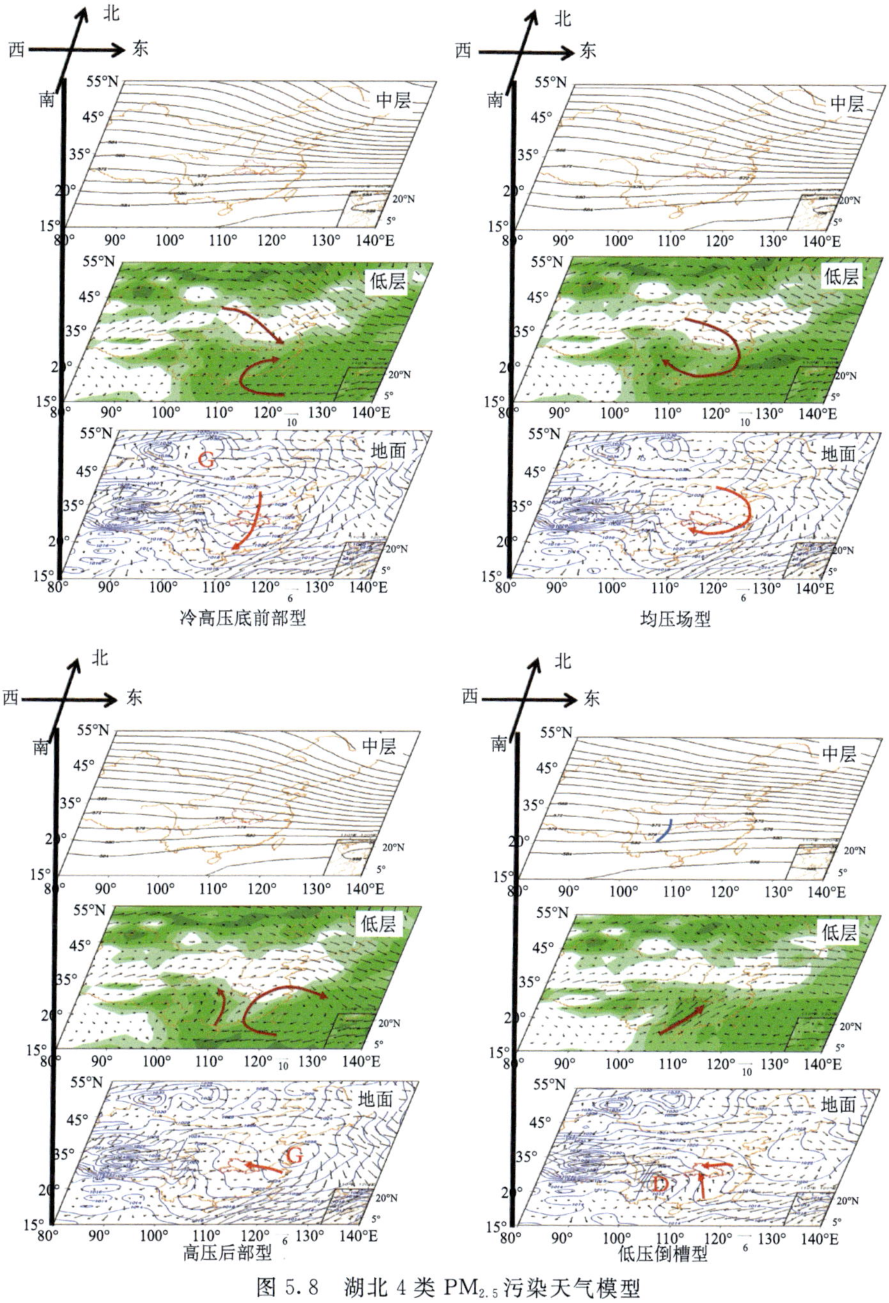

图 5.8　湖北 4 类 $PM_{2.5}$ 污染天气模型

表 5.2　4 类 $PM_{2.5}$ 污染天气型特征异同点

	冷高压前部型 (121 d,49.4%)	均压场型 (51 d,20.8%)	高压后部型 (47 d,19.2%)	低压倒槽型 (26 d,10.6%)
污染强度	强度最强、范围最广、频率最高	强度最弱,分布较均匀	强度较弱、中部稍严重	强度较弱,频率低、西部强于东部
污染来源	偏北路输入型为主	本地累积为主,伴弱的偏北路输入	混合型,东部污染回流明显	混合型,湿增长明显

续表

	冷高压前部型 (121 d,49.4%)	均压场型 (51 d,20.8%)	高压后部型 (47 d,19.2%)	低压倒槽型 (26 d,10.6%)
环流特征	地面冷高压底前部	弱反气旋环流	入海高压后部	低压倒槽顶部
边界层	干、冷平流/弱下沉气流/弱风辐合/锋面逆温	弱干平流/弱下沉气流/弱风辐合	弱湿平流/弱下沉气流/弱风辐合	湿、暖平流/弱下沉气流/弱风辐合/平流逆温
相对湿度	相对湿度大(70%～80%)湿层浅薄	相对湿度一般(52%～76%)湿层浅薄	相对湿度一般(50%～77%)湿层浅薄	相对湿度大(75%～80%)湿层深厚
地面平均风	强,偏北风,风速 2～7 m/s	微风,风向不定,风速 1～4 m/s	西北部较强,偏东风速 2～5 m/s	强,偏东风速 2～6 m/s

5.1.4 典型区域污染天气个例

2018 年 1 月 13—24 日湖北省出现区域重污染天气，此次污染过程持续时间长、影响范围广、强度强，对该过程污染时空分布、大气环流特征及气象要素分布情况进行天气学分析，讨论气象条件对湖北 $PM_{2.5}$ 污染的影响。

(1)污染过程 $PM_{2.5}$ 时空分布特征

本次污染过程主要分为三个阶段(图 5.9、5.10)：13—16 日污染开始发展，西部达到中度—重度污染，东部为良—轻度污染；18—21 日污染自北向南扩展并加重，湖北全省均出现不同程度污染，其中 19 日污染最为严重，西部山区平原过渡带至江汉平原一带达重度—严重污

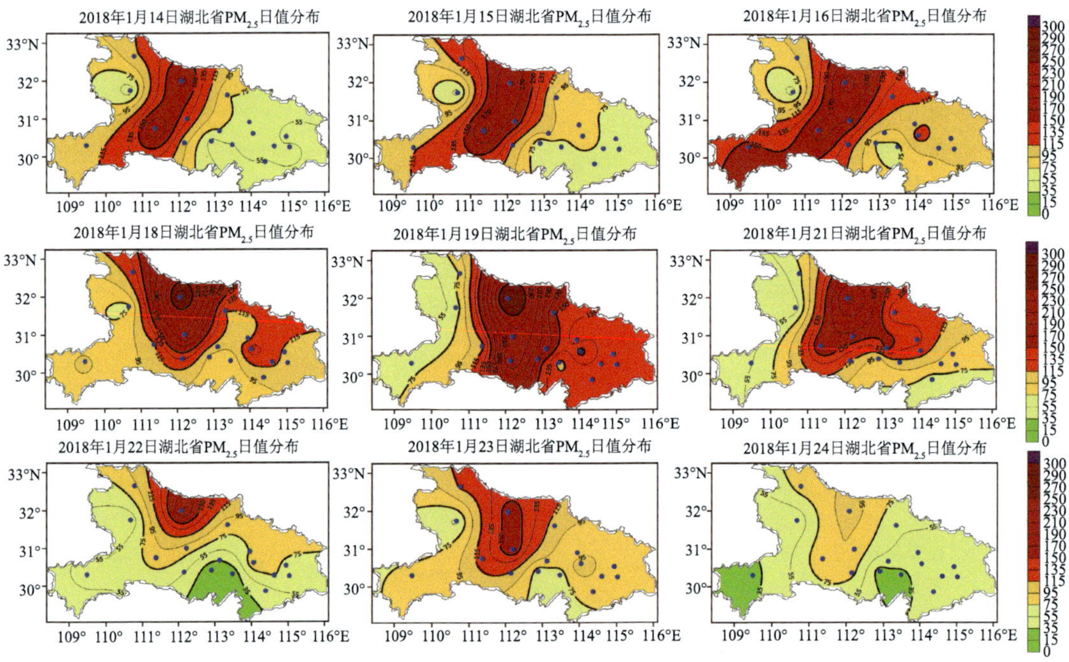

图 5.9 2018 年 1 月 14—24 日湖北省部分时段 $PM_{2.5}$ 浓度日值空间分布图(单位：μg/m³)

染，襄阳 $PM_{2.5}$ 浓度日值连续两天超 280 μg/m³，东部则出现中度—重度污染；22—23 日污染缓解后略有反弹，$PM_{2.5}$ 浓度总体呈降低趋势，至 24 日后大部分地区污染清除。

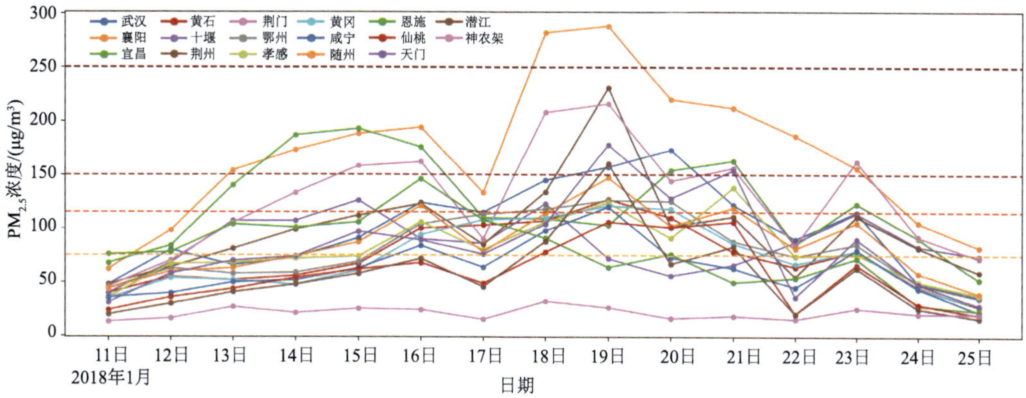

图 5.10　2018 年 1 月 11—25 日湖北 17 个城市 $PM_{2.5}$ 浓度日值时间演变图

(2)影响污染过程的天气成因分析

①大气环流背景分析

此次过程污染呈多峰分布，第一阶段(13—16 日)污染发展，主要在西部污染严重；第二阶段(18—21 日)污染加强，全省污染均较重；第三阶段(22—24 日)则为污染波动消散阶段。分别对各阶段高空及地面环流形势(图 5.11)进行分析。

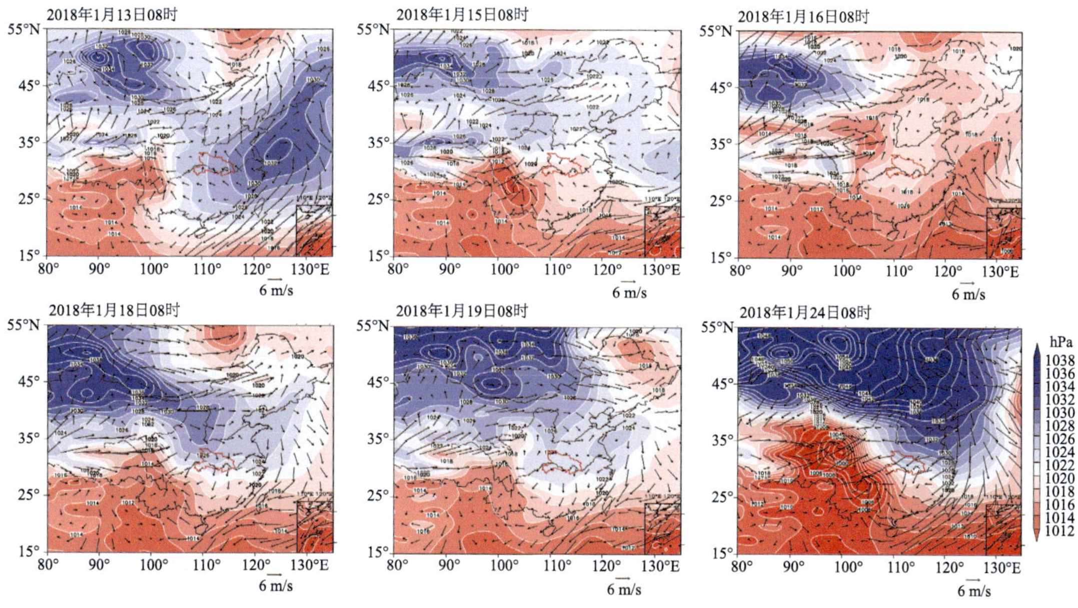

图 5.11　2018 年 1 月 13—24 日湖北部分时段地面形势场(彩色实线：海平面气压场，风矢：地面风场)

第一阶段(13—16 日)：此阶段污染浓度逐渐加强，西部加重为中度—重度污染。从环流背景来看，500 hPa 湖北上空由偏北气流转为弱波动东移，天空云系增多，15 日地面西南低压暖倒槽发展，湖北由 13—14 日的高压后部转为低压倒槽顶部，西部地区湿度增大，地面受偏东气流影响，配合西部山区地形的作用，偏东路输送性污染物易在襄阳—荆门—宜昌(山区至平原过渡区域)停滞,西部污染缓慢加重,东部空气质量则维持良好;16 日地面为均压场控制,风力较弱,静稳天气背景下,伴随吸湿增长影响,全省污染有所加重。

第二阶段(18—21 日):此阶段为污染增强阶段,全省污染迅速加剧。过程中高原槽发展东移,湖北受高原槽前西南气流和切变线影响(图略),有弱降水产生(图 5.12),湿度的增大有利于污染物的吸湿增长。18 日地面弱蒙古冷高压(中心强度达 1037.5 hPa)发展,带动西北路冷空气扩散南下,将华北严重污染沿襄阳向南向东输送到湖北(2~6 m/s 偏北风),受其影响湖北大部出现中度—重度污染;19 日冷锋前沿继续南下影响华南,湖北处于锋后均压场中,弱降水有利加剧污染的湿增长,污染浓度达到峰值;20—21 日随着高空波动东移,湖北南部产生较明显降水,对南部污染物有一定的清除作用,南部污染逐渐减弱。

第三阶段(22—24 日):此阶段为污染消散阶段,全省污染逐渐减弱清除。22—24 日高空转为平直气流,地面蒙古冷高压强烈发展(中心强度达 1055 hPa),冷锋沿河套迅速南压,北方污染物随之南下影响湖北,23 日冷锋前沿到达湖北致使湖北大部污染短时加重,24 日随着强冷空气持续影响,湖北出现明显雨雪天气(图 5.12),且风力继续增大(出现 10~15 m/s 的瞬时大风),强冷空气大风及降水使湖北污染清除。

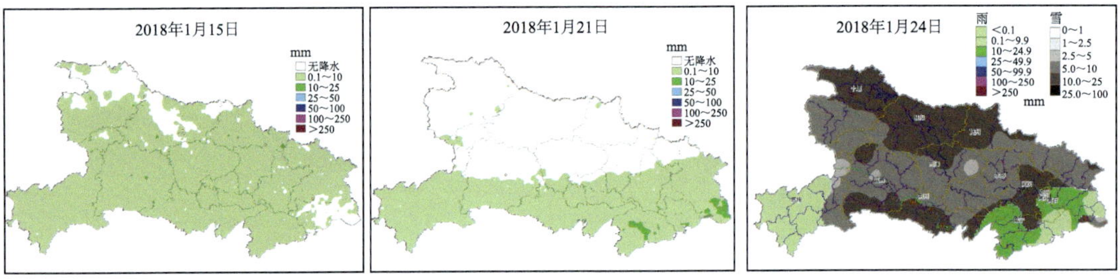

图 5.12　2018 年 1 月 15 日、21 日、24 日湖北降水量分布图

整个过程中,13—15 日主要受高压后部和低压倒槽顶部偏东气流影响,使污染物在西部山区至江汉平原增长;16 日、19 日受地面均压场的静稳条件及吸湿增长作用,污染持续加重;18 日、23 日受西北路冷空气影响,冷锋底前部带来北方远距离污染输入,配合弱降水,污染快速增长为中度—重度污染;24 日受降水和强冷空气大风影响,污染清除。

②边界层物理量垂直分布特征

第一阶段(13—15 日):从宜昌探空图可见(图 5.13),13—14 日低层湿度较小,边界层 1000~925 hPa 附近存在浅薄逆温层,风力较弱,2~4 m/s;15 日低压倒槽带来西南气流的发展,中低层湿度增大,边界层逆温减弱。污染天气主要受边界层逆温影响,较低的逆温底高阻碍大气垂直扩散,湿度的增加有利偏东风输送的污染物在本地吸湿增长。

第二阶段(16—21 日):从武汉探空图可见(图 5.14),16 日开始中低层维持较大湿度,18—19 日近地层受弱冷空气影响偏北风加强,边界层逆温增强,有利于北路污染物的输送及积聚。20—21 日西部中低层湿度较大,1000 hPa 附近有逆温(图略),西部污染维持,东部和南部湿层深厚,有持续降水,有利于污染物的沉降和消散。

③污染物与气象要素的关系

根据 $PM_{2.5}$时空分布结合其环流背景的演变(图 5.9~图 5.12),可以看出湖北省两次主要污染阶段都是以上游污染气团输送为主,本地静稳天气导致的污染物堆积为辅,共同作用下造成的区域重污染天气过程。分析 1 月 13—23 日襄阳、荆门、武汉、黄石 $PM_{2.5}$与基本气象要

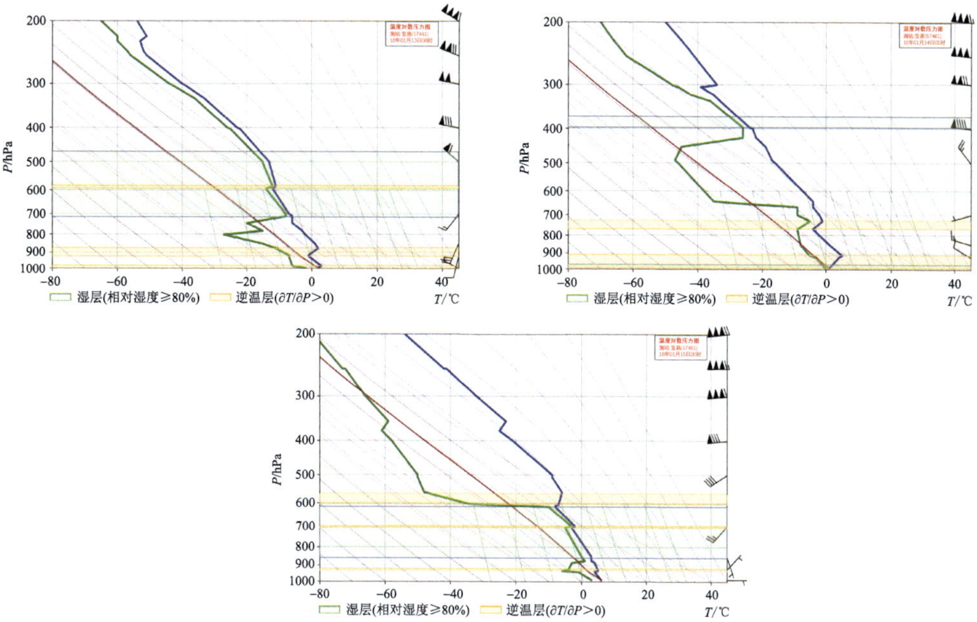

图 5.13　2018 年 1 月 13—15 日宜昌 T-ln$P$ 图

（蓝线为温度，绿线切割露点，红线为状态曲线）

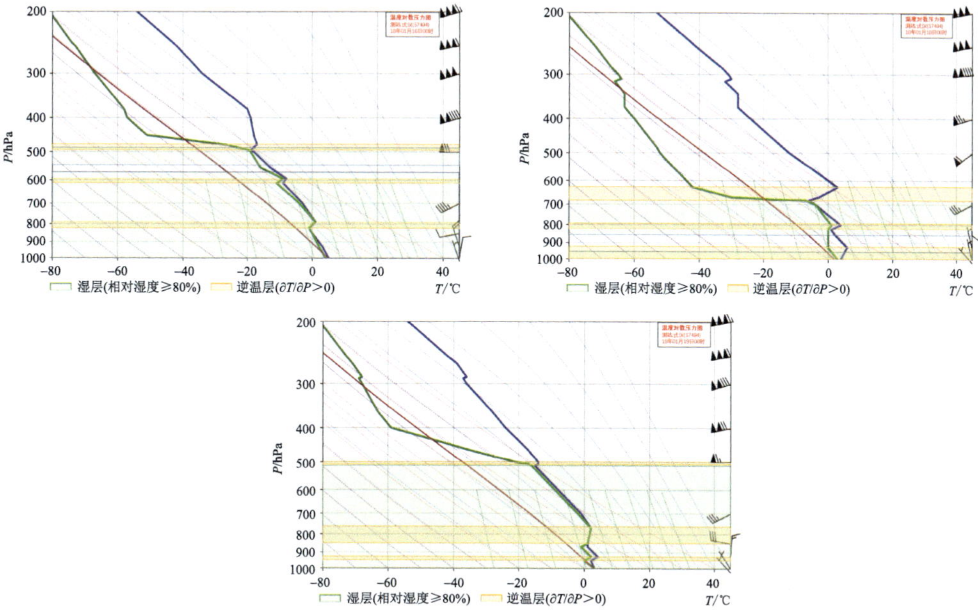

图 5.14　2018 年 1 月 16 日、18 日和 19 日武汉 T-ln$P$ 图

（蓝线为温度，绿线切割露点，红线为状态曲线）

素随时间的变化如图 5.15 所示。

第一阶段(13—16 日)：气压下降，静稳天气作用下，扩散条件差，同时从空间分布来看，山区平原过渡地区浓度从襄阳—荆门—荆州逐渐上升，说明在累积的作用下，伴有输送的影响，但污染物缓慢上升，期间 15 日、16 日全省部分地区出现了降水，整体降雨量小，在 0～3 mm

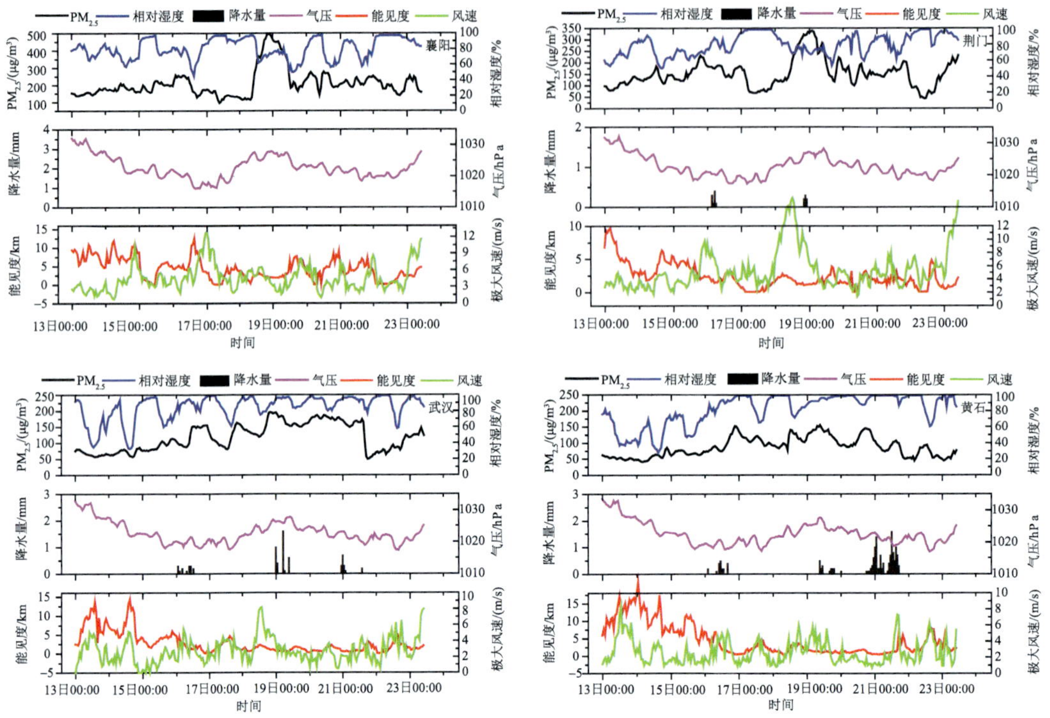

图 5.15　2018 年 1 月 13—23 日襄阳、荆门、武汉、黄石 $PM_{2.5}$ 与基本气象要素随时间的变化

(图 5.12)，降雨增加了近地层的相对湿度，促使污染期间 16—18 日均有大雾和霾的交替出现，雾天的出现一般因存在逆温层会加剧了近地层污染物的堆积，但由于 17 日大雾或浓雾在湖北西部比较明显，雾滴本身对污染物有吸附和湿沉降的作用，因此对于西部襄阳、荆门、宜昌一带的颗粒物清除起到了一定的作用，对于东部地区作用不明显，17 日整体全省污染情况不严重。

第二阶段(18—21 日)：襄阳作为最先受北方重污染气团影响的城市，其受污染程度是湖北城市中最高的，并且在 18—19 日受北方气团影响，$PM_{2.5}$ 小时浓度达到近 500 $\mu g/m^3$，随后荆门也达到峰值。相对湿度存在一定的日变化特征，污染期间也存在大雾和霾，但相较于 17 日强度减弱。气压在 18—19 日迅速升高，冷空气过境襄阳地区极大风速并不大，因此输入作用大于风的稀释清除，冷锋过后浓度略有降低。同时，高压控制下以下沉气流为主，不利于污染扩散。重污染时段的风速相对较小，是本地源和输送源共同作用最强的时段，能见度维持低值，起伏变化较小，且在襄阳的两次过程中没有受到降水的影响。荆门的两次污染过程与襄阳类似，但由于其略偏离主体输送通道，$PM_{2.5}$ 峰值和平均值均略小于襄阳地区，但值得注意的是，其 18—19 日的重污染时段出现了多时次的少量降水过程，但并没有减轻污染程度。同时，极大风速在 18 日 00:00 开始迅速增加，并在 12:00 左右达到极大值，污染物的输送主导了荆门的污染天气。

两次过程中东部武汉和黄石均不在主体的输送通道上，其 $PM_{2.5}$ 小时浓度主要在 50～200 $\mu g/m^3$ 变化。值得注意的是，短时的小雨量降水对污染物的湿清除作用不明显，但当其持续时间较长时(黄石 20—21 日接近 12 h 的降水)，对 $PM_{2.5}$ 的增加还是存在一定的抑制作用。与襄阳和黄石不同的是，武汉和荆门在 21 日午后有 $PM_{2.5}$ 迅速下降，从地面气象要素来看，极大风速武汉在 16:00 有一个短时增大，且相对湿度下降，相对湿度下降配合极大风速可能对其下降有影响。

5.2 武汉臭氧污染天气分型研究

臭氧污染是由氮氧化物、一氧化碳、VOC(挥发性有机化合物)等一系列前体物通过光化学反应生成的。臭氧浓度除了受前体物排放源的影响，与气象因子也有明显关系，与气温成正比，与相对湿度、云量、风速成反比关系(徐晓斌 等，1998；谈建国 等，2007；梁碧玲 等，2017)。有利的地面风向也会对臭氧污染产生输送影响，研究发现，北京市地面吹南风时易输入污染物(Duan et al.，2008)，广州市地面为偏西风时臭氧浓度最高(黄俊 等，2018)。而大气环流对云量、雨量、风向风速、气温、湿度等气象条件有直接影响(朱乾根 等，2000)，不同的大气环流背景下，气象要素特征也有所不同，进而导致不同的光化学反应效率和污染输送过程，最终对臭氧污染浓度产生影响。程念亮等(2016)研究发现，北京市臭氧超标日的地面环流以均压场占比最高。常炉予等(2019)指出，副高是有利于上海市臭氧浓度升高的环流型，而低压系统不利于上海市臭氧污染的形成。因此有必要对臭氧污染的环流型进行研究。

从 3.3 节中湖北省臭氧污染的分区对比来看，湖北东部的臭氧污染较西部和中部更严重，武汉市位于湖北东部，且作为湖北省会，人口多、工业发达，武汉的臭氧污染近年来在全省非常突出。因此 5.2 节主要研究武汉市的臭氧污染环流型及其特征，也适用于湖北东部。

5.2.1　数据与方法

(1)数据来源

臭氧的污染主要出现在夏半年，因此，本研究使用的资料包括 2017—2019 年 4—10 月的武汉市臭氧 8 h 日报实况数据，该数据来源于中国环境监测总站数据发布平台。高低空、地面环流资料使用的是每日两次的高空观测和逐 3 h 一次的地面观测，来源于中国气象局。气象要素(气温、相对湿度、风向风速、总云量、辐射)使用的是武汉站(站号 57494)逐小时自动观测数据。雨量使用的是武汉市 5 个国家站(武汉站、蔡甸站、黄陂站、新洲站、江夏站)的逐小时自动观测数据。武汉市白天雨量计算方法为：将每个站 08:00—19:00 的逐小时雨量求和即为当日每个站的白天累计雨量，将这 5 个国家站的白天累计雨量求平均即为当日武汉市白天雨量。垂直方向气象要素数据为 NCEP-DOE 2.5°×2.5°日平均再分析格点数据。气流后向轨迹数据为美国国家海洋和大气管理局(NOAA)开发的后向轨迹模式 HYSPLIT4.8 及 GDAS 全球同化数据。

(2)研究方法

臭氧污染环流分型采用主观分型方法，即依靠预报员的主观预报经验对臭氧超标日的高空、低空、地面环流进行分类，由于臭氧浓度的明显增长是在白天，所以环流分型侧重于白天的环流。针对臭氧超标日的环流和气象要素进行研究。2017—2019 年 4—10 月武汉市臭氧超标日(臭氧 8 h 日报>160 μg/m³)共计 117 d,其中,2017 年30 d,2018 年 26 d,2019 年由于湖北出现了干旱日数历史排名第 3 位的伏秋连旱,超标日最多为 61 d。

5.2.2 臭氧污染天气分型研究

5.2.2.1 臭氧污染的大气环流类型

根据统计(表 5.3),占比较高的超标日高空 500 hPa 的主要环流有槽后西北气流、西太平洋副热带高压(以下简称为西太副高)、高压脊、平直西风气流(简称平直气流)、大陆高压 5 种类型。超标日低空的环流主要有反气旋环流、冷切变后部偏北气流,地面环流主要是均压场或者弱气压梯度场,这样的环流有利于天气晴好且地面弱风速(表 5.4),从而有利于臭氧浓度的增长。西太副高和大陆高压控制下,偶尔午后会有阵雨,但范围小、时间短、雨量不大。说明:表 5.3 中地面弱气压梯度为距离武汉 4 个经度或者 4 个纬度处与武汉的气压差小于 4 hPa,中等气压梯度为距离武汉 4 个经度或者 4 个纬度处与武汉的气压差为 4～6 hPa。混合类为当日白天同一高度层出现 2 种环流且影响时间相当。

表 5.3 超标日环流及占比

高空 500 hPa	槽后西北气流 29.1%	西太副高 21.5%	高压脊 17.1%	平直气流 16.2%	大陆高压 11.1%	槽前西南气流 4%	混合类 1.7%
低空 700 hPa	反气旋环流 50.4%	切变线后部偏北气流 26.5%	弱切变线 11.1%	海上台风外围东北气流 6.8%	高压脊 3.4%	无明显系统 1.7%	
地面	均压 47%	弱气压梯度 41.9%	中等气压梯 11.1%				

表 5.4 污染环流型对应的白天平均总云量、雨量、风力对比

	槽后西北气流型	西太副高型	高压脊型	平直气流型	大陆高压型
总云量/成	3.8	5.2	4.7	4.8	3.2
雨量/mm	0	0.2	0	0	0.2
风力/(m/s)	1.8	1.6	1.8	1.6	1.7

臭氧生成的关键因素是晴空的紫外辐射,是否晴空是高空、低空、地面环流共同作用的结果,但由于高空环流对低空和地面环流有引导作用,对天气的晴雨常常起到主导作用,因此本节使用高空环流的名称来命名环流型,环流型代表的是环流垂直配置,包括高空 500 hPa、低空 700 hPa 和地面三层环流。将某环流型对应的所有超标日的 500 hPa、700 hPa、地面环流分别进行平均得到高空、低空和地面环流的合成图(图 5.16)。

(1)槽后西北气流型

该环流型全年常见,是晴好天气的常见环流。当高空 500 hPa 上槽线位于中国东部或者以东的洋面上,武汉处于槽线后部西北气流控制下,低空 700 hPa 或 850 hPa 多处于冷切变线后部的偏北气流中(图 5.16a1、b1),有时低空为反气旋环流。该型引起的臭氧超标在 4—10 月均有出现,主要出现在 5 月、6 月和 8 月(图 5.17a)。该型在臭氧超标日中出现的概率最大,为 29.1%(表 5.3)。

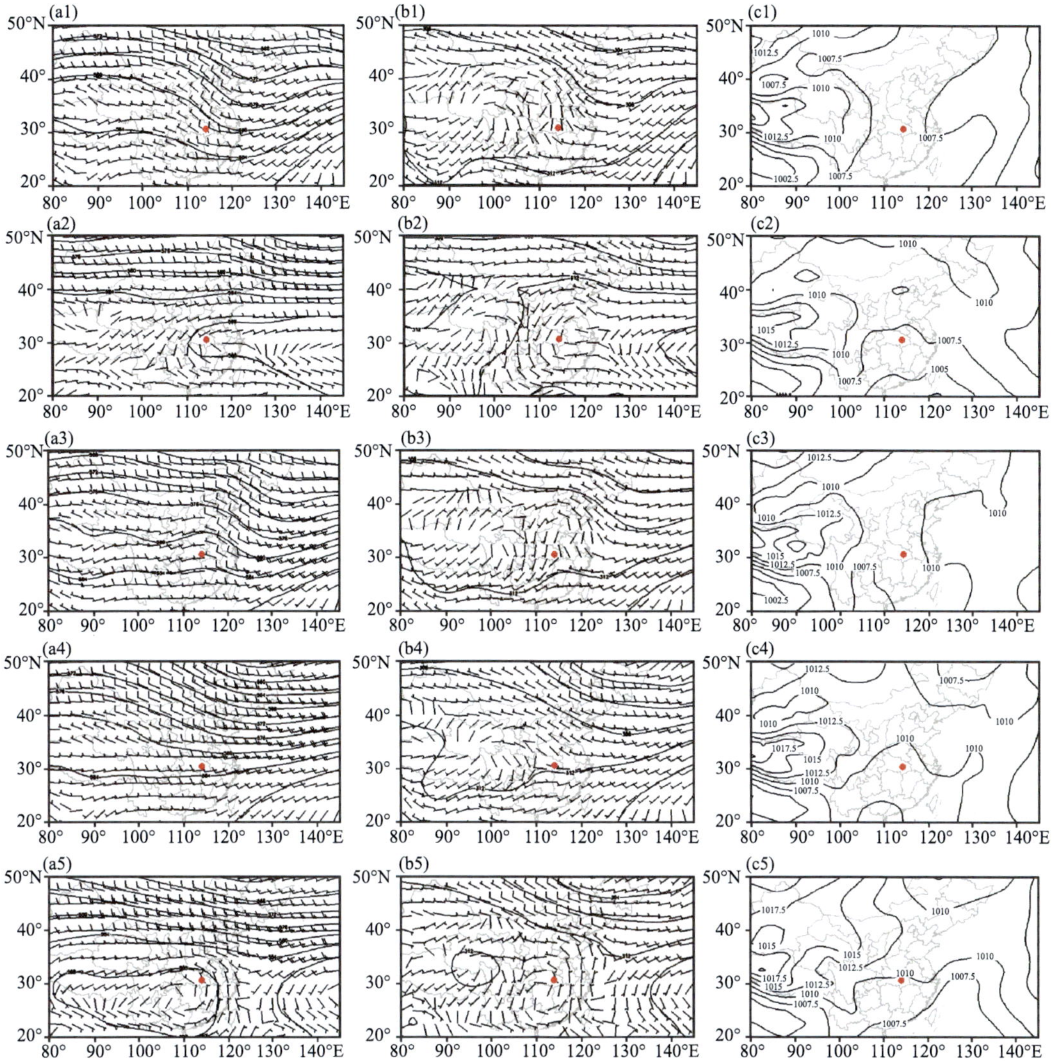

图 5.16 高空 500 hPa 环流合成(a1～a5)、低空 700 hPa 环流合成(b1～b5)、地面环流合成(c1～c5)
(a1)、(b1)、(c1)槽后西北气流型;(a2)、(b2)、(c2)西太副高型;(a3)、(b3)、(c3)高压脊型;
(a4)、(b4)、(c4)平直气流型;(a5)、(b5)、(c5)大陆高压型(红点为武汉)

(2)西太副高型

太平洋副热带高压常年存在洋面上空,是暖性的深厚高压系统,冬季强度弱范围小,夏季随着北半球太阳辐射增强、气温升高,太平洋副热带高压变得强大,由西太平洋向我国中东部地区伸展,当处于西太副高控制下时,即 584 dagpm 等位势高度线内,天气晴热高温,此时低空武汉常常处于海上反气旋环流后部的偏南气流中(图 5.16a2、b2)。该型引起的臭氧超标在 6—10 月,7—9 月出现得最多(图 5.17a)。该型在臭氧超标日中出现的概率为 21.5%(表 5.3)。

(3)高压脊型

高压脊为不闭合的反气旋环流,出现在东西两个低槽之间,低空常配合有反气旋环流或高压脊(图 5.16a3、b3)。由其导致的臭氧超标出现在 4—6 月和 10 月,其中 5 月和 6 月较多

(图 5.17a)。该型在臭氧超标日中出现的概率为 17.1%。

(4)平直气流型

平直气流为高空的偏西气流,导致臭氧超标时,低空配合为偏北气流或者弱切变线(图 5.16a4、b4),由于切变线太弱,造成的辐合上升运动弱,所以天气以多云为主,由其导致的臭氧超标日在多个月份均有出现,其中 6 月最多(图 5.17a)。该型在臭氧超标日中出现的概率为 16.2%。

(5)大陆高压型

大陆高压一般生成于青藏高原上,夏季在高原加热场作用下得以发展加强,在我国陆地上空呈现出 588 dagpm 以上的闭合高压环流,在其东侧我国东部沿海常有台风北上或深槽存在。大陆高压控制我国中东部时,带来晴热天气。当武汉高空处于大陆高压控制下时,低空常为反气旋环流前部的偏北气流(图 5.16a5、b5)。由于热力作用对其影响是主要的,因而大陆高压在 8 月、9 月比较多见,由其导致的臭氧超标也主要出现在 8 月和 9 月(图 5.17a)。该型在臭氧超标日中出现的概率为 11.1%,是五个主要的污染环流型中出现概率最低的。

从超标日数的月份分布看(图 5.17a),夏半年超标日数随月份呈 M 型分布特点,6 月和 8—9 月超标日数较多,4 月、7 月、10 月超标日数较少。槽后西北气流型和平直气流型分布月份最广。槽后西北气流型、平直气流型、高压脊型在 5—6 月的初夏季节易致超标,槽后西北气流型 8 月也易致超标;西太副高型和大陆高压型在 8—9 月的盛夏和初秋季节易致超标。从超标浓度的月份分布看(图 5.17b),夏半年超标浓度在 7—10 月最高,对每种环流型来说,浓度最高的月份主要也分布在 7—10 月,其他月份的超标浓度相对偏低。

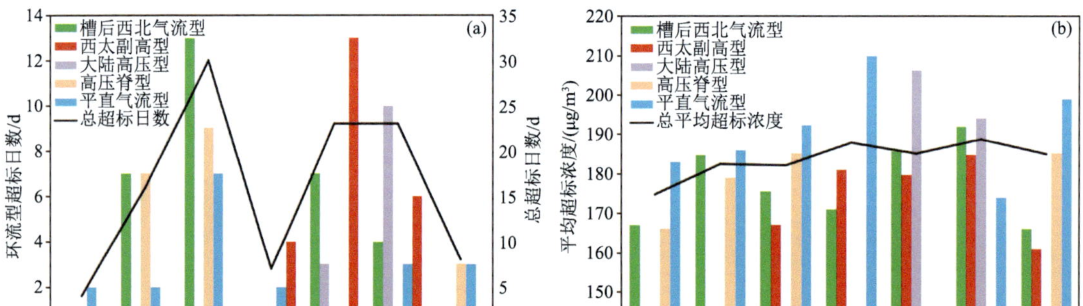

图 5.17　2017—2019 年武汉臭氧污染环流型的逐月超标日数分布(a)、逐月平均超标浓度分布(b)

5.2.2.2　臭氧污染环流型的污染浓度对比分析

如图 5.18,将 5 种污染环流型的臭氧浓度进行对比,发现大陆高压型对应的臭氧浓度各分位均最高,平均值或中位数比其他环流型下的臭氧浓度高 5～20 $\mu g/m^3$,臭氧中度污染(臭氧 8 h 日报道>215 $\mu g/m^3$)主要出现在此环流型。平直气流型浓度次高,其他 3 类浓度接近。

以下内容将主要从地面和垂直方向的气温、相对湿度、风速、风向这四个方面来分析不同环流型下的气象要素特征,以及气象要素对臭氧浓度的影响。

5.2.2.3　臭氧污染环流型的温湿结构对比分析

从 5 种污染环流型的 2 m 最高气温对比来看(图 5.19a),超标日的最高气温基本在 27 ℃

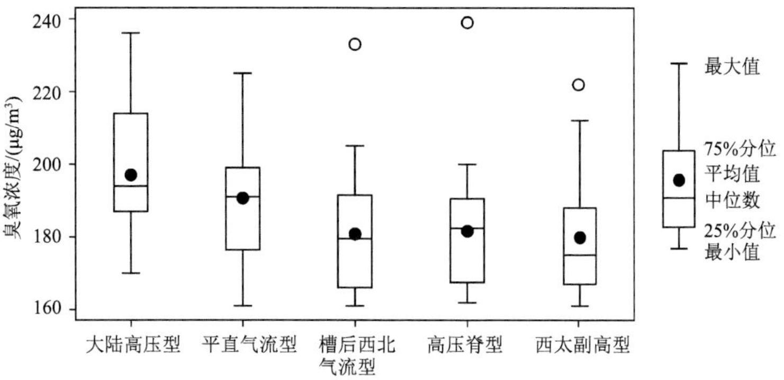

图 5.18　污染环流型的浓度分布箱线图(○为异常值,下同)

以上,因此 27 ℃可以作为判别超标的最高气温阈值。另外西太副高型最高气温是 5 种环流型中最高的,平均值为 35 ℃,其次为大陆高压型,平均值为 34.2 ℃,这与这两型主要出现在 7—9 月的季节性有关,7 月和 8 月为武汉盛夏季节,9 月虽然进入初秋,但白天气温仍然较高,俗称“秋老虎”。其他 3 种环流型的最高气温比较接近,平均值在 32 ℃附近。

从 5 种污染环流型的 2 m 最低相对湿度对比来看(图 5.19b),超标日的最低湿度基本在 65%以下,因此 65%可以作为判别超标的最低湿度阈值。按照最低湿度平均值由低到高顺序,依次为高压脊型(38%)、大陆高压型(40%)、槽后西北气流型(41%)、平直气流型(44%)、西太副高型(50%)。西太副高型湿度最高。

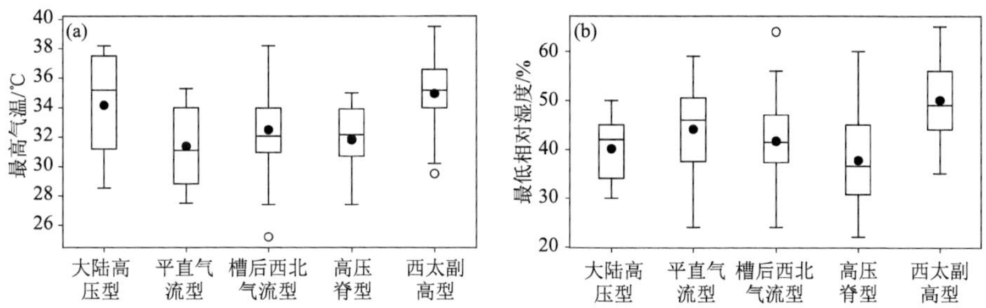

图 5.19　2017—2019 年武汉污染环流型的 2 m 最高气温(a)、2 m 最低相对湿度(b)对比

700 hPa 以下的低空气温对比结果(图 5.20a)与地面相似,西太副高型气温最高,其次为大陆高压型,较其他 3 种环流型气温偏高 1～4 ℃,垂直方向上的气温差别,同样反映出不同季节整层气柱热力差异。另外,边界层的气温在湍流作用下影响地面气温,使得地面的气温对比与低空具有一致性。

700 hPa 以下的低空相对湿度的对比结果也与地面相似(图 5.20b),西太副高型相对湿度最高,为 55%～82%,比其他环流型相对湿度高 8%～20%,造成湿度对比差异的原因与环流有关,西太副高型控制武汉时,低空为海上反气旋环流西侧的偏南气流(图 5.16b2),南风将海上的水汽向内陆输送,而其他环流型的低空以偏北气流为主,相对西太副高型偏干。大气中的水汽绝大部分分布在低空(杨红梅 等,1998;盛裴轩 等,2003),低空湿度偏高将明显减少到达地面的太阳辐射,因为水汽偏多导致云量偏多,云可以把部分太阳辐射反射回太空,空气中的水汽也将吸收部分太阳辐射。如图 5.21,尽管西太副高型气温最高,但是到达地面的总辐射并不高,这可能就是湿度大造成的辐射削减。此外,水汽可以分解 O_3,因此,西太副高型在 5

种污染环流型中的臭氧浓度并不高。低空的高湿度在边界层的湍流混合作用下，导致地面的湿度与低空具有一致性。

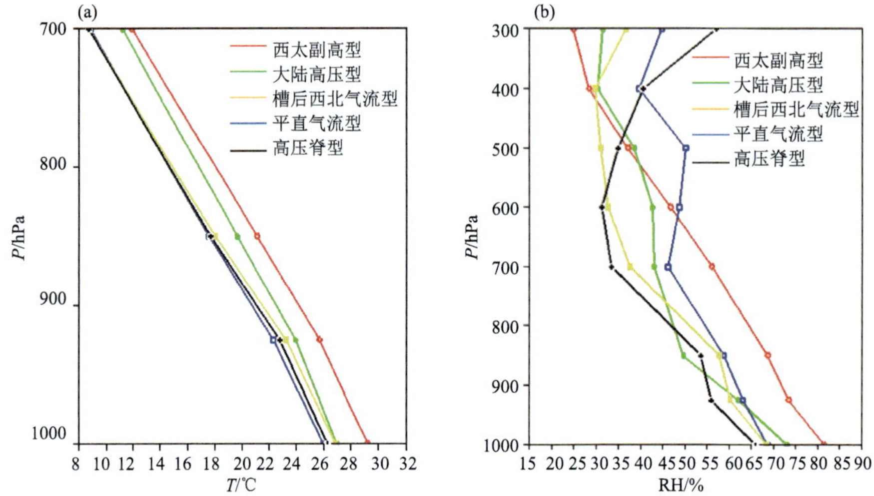

图 5.20　2017—2019 年武汉臭氧污染环流型的日平均温度垂直分布(a)、日平均相对湿度垂直分布(b)

如图 5.21，大陆高压型的总辐射平均值较槽后西北气流型、高压脊型、平直气流型偏低，但污染浓度却最高，这可能是因为大陆高压型对应气温更高，高温可以加速光化学反应，气温越高臭氧浓度也越高。

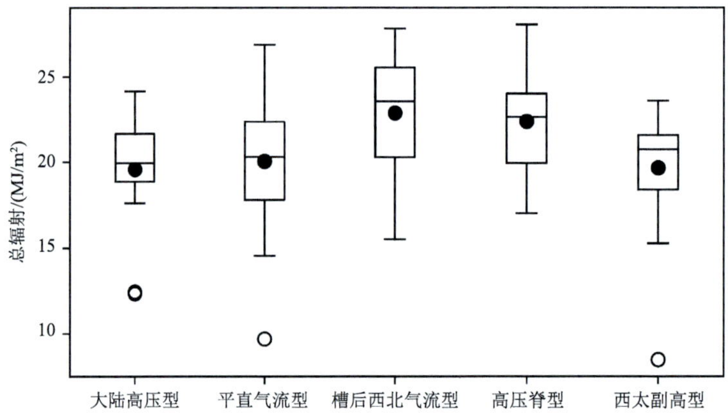

图 5.21　2017—2019 年武汉臭氧污染环流型的总辐射对比

5.2.2.4　臭氧污染环流型的地面及垂直风向对比分析

图 5.22 显示，5 种污染环流型在边界层内风速随高度先增大再减小，最大风速<4 m/s，不利于污染的扩散和清除。

多个研究发现一些特殊的环流型导致的地面风向可能会有利于臭氧污染的输入，本研究发现对武汉来说，5 种主要的环流类型对应的超标日当天地面风向有所不同，如图 5.23，大陆高压以偏东风为主，平直气流型以西北风为主，槽后西北气流型以偏南风为主，高压脊型以偏北风和偏西风为主，西太副高型以偏北风和偏东风为主。

由于超标日当天地面风速较小，因此如果超标日当天有污染输入，以周边短距离输入为

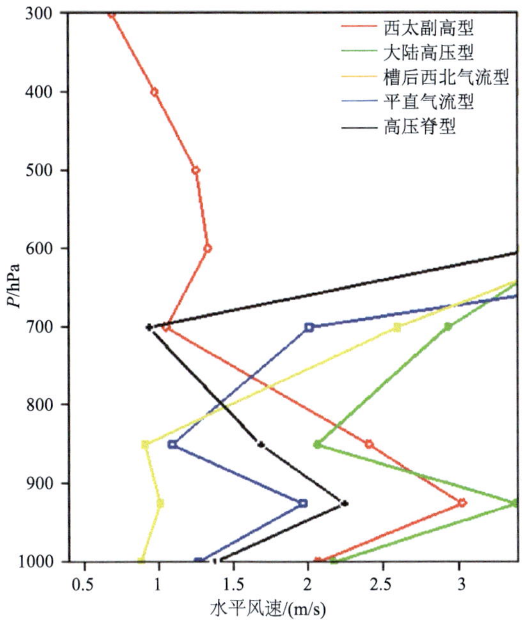

图 5.22　2017—2019 年武汉臭氧污染环流型的水平风速垂直分布

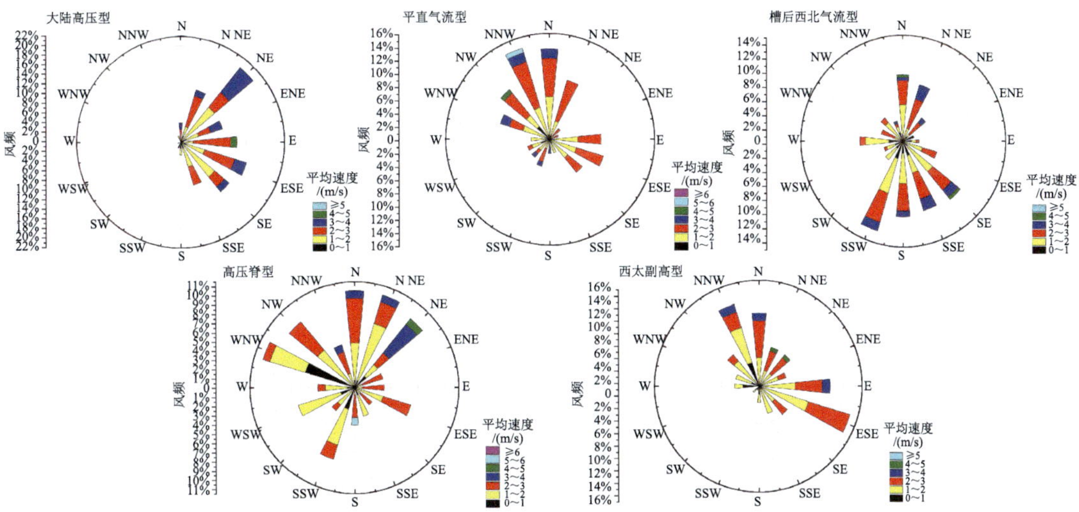

图 5.23　2017—2019 年武汉 5 种臭氧污染环流型及所有超标日综合对应的地面风向特征
(风速色斑的径向长度代表频率)

主。从图 5.24 的臭氧污染空间分布来看,2017—2019 年湖北中东部的臭氧污染整体上呈加重趋势,尤其位于武汉西部的潜江、仙桃、天门三市,2018 年较 2017 年明显增长,2018 年和 2019 年武汉与周边临近城市臭氧浓度均超标,周边城市与武汉的臭氧污染浓度相差不大,因此,不同的地面风向都有可能将周边城市的污染向武汉输送。但从与武汉国控点的平均距离来看,孝感市的距离最近为 64 km,且孝感的臭氧污染在周边城市中较为严重,2017 年、2018 年孝感市的臭氧浓度均较武汉偏高,2019 年孝感市的臭氧浓度仅次于武汉。因此,武汉周边城市中，孝感对武汉的输送影响可能最大。平直气流型地面风向以西北风为主，可以将孝感的污染物向武汉输送，因此，平直气流型可能是超标日当天最有利于污染输入武汉的环流型，这可能是造成平直气流型臭氧浓度次高的原因。

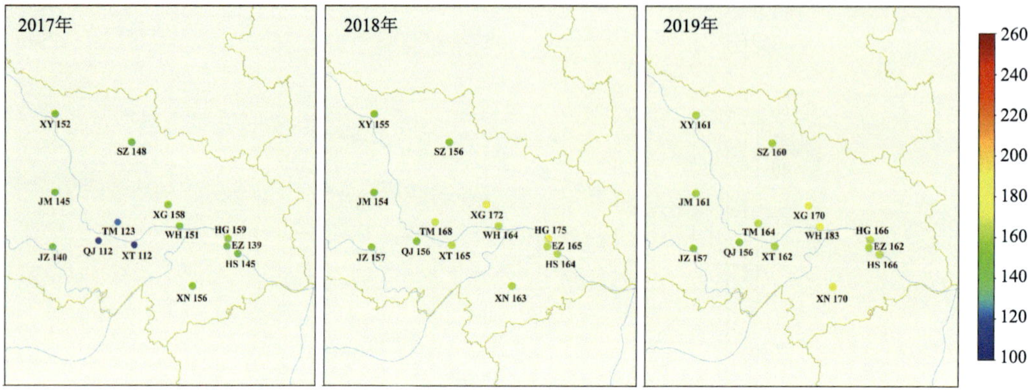

图 5.24　2017—2019 年湖北省中东部 O_3 日最大 8 h 浓度第 90 百分位空间分布

5.2.2.5　臭氧污染日后向气流轨迹分析

通过对武汉市所有臭氧超标日 72 h 后向气流轨迹聚类分析，如图 5.25 所示，发现偏北路和偏东路占比最多，其中北路＋东北路＋东路共计占比 76％，且以远距离为主。多篇文献研究中国臭氧污染的空间分布表明，夏半年中国的臭氧污染高浓度区和易超标区主要位于华北地区、华东长三角地区、华中北部。因此武汉的臭氧污染除了本地造成以外，极大可能受到了华北和华东污染远距离传输影响。

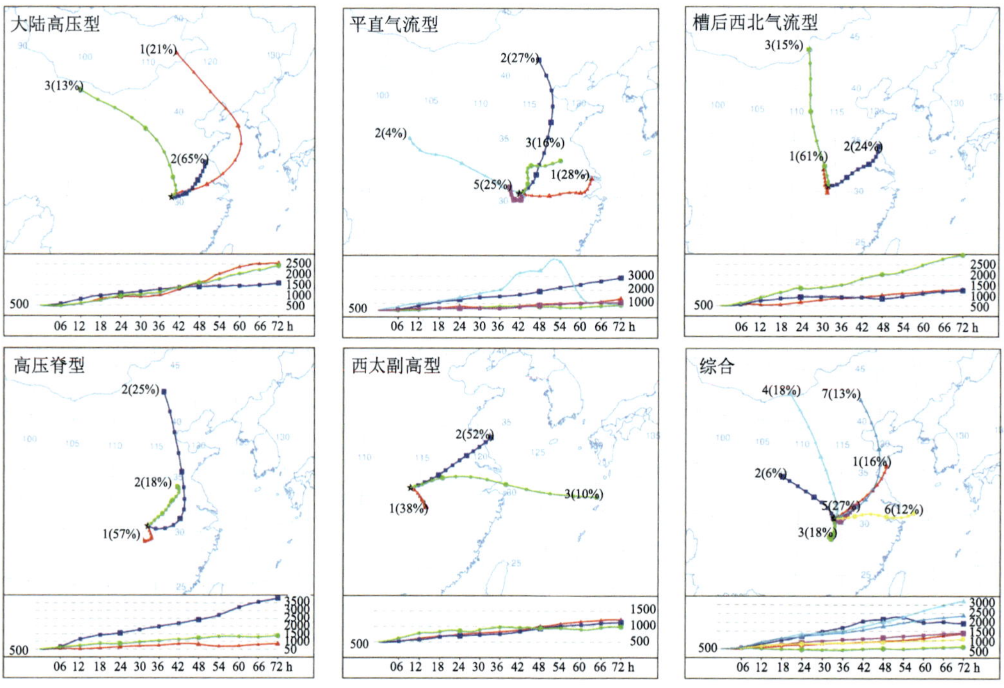

图 5.25　2017—2019 年武汉 5 种臭氧污染环流型及所有超标日综合对应的 72 h 后向气流轨迹聚类

5.2.2.6 小结

①按照高空 500 hPa 环流进行分类，武汉市的臭氧污染环流型主要有：槽后西北气流型（占比最高，29%）、西太副高型、高压脊型、平直气流型、大陆高压型。污染环流型对应的低空以反气旋环流或偏北气流为主，地面以均压场或弱气压梯度场为主。

②武汉市臭氧污染环流型的共性天气特征为：基本无降水发生，白天晴到多云，地面风速小，日最高气温≥27 ℃，日最低相对湿度≤65%。

③对 5 种污染环流型进行对比发现，大陆高压型多见于 8—9 月，天气特征是高温（平均日最高气温 34.2 ℃）、低湿、少云，最有利于光化学反应，臭氧浓度最高；平直气流型多见于 6 月，气温相对偏低、多云，地面西北风为主，最有利于污染短距离输入，臭氧浓度次高；西太副高型多见于 7—9 月，气温最高（平均日最高气温 35 ℃），但由于地面及低空湿度均最大、云量最多，云和水汽对太阳辐射的削减作用较大，臭氧浓度一般。槽后西北气流型和高压脊型多见于 5—6 月，这两型均呈气温相对偏低、低湿、少云，臭氧浓度一般。

④武汉市臭氧超标日 72 h 后向气流轨迹以偏北路和偏东路占比最多，其和为 76%，且以远距离为主。因此武汉的臭氧污染除了本地造成以外，很可能受到了华北和华东污染远距离传输影响。

5.2.3 臭氧污染天气模型

在上述研究基础上，凝炼了 5 类臭氧污染天气模型特征如下（图 5.26）。

①大陆高压型。中层在我国陆地上空呈现出 588 dagpm 以上的闭合高压环流，低层常为反气旋环流前部的偏北气流，地面为均压场或处于海上台风外围气流中。具有高温（平均日最高气温 34.2 ℃）、低湿、少云的气象特征，最有利于光化学反应，臭氧浓度最高，也是武汉市出现臭氧中度污染的主要环流型，在 5 种模型中占比最少（11%），主要出现在 8—9 月。

②平直西风气流型。中层为偏西气流，低层为偏北气流或者弱切变线，地面为均压场或弱气压梯度场。气温相对偏低、多云，地面西北风为主，较有利于周边污染输入武汉，臭氧浓度仅次于大陆高压型，在 5 种模型中占比为 16%，多个月份均有出现，其中 6 月出现次数最多。

③槽后西北气流型。中层为槽线后部西北气流，低层多处于冷切变线后部的偏北气流中，地面为均压场或弱气压梯度场。具有相对低温、低湿的气象特征，臭氧浓度在 5 种模型中一般，在 5 种模型中占比最多（29%），多个月份均有出现，其中 5 月、6 月、8 月出现次数较多。

④高压脊型。中层为不闭合的反气旋环流，出现在东、西两个低槽之间，低层常配合有反气旋环流或高压脊，地面为均压场或弱气压梯度场。具有相对低温、低湿的气象特征，臭氧浓度在 5 种模型中一般，在 5 种模型中占比为 17%，在初夏的 5—6 月出现较多。

⑤西太副高型。中层为由西太平洋向我国中东部地区伸展的 584 dagpm 以上的高压环流，低层常常为反气旋环流西侧的偏南气流，地面为均压场或等压线稀疏的低压底部。在 5 种模型中的气温最高（平均日最高气温为 35 ℃）、湿度最大（平均日最低相对湿度为 50%）、多云，较高的湿度削弱了太阳辐射，因此在 5 种模型中，臭氧浓度平均值最低。在 5 种模型中占比为 22%，主要出现在 7—9 月。

以上研究成果可以应用于预报业务中。未来在预报业务工作中，当出现以上 5 种天气模型时，并且配合晴空、小风、高温、低湿等有利气象条件，预示出现臭氧超标的可能性较大，如果

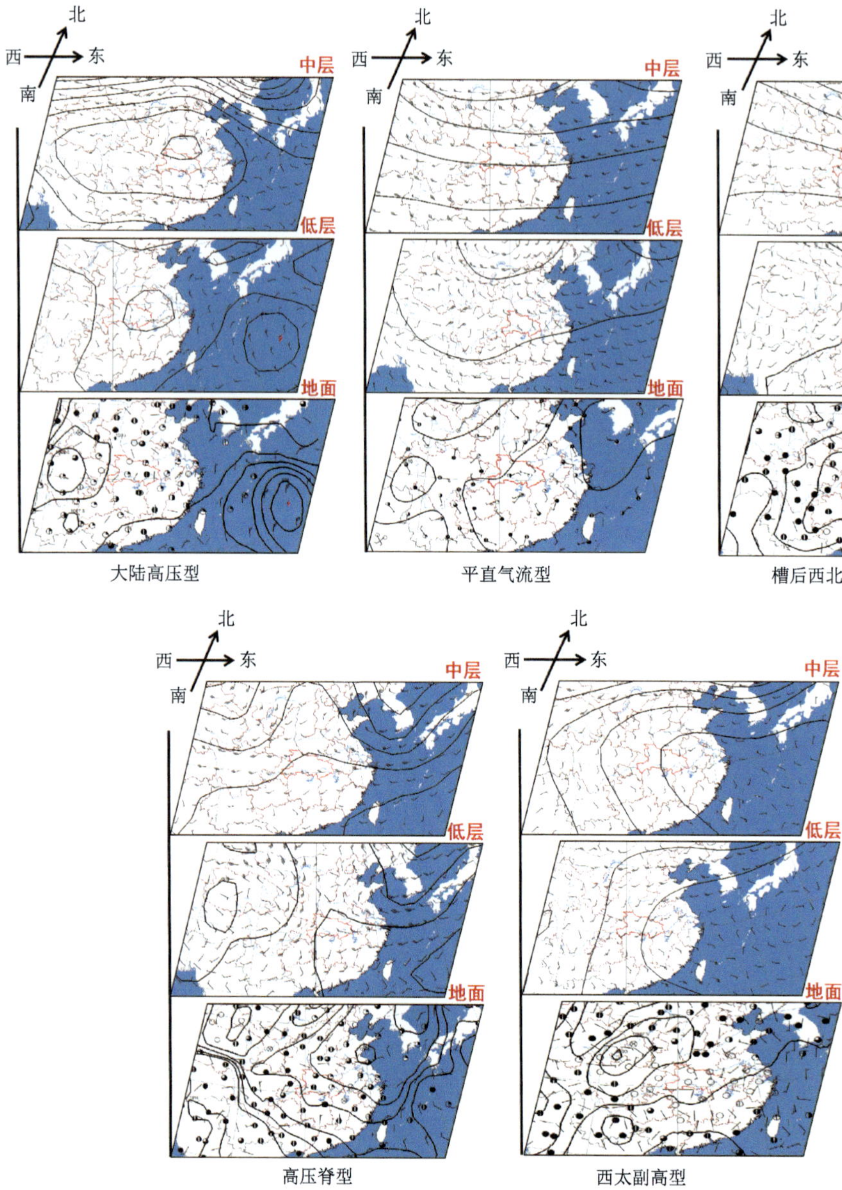

图 5.26　5 类臭氧污染天气模型图

（地面○中阴影代表云量，阴影面积越大，云量越多）

出现大陆高压天气模型，则要注意防范臭氧中度以上污染。

5.2.4　臭氧污染典型个例展示

臭氧污染天气模型概括归纳了臭氧污染对应的主要环流及气象要素特征，本节将通过武汉城市圈多个实际臭氧污染个例的展示，帮助读者加强认知和了解。

5.2.4.1　槽后西北气流型、高压脊型臭氧污染个例——2017 年 5 月 23 日—6 月 1 日污染过程

(1)污染实况

如图 5.27，仙桃、潜江、天门三个城市地处城市圈西部，城市面积小，在 2017 年工业化程度较低，在本次污染过程中，这三个城市的臭氧浓度日值始终处于 80 μg/m³ 以下的较低水平。除去这三个城市，其他 6 个城市 23—26 日臭氧浓度快速升高，26—29 日全部臭氧超标，且多个城市臭氧浓度超过 215 μg/m³，达到中度污染，5 月 30 日—6 月 1 日臭氧浓度缓慢下降，6 月 1 日所有城市臭氧浓度降至 160 μg/m³ 以下，污染清除。

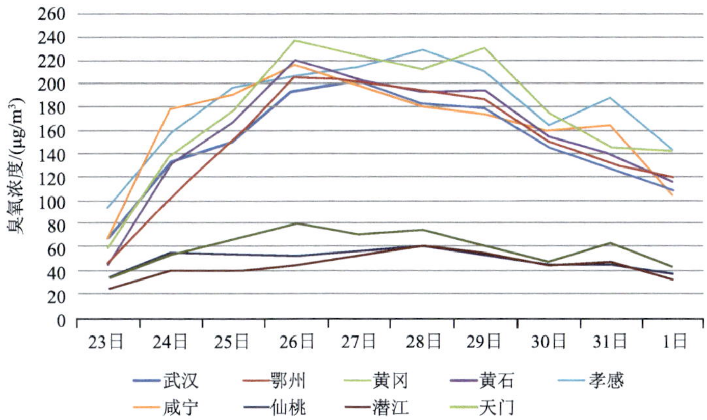

图 5.27　2017 年 5 月 23 日—6 月 1 日武汉城市圈臭氧污染浓度逐日演变

(2)环流背景

环流实况：本次污染过程与中高纬东北冷涡转动的位置有关，该个例的槽后西北气流指的是冷涡后部西北气流。5 月 23 日湖北高空处于冷涡底部(图 5.28a)，地面处于冷高压前部(图 5.29a)，有利于降雨和大风。5 月 24—27 日随着冷涡的东移南压，湖北高空 500 hPa 逐渐转受冷涡后部西北气流控制(图 5.28b)，副高退到海上，低空 700 hPa 为反气旋环流控制，地面冷高压东移南下变性为均压场(图 5.29b)，有利于风停雨住，晴朗升温。这期间长江上游区域高空有高压脊也在向东移动。28—29 日随着西风带系统的东移，500 hPa 高压脊移至湖北上空(图 5.28c)，利于晴好天气持续。30 日高空有波动划过湖北上空，低空形成弱切变线，湖北云量将明显增加。5 月 31 日—6 月 1 日虽然湖北高空再次转为低槽后部，但是随着海上副高的逐渐北抬，华南和江南上空转为西南气流，低空在鄂东南地区始终有偏北气流与西南气流交汇的切变线存在(图 5.28d)。

(3)2 m 气象要素及垂直层结

垂直探空图上，当温度曲线与露点曲线相距较远时，代表相对湿度小，温度曲线与露点曲线距离接近时，代表相对湿度较大，温度露点差≤3 ℃代表空气温度饱和。垂直方向湿度越小，云量越少，湿度越大，云量越多。

如图 5.29、图 5.30 所示，23 日城市圈受到冷涡底部及地面冷空气共同影响，阴天有小雨，风速较大，6 个城市风速≥4 m/s。由图 5.31a 可见，500 hPa 以下温度露点差为 0 ℃，表明云层厚密。由图 5.31b 可见，24—29 日，随着冷涡东移，城市圈先后受到冷涡后部偏北气流及高压脊的控制，温度曲线与露点曲线距离拉开，表明整层湿度减小，云量减少，多云到晴天。24 日开始，2 m 气温快速上升，26 日城市圈所有城市最高气温超过 30 ℃，29—30 日鄂州、黄石、

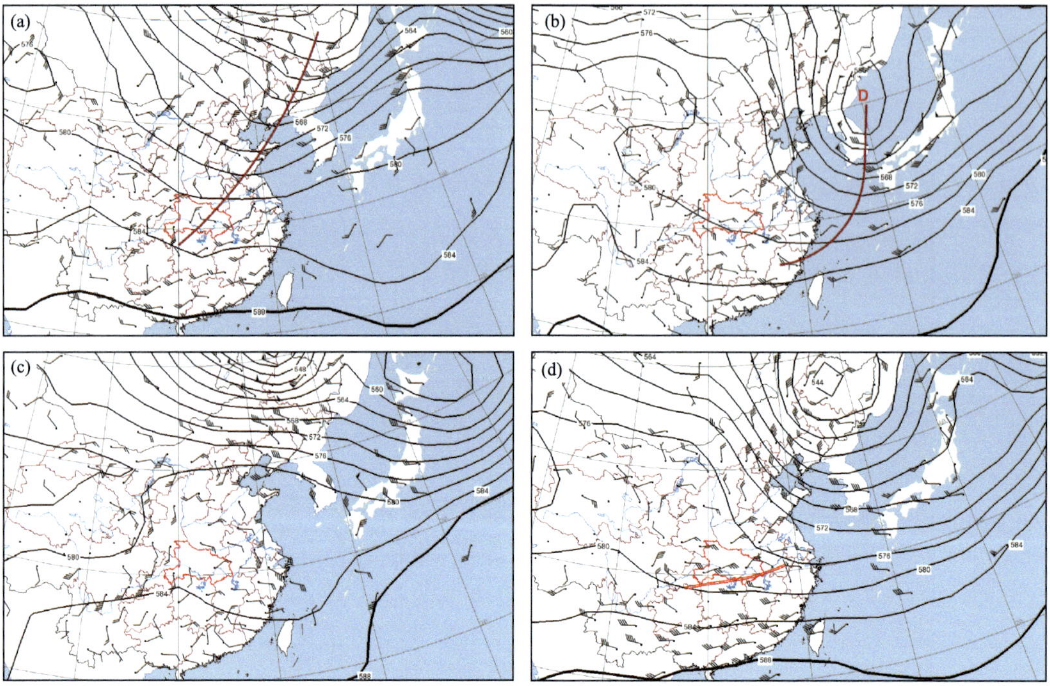

图 5.28　2017 年 5 月 23 日 08 时(a)、26 日 08 时(b)、28 日 20 时(c)、6 月 1 日 08 时(d)500 hPa 高度场与 700 hPa 风场实况叠加

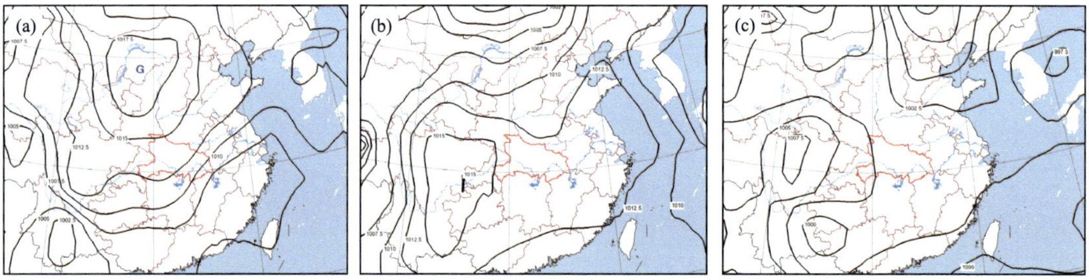

图 5.29　2017 年 5 月 23 日 14 时(a)、26 日 11 时(b)、6 月 1 日 11 时(c)实况海平面气压场

仙桃三个城市最高气温达到 35 ℃，湿度下降，25—29 日城市圈最低相对湿度≤40％为主，28—29 日≤30％为主。26—29 日高温低湿天空晴朗，非常有利于光化学反应的发生，同时边界层及地面为均压场风速小，2 m 风速≤3 m/s，不利于污染的扩散，臭氧浓度超标。5 月 31 日—6 月 1 日，鄂东南受到冷涡后部偏北气流与副高外围西南气流交汇的影响，多云转阴天，武汉、黄冈、黄石、咸宁出现阵雨，气温下降，1 日除孝感以外，其他城市最高气温降至 30 ℃以下，湿度上升，不利于光化学反应，城市圈所有城市臭氧浓度降至 160 μg/m^3 以下。

(4)小结

本次过程导致污染的主要环流为冷涡后部西北气流和随后的高压脊，在其控制下，天空以多云到晴天为主，边界层及地面大气呈现出低湿、小风的特点，由于处于夏初季节，最高气温达到 33～35 ℃，符合臭氧污染天气模型中的槽后西北气流型和高压脊型。

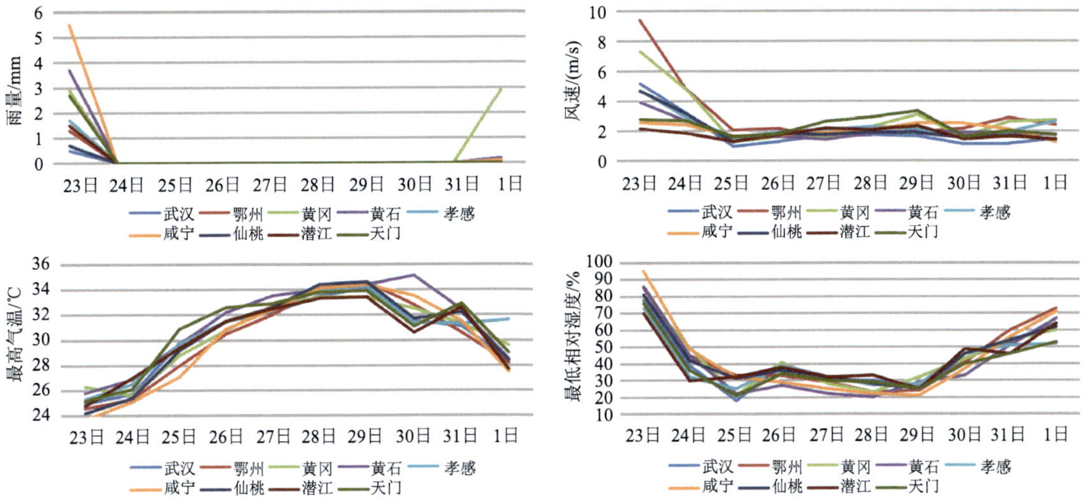

图 5.30　2017 年 5 月 23 日—6 月 1 日武汉城市圈白天 2 m 气象要素逐日演变

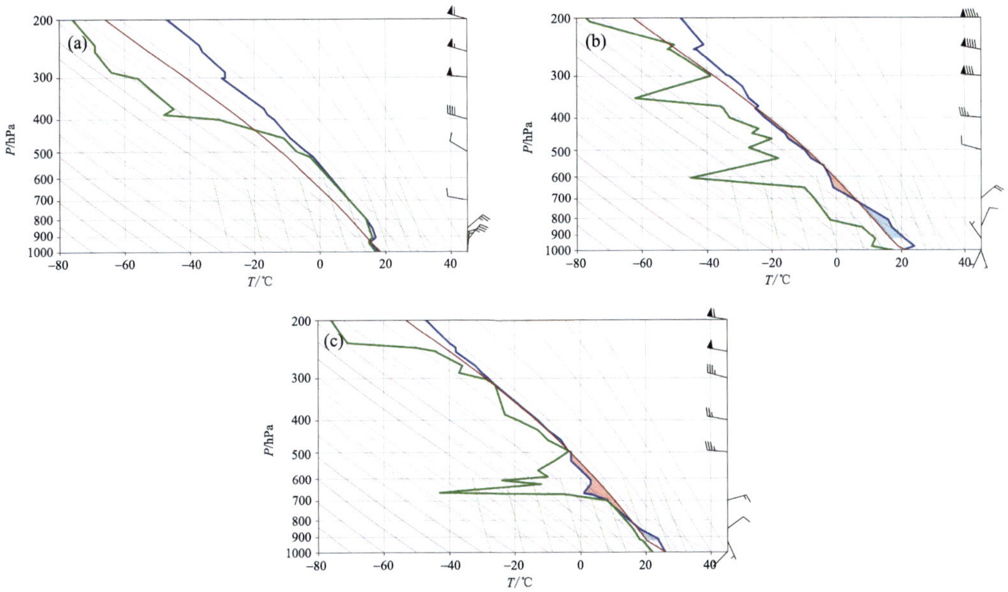

图 5.31　武汉站 2017 年 5 月 23 日 08 时(a)、26 日 08 时(b)、6 月 1 日 20 时(c)T-ln$P$ 图

(蓝线为温度,绿线为露点,红线为状态曲线)

5.2.4.2　西太副高型臭氧污染个例——2018 年 8 月 4—13 日污染过程

(1)污染实况

如图 5.32,武汉城市圈的臭氧浓度演变趋势整体上是 8 月 4—12 日波动上升,8 月 13 日再次明显下降。其中 8 月 4 日城市圈 9 个城市的臭氧浓度全部低于 160 μg/m³,7—10 日城市圈有个别城市臭氧超标,11 日臭氧超标城市增加至 7 个,12 日 9 个城市全部超标,11—12 日为区域性污染。13 日城市圈臭氧浓度全部降至 120 μg/m³ 以下,污染清除。

(2)环流背景

本次污染过程主要受到西太平洋副热带高压及其南侧东风波、台风的强弱对峙影响,当东

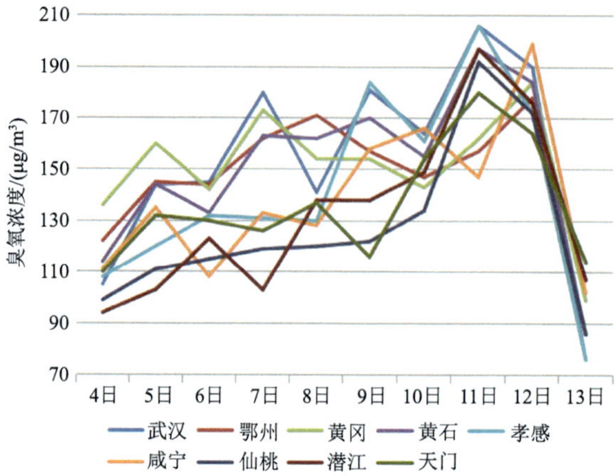

图 5.32　2018 年 8 月 4—13 日武汉城市圈臭氧污染浓度逐日演变

风扰动强烈且从我国东南沿海上岸时，副高被迫北抬到华北，湖北易出现降雨，气温下降，臭氧浓度降低；当东风扰动弱时，副高南压控制湖北，晴热高温，臭氧浓度明显上升。

4 日西太平洋副热带高压位于我国北方大部地区上空，其南侧有明显的东风波系统自东向西移过城市圈上空(图 5.33a)，有利于出现降水。8 月 5—10 日，东风波明显减弱西移，副高的位置略有南压，城市圈处于副高底部的偏东气流中，上午多云，午后常常出现分散性阵雨，臭氧浓度缓慢上升。8 月 11—12 日副高进一步南压控制湖北(图 5.33b)，地面均压场(图 5.34b)，城市圈大部为晴到多云天气，臭氧超标站数明显增加。8 月 13 日位于西太平洋的台风从我国东南沿海地区登陆，并向西北方向移动(图 5.33c、图 5.34c)，受登陆台风的影响，城市圈再次出现降水，风力明显增大，臭氧污染清除。

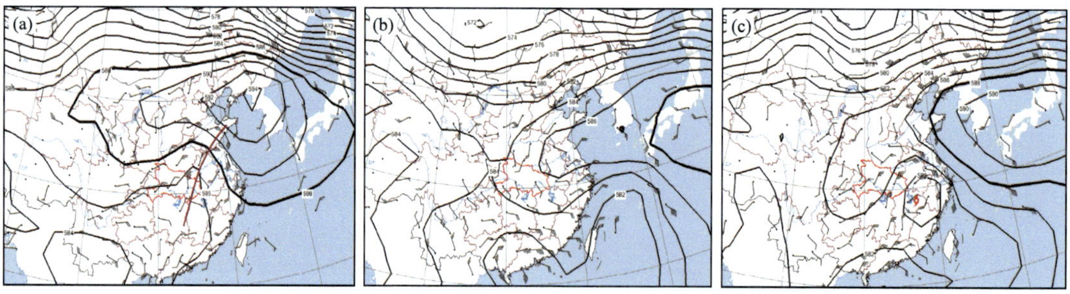

图 5.33　2018 年 8 月 4 日 08:00(a)、11 日 20:00(b)、13 日 08:00(c)500 hPa 高度场与 700 hPa 风场实况叠加

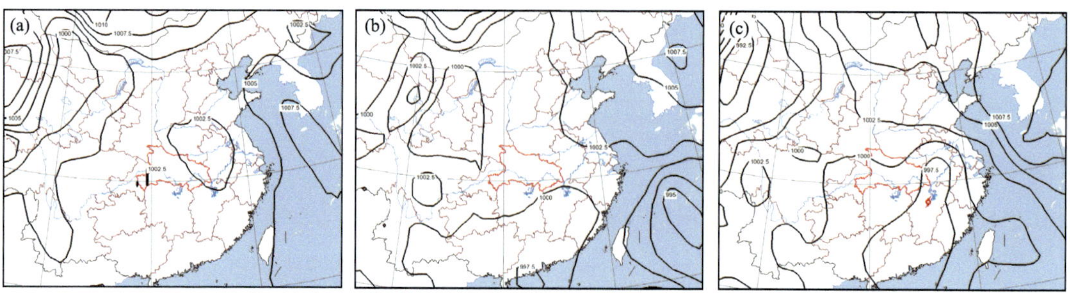

图 5.34　2018 年 8 月 4 日 14:00(a)、11 日 14:00(b)、13 日 14:00(c)实况海平面气压场

(3)2 m 气象要素及垂直层结

如图 5.35、图 5.36 所示，8 月 4 日受到东风波影响，400 hPa 以下有厚密的云层(图 5.36a)，城市圈出现明显降水，局部大雨或暴雨，尽管最高气温在 33 ℃附近，云层对太阳辐射的削弱作用很强，臭氧浓度较低。5—12 日随着东风波的远离，副高缓慢南压，垂直方向湿度减小，无饱和层，但由于副高外围偏东气流、偏南气流的影响，低空 700 hPa 以下有一定湿度(图 5.36b)，城市圈以多云天气为主，2 m 气温上升、湿度下降。7—12 日，部分城市最高气温达到 37 ℃以上，最低湿度降至 45%以下，边界层 925 hPa 的气温也逐渐上升至 30 ℃以上，有利于光化学反应的发生。由于个别城市午后有阵雨出现，臭氧浓度波动上升并逐渐超标。13 日受登陆台风的影响，多个城市出现降雨，500 hPa 以下湿度增大(图 5.36c)，700 hPa 附近出现饱和层，云系增多，多云到阴天，边界层风速明显增大，达到 10 m/s，多个城市 2 m 风速>4 m/s，鄂州>5 m/s，2 m 气温明显降低、湿度明显增大，有利于臭氧污染的清除。

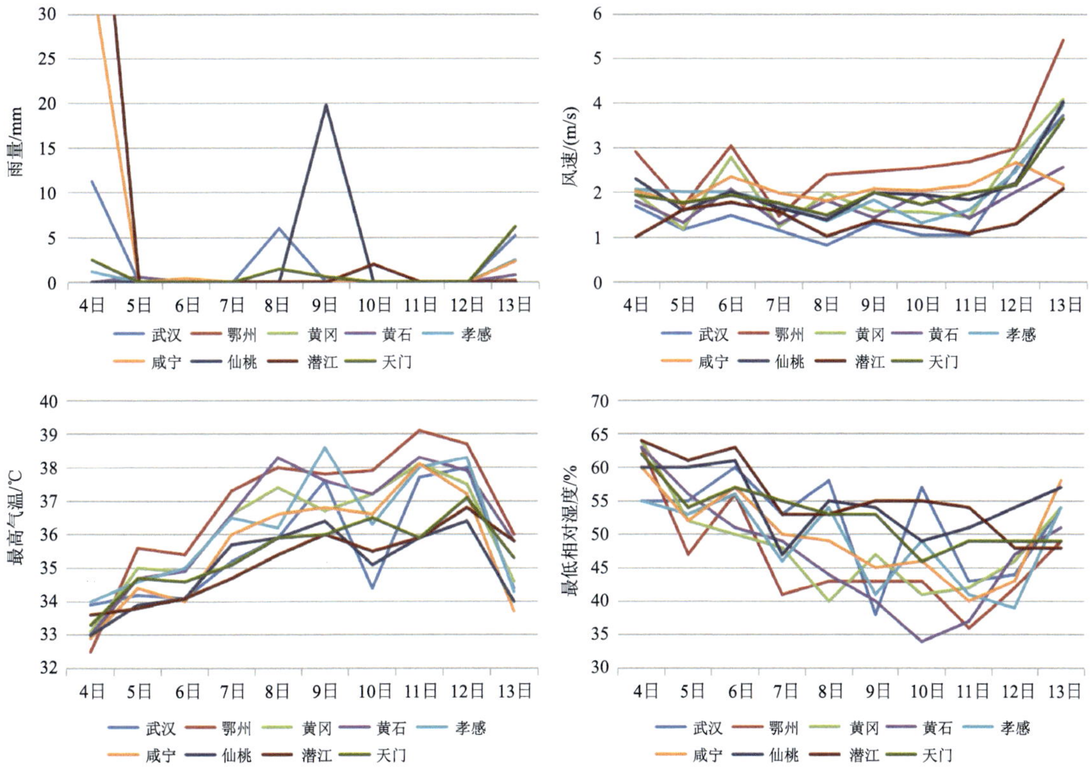

图 5.35　2018 年 8 月 2—13 日白天武汉城市圈白天 2 m 气象要素逐日演变

(4)小结

本次过程导致污染的主要环流为西太平洋副热带高压，在其控制下，天空以多云为主，边界层及地面大气呈现出高温、中等湿度、小风的特点，符合臭氧污染天气模型中的西太副高型。

5.2.4.3　大陆高压型臭氧污染个例——2018 年 9 月 1—6 日污染过程

(1)污染实况

如图 5.37，此次臭氧污染过程，9 月 1—4 日为污染增长阶段，4—5 日城市圈内 9 个城市全部污染超标，臭氧浓度超过 160 μg/m³，6 日 9 个城市臭氧浓度快速降至 120 μg/m³ 以下，污染清除。

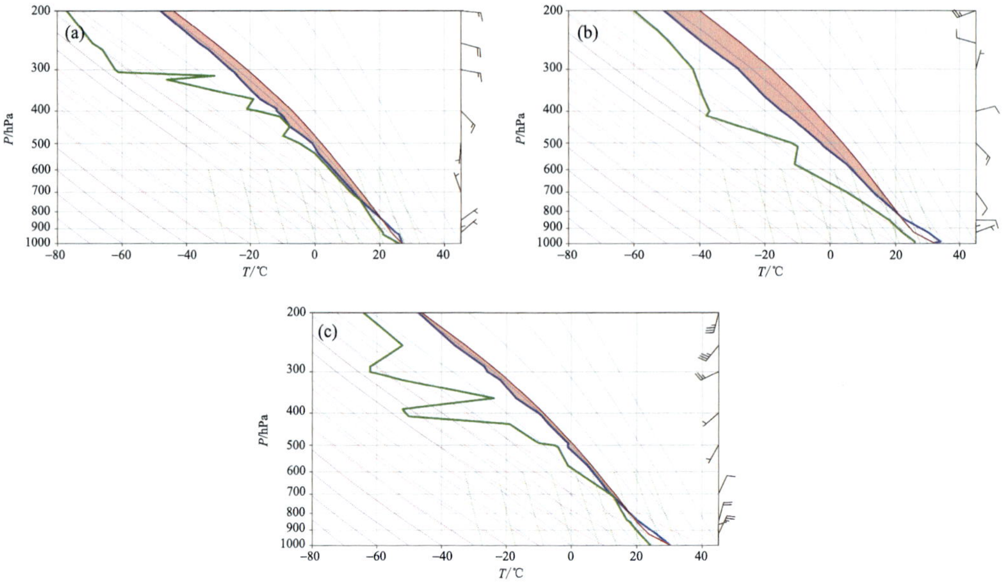

图 5.36　武汉站 2018 年 8 月 4 日 20:00(a)、11 日 20:00(b)、13 日 20:00(c)T-ln$P$

（蓝线为温度，绿线为露点，红线为状态曲线）

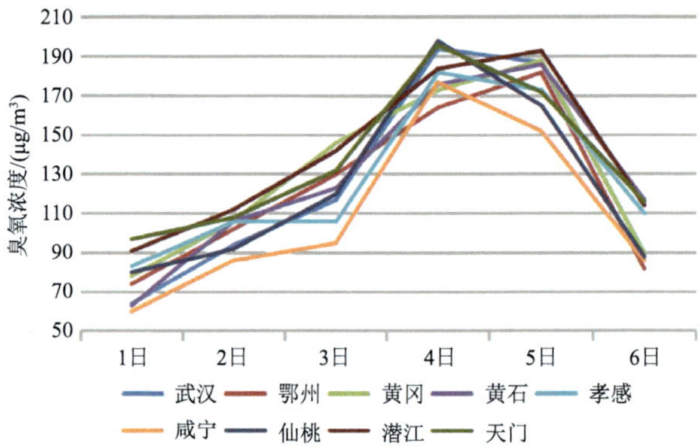

图 5.37　2018 年 9 月 1—6 日武汉城市圈臭氧污染浓度逐日演变

(2)环流背景

本次污染过程主要受到大陆高压和中高纬冷涡的影响。当冷涡势力强，从贝加尔湖向东转动并南压时，大陆高压被迫南压至江南，湖北受冷涡影响，臭氧浓度较低；当冷涡东移入海或位置偏北时，湖北受到大陆高压控制，晴热高温，臭氧浓度易超标。

环流实况：如图 5.38 所示，2018 年 9 月初，高纬地区有两个冷涡先后自西向东移动，9 月 1—3 日，西侧的冷涡位于贝加尔湖以西地区，东侧的高空冷涡在大陆高压北侧移动，700 hPa 可见高纬的冷切变尾部扫过湖北，给湖北带来阵性降水。9 月 4—5 日西侧的冷涡仍位于贝加尔湖以西地区，东侧的冷涡东移到了朝鲜半岛，湖北高空处于大陆高压控制下，低空处于冷涡后部偏北气流中，晴热高温，低空及地面湿度很干，非常有利于光化学反应的发生。9 月 6 日西侧的冷涡东移南压至内蒙古东北部，冷涡中心较 9 月 1—3 日更加偏南，受此影响，大陆高压南压至江南，湖北受到冷涡南侧的冷切变影响，出现小到中雨，地面上冷锋南压进湖北西部

（图 5.39c）。本次过程 2—5 日湖北地面以均压场为主（图 5.39a、图 5.39b）。

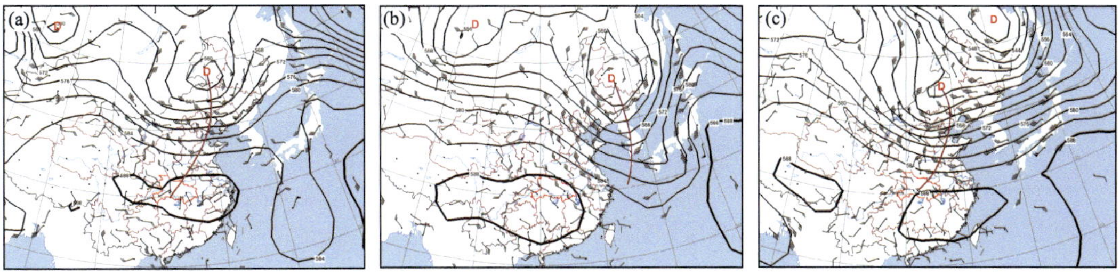

图 5.38　2019 年 9 月 2 日 20 时(a)、4 日 08 时(b)、6 日 08 时(c)500 hPa 高度场与 700 hPa 风场实况叠加

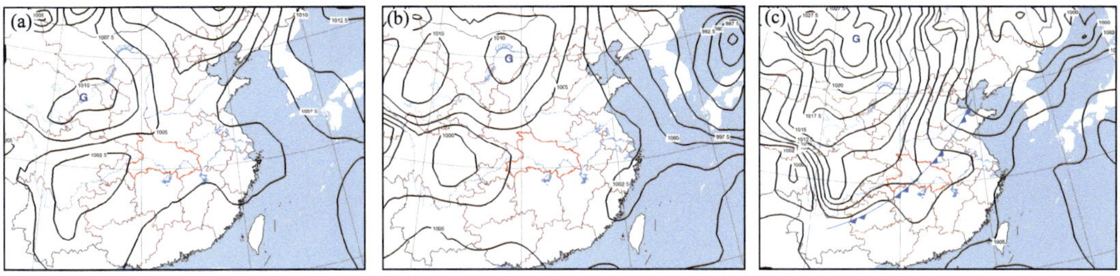

图 5.39　2 日 14 时(a)、4 日 14 时(b)、6 日 14 时(c)实况海平面气压场

(3) 2 m 气象要素及垂直层结

如图 5.40 所示，9 月 1—3 日白天城市圈有 6 个城市先后出现阵雨或雷阵雨，量级为小到中雨。低空温度曲线与露点曲线接近（图 5.41a），表明有较明显的低云存在，低云和降水对光化学反应有抑制作用，城市圈的最高气温≥31 ℃，且缓慢上升，臭氧浓度也缓慢上升。4—5 日，随着低空切变线东移入海，城市圈受到大陆高压的稳定控制，中低空温度曲线与露点曲线分开（图 5.41b），表明垂直方向上湿度变干、云量减少，转为多云到晴天，多个城市的 2 m 气温进一步升高，鄂州和黄石出现 37 ℃的高温，由于边界层转为偏北气流，相对湿度明显降低，

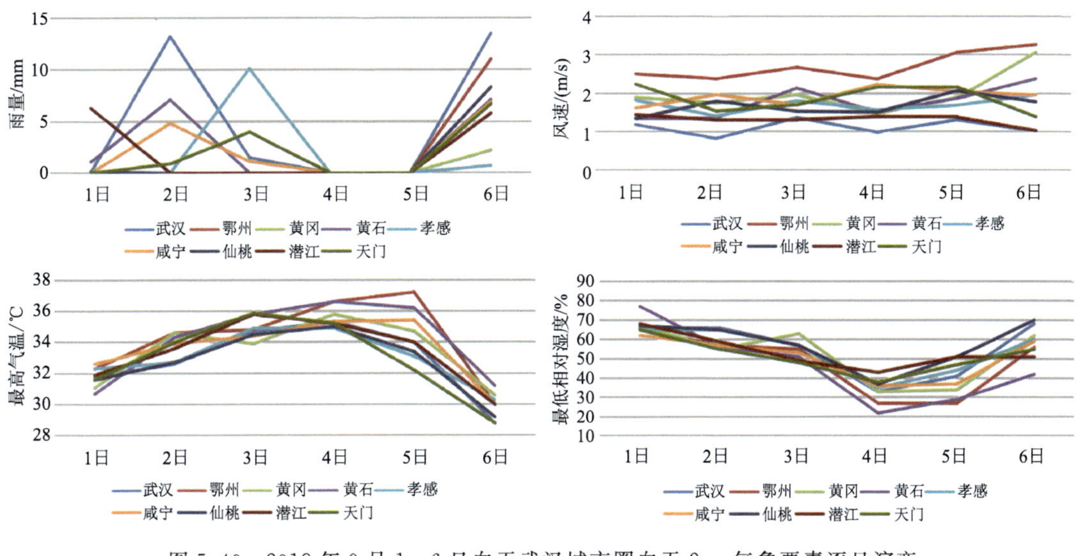

图 5.40　2018 年 9 月 1—6 日白天武汉城市圈白天 2 m 气象要素逐日演变

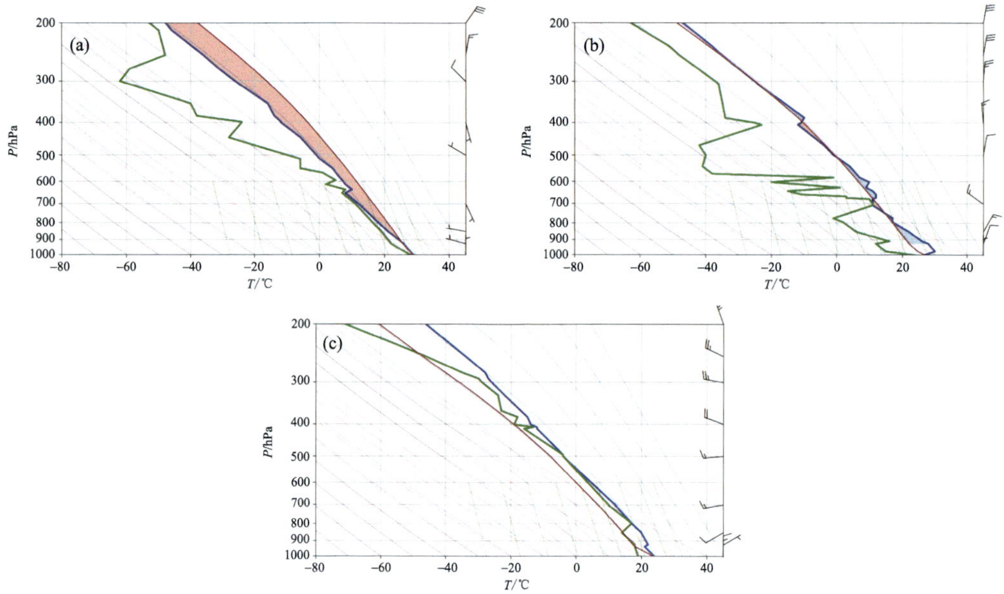

图 5.41 武汉站 2018 年 9 月 2 日 20:00(a)、4 日 08:00(b)、6 日 08:00(c) T-ln$P$
（蓝线为温度，绿线为露点，红线为状态曲线）

4 日黄石最低湿度仅为 22%，高温低湿天空晴朗，非常有利于光化学反应的发生，臭氧浓度快速上升，污染超标。6 日，受到另一个冷涡外围切变明显南压的影响，城市圈转为阴天，并出现小到中雨，最高气温降至 30 ℃附近，湿度上升，臭氧污染清除。1—6 日，城市圈的风速总体较为稳定且较小，≤3.3 m/s，风速小对 4—5 日臭氧超标有促进作用。

(4)小结

本次过程导致污染的主要环流为大陆高压，在其控制下，天空多云到晴，边界层及地面为弱偏北风，大气呈现出高温、低湿、小风的特点，符合臭氧污染天气模型中的大陆高压型。

第 6 章 污染物客观预报方法研究

湖北选取 3 个代表城市，分别为武汉、襄阳、宜昌，通过研究这 3 个代表城市的空气污染状况，以期对湖北省空气污染状况有一个概括性的认识。

一个地方的空气质量与季节、天气等因素密切相关，存在着明显的月、季变化特征，这里以 2019 年湖北省 13 个地(市、州)的月平均 AQI 指数来探究省内各地的空气质量情况(图 6.1)。从图中可以看出，各个地(市、州)的 AQI 指数都呈现一种波动变化的特征，同时各地在年内的 AQI 指数变动趋势较为一致，冬季 AQI 指数数值较大，而夏季数值较小。大多地(市)在 1—2 月 AQI 指数较高，进入 3 月后 AQI 指数下降，随后在比较小的范围内波动，到了年底 11 月或 12 月 AQI 指数再度升高，这也与一年中冬季污染较多而夏季空气质量较好的情况一致。具体看各个地市(州)，一年当中 AQI 指数的变化情况有所不同，其中宜昌、襄阳和随州一年中 AQI 指数变动幅度较大，在冬季空气质量更差；而其余地(市、州)一年当中 AQI 指数变动幅度较小，尤其是恩施整体的 AQI 指数数值最低，空气质量最佳。

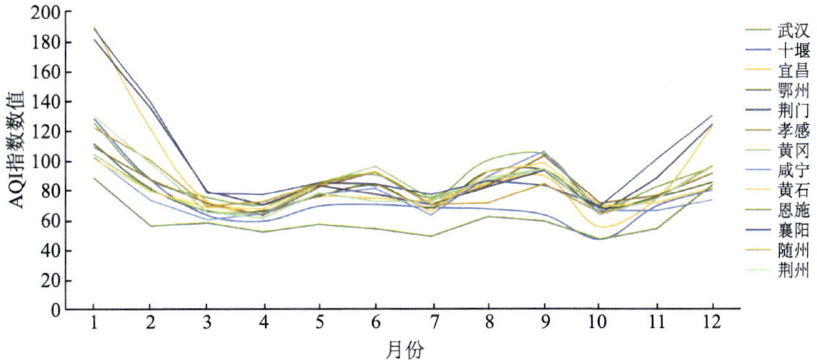

图 6.1　2019 年湖北省地市州月平均 AQI 指数

6.1 单因子预报改进效果

6.1.1　方法

(1)回归方法

数值模式对空气污染要素的预报准确率越来越高，但由于地形、模式参数设定等影响，模式预报与实况在不同地区、季节，甚至不同天气过程都有偏差。如何利用数学统计方法最大限度地减小系统性误差，提高产品的可用性是模式产品应用研究的重点之一。本方法利用模式预报值和实测值在一定训练期建立预报和实况的一元线性回归方程

$$S_i = a + bF_i \tag{6.1}$$

$$\mathrm{MAE} = \frac{1}{N}\sum_{i=1}^{N}|S_i - F_i| \tag{6.2}$$

式中：S_i 为第 i 时刻实况值；F_i 为该时刻模式预报值；a 为常数值；b 为回归系数。为了评估订正方法有效性，采用平均绝对误差 MAE(式(6.2))以及拟合优度 R^2 对订正效果进行检验。

(2)训练期

利用模式资料和实测资料建立回归关系可以得到二者之间的线性方程，但是选择什么时间段的资料对结果有很大的影响。不同的天气环流形势会导致模式预报水平在一年中呈现周期性变化。本章采用三种不同的训练期把回归方案分成三类。

方案一：按传统季节分类(3—5 月为春季、6—8 月为夏季、9—11 月为冬季，12 月—次年 2 月为冬季)，取预报日前一年当季样本。

方案二：逐日滑动取预报时次前 N 日资料，取最佳训练日数。

方案三：采用准对称混合滑动训练期，逐次滑动分别取预报日之前和前一年预报日之后 N 日资料，取最佳训练日数。

6.1.2 资料

(1)实况资料

空气质量实况监测资料来源于环境监测站公布的全国城市空气质量监测数据，数据为 2016—2019 年武汉市 8 个观测站的 6 种污染物(PM_{10}、$PM_{2.5}$、SO_2、NO_2、CO 和 O_3)以及 AQI。按环境保护部发布的《环境空气质量指数(AQI)技术规定》中对日浓度值的界定，对 8 个观测站的日浓度值做平均得到武汉市各污染物的日浓度值和 AQI 值。

(2)模式资料

空气质量模式采用美国的 CM 模式，由中尺度气象模式 WRF 提供气象预报场。气象预报场初始资料采用 NCEP 再分析资料，模式采用三重嵌套方案，最小区域水平分辨率为 3 km。模式系统每日预报未来 7 d 空气质量，每日预报以前一日北京时间 20:00 为起始时间，预测未来 7 d 污染物浓度。

6.1.3 模式预报效果评估

图 6.2 给出了 2016 年 1 月—2017 年 12 月武汉市 $PM_{2.5}$、PM_{10}、CO、SO_2、NO_2、O_3 6 种污染物 CM 模式月平均 24 h 预报值与实测值的逐月变化。从图中可以得出，O_3浓度呈现冬半年偏低、夏半年偏高的季节变化趋势，而其他污染物浓度却均呈现冬半年偏高、夏半年偏低的相反的变化特征。并且，除 NO_2 外模式基本能预报出武汉其他污染物的浓度的月平均变化趋势，与实况的演变特征一致。对比而言，$PM_{2.5}$和 PM_{10} 模拟值最接近实况值。$PM_{2.5}$ 只有在冬季时略低于实况值。PM_{10} 在 2017 年 3 月以后略低于实况值。CO 在 2016 年高于实况之，2017 年低于实况值。SO_2、NO_2、O_3 基本上全部时间段均高于实况值。表 6.1 进一步给出了

2016 年 1 月—2017 年 12 月武汉市 CM 模式预报的月平均值与实况值的平均绝对误差(MAE)和相关系数，可以发现 $PM_{2.5}$、PM_{10}、CO、SO_2、O_3 相关系数均高于 0.5，$PM_{2.5}$ 最高达到 0.8。而 NO_2 相关系数为 −0.19，相关性不大，这与前面的分析一致。

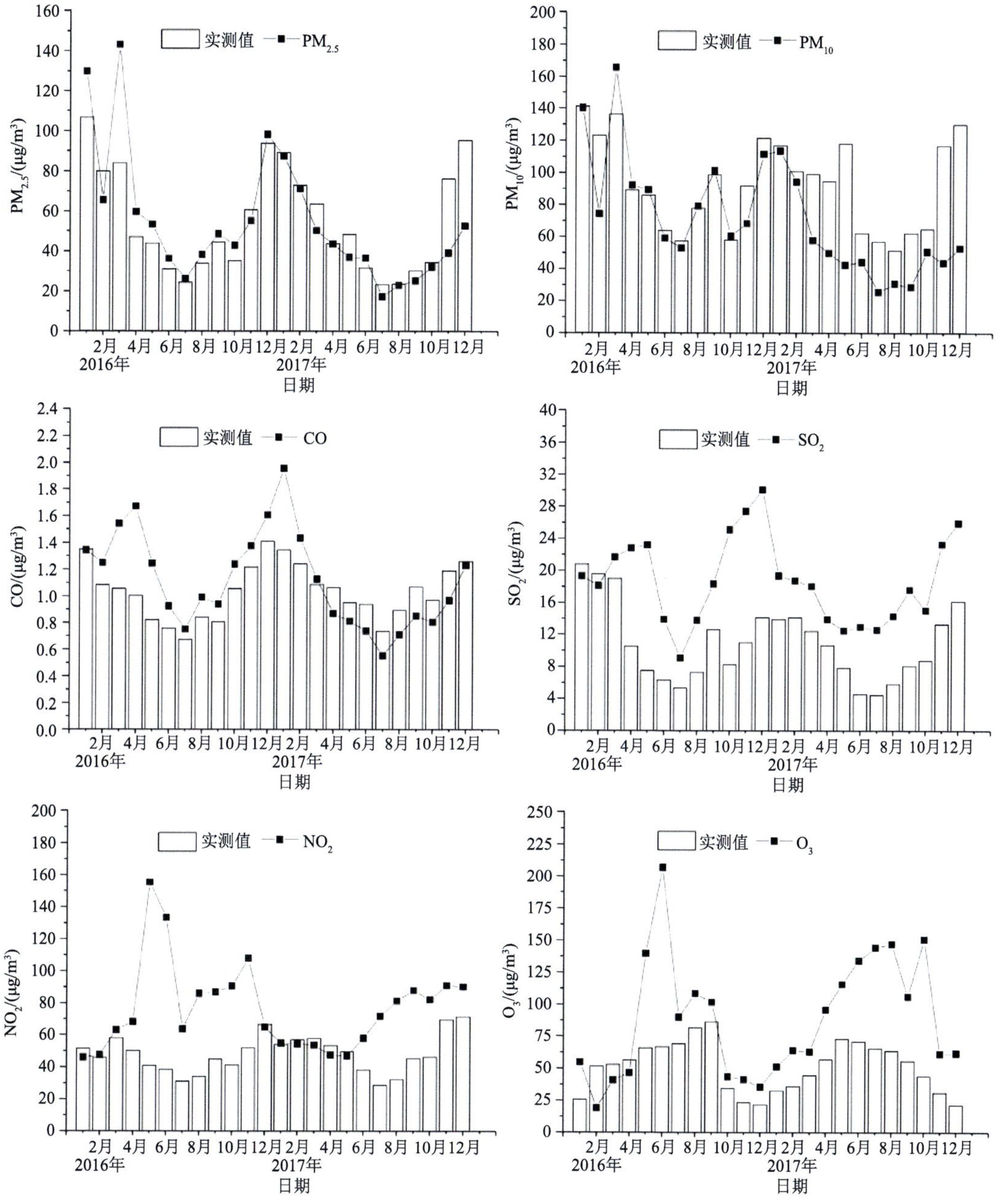

图 6.2　2016—2017 年武汉不同污染物逐月预报效果

表 6.1　月平均预报值与实况

污染物	$PM_{2.5}$	PM_{10}	CO	SO_2	NO_2	O_3
相关系数	0.80	0.64	0.68	0.51	−0.19	0.61
MAE/(μg/m³)	11.6	23.90	0.21	7.90	30.00	41.70

6.1.4 不同方案模式误差改进效果

表 6.2 给出了三种方案改进后 MAE 的平均值。其中方案二和三中的最佳训练日数采用吴启树等(2016)的方法(利用 2016 年 1 月 1 日—2017 年 12 月 31 日资料逐次滑动取预报时次前 N 日资料，得到 N 组数据，取平均相对误差最小值对应的日数作为最优训练日数)。通过比较不同方案的订正效果，可以看出方案二的逐日滑动订正效果误差最小。

表 6.2 污染物不同订正方案 单位：μg/m³

污染物	$PM_{2.5}$	PM_{10}	CO	SO_2	NO_2	O_3
方案一(季节)	17.2	29.2	0.204	4.1	18.1	15.1
方案二(滑动)	16.8	27.6	0.190	3.4	12.3	13.4
方案三(准对称)	16.5	28.6	0.190	3.8	12.7	14.3

6.1.5 对相关性改进效果(方案二)

图 6.3 给出了 2016—2017 年武汉市主要污染物日平均浓度值与模式 24 h 预报值的相关性分布以及通过方案二订正后的相关性分布。从图中可知，模式基本能预报出武汉市主要污

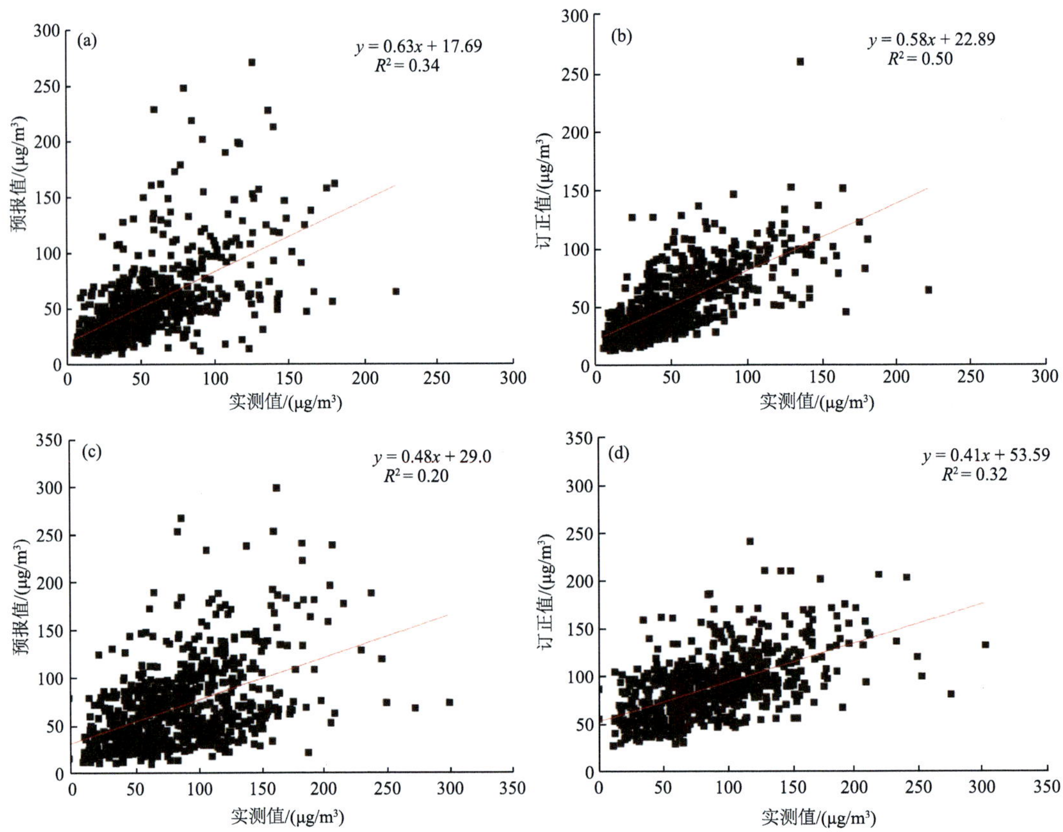

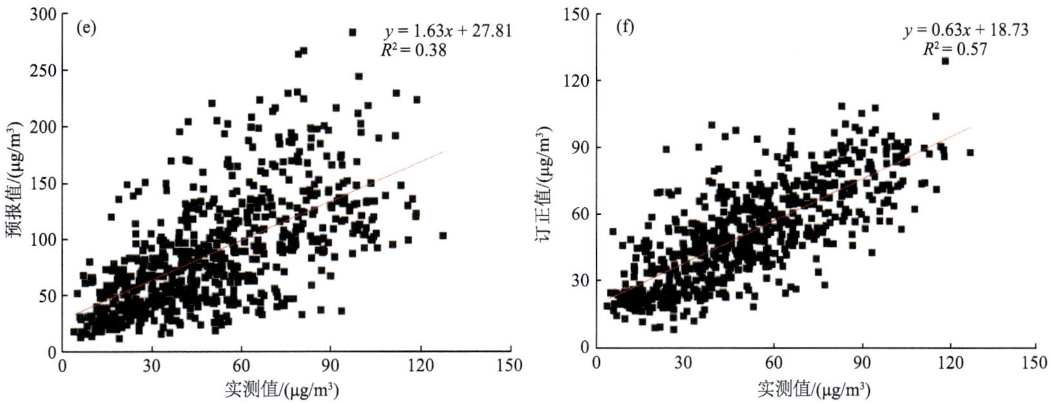

图 6.3 2016—2017 年武汉市 $PM_{2.5}$(a)、PM_{10}(c)、O_3(e)24 h 预报订正结果(b,d,f)与实测值相关性分布

染物的日平均浓度值，其中相关性最好的为 O_3，其次为 $PM_{2.5}$ 和 PM_{10}。另外，图 6.3e 可知，预报值和实测值的散点多分布于对角线下方，即多数时刻，多数站点预报高于实测值，而且分布较分散。经过订正后各污染物预报和实况分布更加集中，相关性都有不同程度的提高，其中 O_3 提高了 0.19，$PM_{2.5}$ 提高了 0.16，PM_{10} 提高了 0.12。

6.1.6 三类主要污染物误差月平均统计结果(方案二)

为了验证订正效果，统计了不同月份污染浓度平均值，模式预报月平均值，订正预报月平均值，分析订正前后预报浓度和实测浓度的关系(图 6.4)，经过订正后，偏差月平均值均有所下降，对于预报偏差越大的月份，订正幅度越大，对于预报偏差越小的月份，订正幅度有所减小。说明该方法适用于不同程度污染的预报，能有效减少模式预报系统性偏差，预报偏差越大该方法订正效果越好。

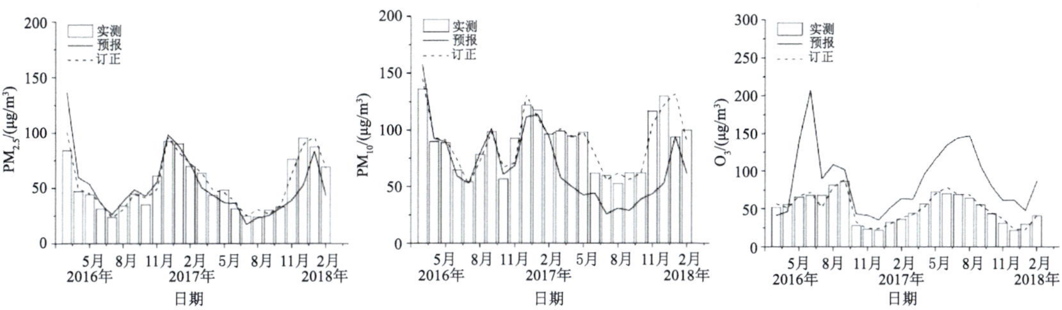

图 6.4 订正前后三种污染物浓度月平均值预报和实况的关系

6.2 多因子 MOS 方法

6.2.1 气象条件与空气污染物浓度之间的相关性

利用2015年1月1日—2019年12月31日样本资料，计算湖北地区6种污染物浓度与气象要素12个月份之间的相关系数，限于篇幅，本节仅对3种污染物（PM_{10}、$PM_{2.5}$、O_3）与气象要素的相关程度进行讨论。

臭氧最大浓度与地面和高空相对湿度、云量（表6.3）呈现负相关。08:00 700～850 hPa相对湿度与臭氧的负相关系数较高，其中08:00 700 hPa相对湿度与臭氧的负相关性更好，14:00 925～1000 hPa相对湿度与臭氧的负相关系数较高，其中除8月外，14:00 1000 hPa的相对湿度与臭氧的负相关性更好，然而臭氧与大气绝对湿度的相关性较差。云量与臭氧浓度呈负相关，大气总云量与臭氧的负相关性更好，和相对湿度相对应的是，08:00的中云与臭氧的负相关系数较高，14:00低云与臭氧的负相关系数较高。

表6.3 2015—2019年湖北各层相对湿度（RH）、云量与臭氧相关系数

相关系数	5月	6月	7月	8月	9月	10月
500 hPa RH	−0.376	−0.478	−0.355	−0.499	−0.371	−0.348
600 hPa RH	−0.528	−0.575	−0.512	−0.571	−0.552	−0.486
700 hPa RH	−0.625	−0.608	−0.597	−0.556	−0.688	−0.724
850 hPa RH	−0.523	−0.49	−0.558	−0.456	−0.584	−0.668
925 hPa RH	−0.577	−0.611	−0.507	−0.529	−0.757	−0.634
1000 hPa RH	−0.617	−0.654	−0.476	−0.323	−0.716	−0.701
08时 700 hPa RH	−0.602	−0.614	−0.566	−0.526	−0.661	−0.715
08时 850 hPa RH	−0.551	−0.501	−0.562	−0.408	−0.575	−0.694
08时 925 hPa RH	−0.49	−0.551	−0.495	−0.491	−0.684	−0.59
08时 1000 hPa RH	−0.384	−0.484	−0.361	−0.187	−0.525	−0.605
14时 700 hPa RH	−0.581	−0.54	−0.563	−0.498	−0.636	−0.67
14时 850 hPa RH	−0.462	−0.367	−0.457	−0.392	−0.554	−0.615
14时 925 hPa RH	−0.627	−0.573	−0.527	−0.535	−0.745	−0.644
14时 1000 hPa RH	−0.72	−0.694	−0.618	−0.445	−0.786	−0.727
中云	−0.392	−0.410	−0.377	−0.547	−0.666	−0.635
低云	−0.492	−0.493	−0.504	−0.519	−0.679	−0.613
总云量	−0.478	−0.521	−0.499	−0.472	−0.594	−0.732
08时中云	−0.435	−0.507	−0.431	−0.471	−0.626	−0.584
14时低云	−0.438	−0.346	−0. 332	−0.543	−0.711	−0.690

臭氧浓度与气温正相关(表 6.4),与 14:00 距地面 2 m 温度和日最高气温之间的相关性最好,且边界层大气温度与臭氧的相关性较好;9—10 月,臭氧与温度的相关系数>0.7。臭氧与日最低气温的相关性较差。一般来说,当距地面 2 m 温度或日最高气温超过 30 ℃时容易出现臭氧超标天气,反之,当低于 28 ℃时,臭氧超标的可能性较低。

表 6.4 2015—2019 年湖北温度与臭氧之间的相关系数

相关系数	5 月	6 月	7 月	8 月	9 月	10 月
14:00 2 m 温度	0.599	0.538	0.538	0.557	0.809	0.794
20:00 2 m 温度	0.472	0.429	0.426	0.372	0.671	0.558
日最高气温	0.516	0.486	0.553	0.551	0.710	0.782
日最低气温	−0.174	−0.232	0.061	−0.019	−0.058	−0.117

臭氧与风的关系较为复杂(表 6.5)。5 月、8—10 月臭氧与地面距 10 m 的南北风向,呈现正相关,偏南风容易产生高浓度臭氧,其中 9—10 月臭氧与偏南风的相关性较好,7 月地面吹偏北风时臭氧浓度相对较高。臭氧浓度与距地面 2 m 平均风速和 2 m 极大风速成负相关,当平均风速<1 m/s 时,O_3 的平均浓度达到最大值,臭氧易超标,风速>4 m/s 时,O_3 的平均浓度降到最小值,超标日数少。臭氧与高空风速呈负相关,风速较小时易出现臭氧超标天气,高空吹偏东、偏北风时臭氧浓度水平较高,700 hPa 偏北风时 O_3 的平均浓度达到最大值,850 hPa 和925 hPa 在偏东风时 O_3 的平均浓度达到最大值。较小风速,以及高空偏东、偏北风,地面偏南风时易出现臭氧超标天气。

表 6.5 2015—2019 年湖北风速与臭氧之间的相关系数

高度	相关系数	5 月	6 月	7 月	8 月	9 月	10 月
地面	$u_{10\ m}$	−0.041	−0.081	−0.174	−0.134	−0.093	−0.103
	$v_{10\ m}$	0.267	0.142	−0.114	0.226	0.419	0.455
	极大风速	−0.319	−0.258	−0.252	−0.350	−0.300	−0.126
	平均风速	−0.286	−0.212	−0.345	−0.398	−0.315	−0.382
500 hPa	u	−0.239	−0.303	−0.253	−0.012	−0.141	−0.339
	v	−0.304	−0.143	−0.282	−0.076	−0.296	−0.319
	风速	−0.212	−0.289	−0.334	0.101	−0.204	−0.377
700 hPa	u	−0.484	−0.421	−0.359	−0.229	−0.330	−0.452
	v	−0.351	−0.330	−0.366	−0.053	−0.460	−0.258
	风速	−0.368	−0.367	−0.547	−0.388	−0.406	−0.381
850 hPa	u	−0.258	−0.205	−0.320	−0.165	−0.173	−0.255
	v	−0.118	−0.204	−0.362	0.006	−0.287	−0.313
	风速	−0.355	−0.326	−0.426	−0.479	−0.359	−0.229
925 hPa	u	−0.046	−0.101	−0.110	−0.103	−0.009	0.069
	v	0.169	0.022	−0.142	0.199	0.070	0.097
	风速	−0.343	−0.317	−0.442	−0.377	−0.357	−0.243

臭氧与日照时长、混合层高度呈现正相关(表 6.6),臭氧与降水、地表通风系数呈现负相关,臭氧与露点温度、海平面气压相关性不大。一般来说,日照时间在 6 h 以上臭氧浓度较高,日照时间小于 4 h 不易出现臭氧超标天气,在臭氧超标天气一般白天无明显降水发生。

表 6.6 2015—2019 年湖北其他气象要素与臭氧相关系数

月份	5月	6月	7月	8月	9月	10月
日照时长	0.674	0.629	0.530	0.495	0.731	0.777
混合层高度	0.357	0.316	−0.081	0.125	0.363	0.530
地表通风系数	−0.237	−0.159	−0.287	−0.416	−0.278	−0.217
海平面气压	0.015	0.028	0.082	0.044	−0.019	−0.150
距地面 2 m 露点温度	−0.116	−0.239	0.093	0.014	−0.153	−0.111
最大 1 h 降水	−0.231	−0.194	−0.496	−0.344	−0.338	−0.422
08:00—08:00 降水	−0.281	−0.082	−0.354	−0.392	−0.346	−0.332

$PM_{2.5}$24 h 平均浓度与温度的关系(表 6.7):全年 $PM_{2.5}$平均浓度与温度的相关系数呈负相关,但从 1 月 $PM_{2.5}$平均浓度与温度的相关系数呈现正相关。当 02:00 距地面 2 m 气温低于 0 ℃时,$PM_{2.5}$浓度一般较低,在 $PM_{2.5}$超标日数中 90%以上的 02:00 距地面 2 m 气温高于 2 ℃,90%以上的日最高气温高于 7 ℃。

$PM_{2.5}$24 h 平均浓度与高空相对湿度相关性较低,但与地面相对湿度相关性较高,在 $PM_{2.5}$超标日数中 80%以上的地面日均相对湿度一般在 68%~92%。

$PM_{2.5}$与混合层高度和地表通风系数呈现负相关性。$PM_{2.5}$与云量的相关性不高,与低云有一定的相关性呈负相关。

$PM_{2.5}$与降水呈现的关系,在 $PM_{2.5}$超标日数中,当日降水量$<$ 3 mm 清除效果不明显,$PM_{2.5}$平均浓度越高,有明显清除效果的日降水量最低值越大,一般 $PM_{2.5}$平均浓度$>$ 115 $\mu g/m^3$,日降水量$>$5 mm 有清除效果。$PM_{2.5}$平均浓度与小时最大雨强成反比,小时最大雨强越大,清除效果越明显。

表 6.7 2015—2019 年湖北气象要素与 $PM_{2.5}$相关系数

相关系数	1月	2月	3月	11月	12月
混合层高度	−0.384	−0.292	−0.352	−0.508	−0.282
地表通风系数	−0.316	−0.279	−0.347	−0.423	−0.266
2 m 平均温度	0.467	0.256	0.126	0.365	0.336
地面相对湿度	0.539	0.113	−0.149	0.279	0.378
925 hPa 平均温度	0.461	0.249	0.193	0.404	0.329
日最高气温	0.366	0.233	0.193	0.424	0.317
日极大风速	−0.236	−0.309	−0.322	−0.273	−0.217
海平面气压	−0.343	−0.015	−0.093	−0.142	−0.214
总云量	−1.052	−0.245	−0.192	−0.361	−0.196
低云量	−0.255	−0.260	−0.284	−0.419	−0.258
降水量	−0.243	−0.278	−0.121	−0.257	−0.185

PM_{10}的 24 h 平均浓度与温度的关系与 $PM_{2.5}$相似，全年 PM_{10}平均浓度与温度的相关系数呈负相关，但从冬半年逐月 PM_{10}平均浓度与温度的相关系数看，二者呈正相关，在出现污染过程中，污染前期到中期温度往往呈上升趋势，污染后期至过程结束，温度呈下降趋势。12 月至第二年 2 月，当日最高温度低于 5 ℃时，PM_{10}浓度一般较低，PM_{10}超标日数中 87%的最高温度超过 10 ℃。

PM_{10}的 24 h 平均浓度与中底层相对湿度呈负相关，尤其是 850 hPa 以下，相对湿度负相关较为明显，且 PM_{10}的 24 h 平均浓度与云量同样呈现负相关，云量增多可减少光照作用，减少光解反应，降低污染物浓度，其次，云量增多同样影响日照时长，相对湿度也会产生变化，从而对 PM_{10}浓度产生复合影响。

此外 PM_{10}的 24 h 平均浓度与降水量呈负相关，说明降水对 PM_{10}浓度存在抑制作用，尤其是逐小时最大降水量的负相关系数相对较高，从污染过程看，降水量越大，清除作用越显著。地表通风系数和混合层高度对 PM_{10}浓度同样存在一定影响，地表通风系数越低或混合层高度越低越有利于 PM_{10}浓度上升，相反，地表通风系数越高或混合层高度越高越有利于 PM_{10}浓度下降。

表 6.8　2015—2019 年湖北气象要素与 PM_{10}相关系数

相关系数	1 月	2 月	3 月	4 月	11 月	12 月
2 m 日平均温度	0.528	0.319	0.435	0.448	0.573	0.485
14 时 2 m 温度	0.634	0.517	0.370	0.305	0.366	0.309
日最高温度	0.590	0.494	0.489	0.406	0.552	0.472
850 hPa RH	−0.404	−0.385	−0.333	−0.475	−0.324	−0.327
925 hPa RH	−0.486	−0.456	−0.458	−0.545	−0.393	−0.336
1000 hPa RH	−0.474	−0.484	−0.470	−0.516	−0.355	−0.267
总云量	−0.353	−0.372	−0.261	−0.293	−0.498	−0.280
中云	−0.360	−0.313	−0.219	−0.375	−0.482	−0.2921
低云	−0.495	−0.449	−0.382	−0.409	−0.550	−0.276
PRE_Max_1h	−0.355	−0.386	−0.383	−0.350	−0.444	−0.372
PRE_Time_0808	−0.264	−0.313	−0.252	−0.225	−0.333	−0.183
地表通风系数	−0.545	−0.258	−0.359	−0.313	−0.469	−0.276
混合层高度	−0.518	−0.187	−0.308	−0.271	−0.458	−0.253

6.2.2　预报因子的选取

建立在统计模型基础上的空气质量指数预报模型的稳定性和准确性，取决于预报因子的选取。不同污染物浓度是空气质量好坏的一个重要决定因素，不同污染物浓度与前一日的污染物浓度具有显著的相关性，因此，将前一日的污染物浓度作为一个自变量。且根据不同污染物与气象条件关系，选取相关性显著的因子进行回归建立方程（表 6.9）。

本章使用资料为：2015 年 1 月 1 日—2019 年 12 月 31 日 3 种污染物浓度资料、同期 ECMWF逐 3 h 的 0～72 h 数值预报产品。

表 6.9 选取因子及物理量对照表

因子序号	物理量	高度	单位
$T_{11}—T_{14}$、$T_{21}—T_{24}$、$T_{31}—T_{34}$、$T_{41}—T_{44}$、$T_{51}—T_{54}$	温度	500 hPa、700 hPa、850 hPa、925 hPa、2 m 对应(02:00/08:00/14:00/20:00)数据	℃
$T_7—T_9$	日最高、最低气温、日平均气温	2 m	℃
$u_1—u_4$、$v_1—v_4$、$s_1—s_4$	高空风场(u\\v 风场和全风速)	500 hPa、700 hPa、850 hPa、925 hPa	m/s
$u_{21}—u_{24}$、$v_{21}—v_{24}$、$s_{21}—s_{24}$、$u_{31}—u_{34}$、$v_{31}—v_{34}$、$s_{31}—s_{34}$、s_5	地面风场(u\\v 风场和全风速)、极大风风速	10 m、2 m 的 u、v 分量和风速对应 02:00/08:00/14:00/20:00 数据	m/s
$H11—H41$、$H12—H42$	高度场	500 hPa、700 hPa、850 hPa、925 hPa 对应(08:00/20:00)数据	dagpm
$RH_1—RH_8$	相对湿度	500 hPa、700 hPa、850 hPa、925 hPa、1000 hPa、500～700 hPa 平均 RH、700～850 hPa 平均 RH、500～850 hPa 平均 RH	%
RH	地面平均相对湿度	2 m	%
$T_{d1}—T_{d4}$	露点温度	2 m 对应(02:00/08:00/14:00/20:00)数据	℃
$P_1—P_5$	海平面气压	02:00/08:00/14:00/20:00 和平均值	hPa
$tc_1—tc_4$,$hc_1—hc_4$,$mc_1—mc_4$,$lc_1—lc_4$	云量	总云量、高云、中云、低云对应 02:00/08:00/14:00/20:00 数据	—
$R_1—R_4$	降水	24 h 降水量,08:00—20:00 日降水量、20:00—08:00 降水量、小时最大雨强	mm
ssh	日照时长	—	h
M_1	混合层高度	—	m
M_2	地表通风系数	—	m^2/s
X_1	过去 24 h $PM_{2.5}$浓度	—	$\mu g/m^3$
X_2	过去 24 h PM_{10}浓度	—	$\mu g/m^3$
X_3	过去 24 h O_3浓度	—	$\mu g/m^3$
Y_1	$PM_{2.5}$浓度	—	$\mu g/m^3$
Y_2	PM_{10}浓度	—	$\mu g/m^3$
Y_3	O_3浓度	—	$\mu g/m^3$
CM	CMAQ	—	$\mu g/m^3$
CA	CAMX	—	$\mu g/m^3$

6.2.3 回归方程的建立及适用性分析

本节采用回归方法,按照不同城市(武汉、襄阳、宜昌)、不同污染物(PM_{10}、$PM_{2.5}$、O_3)、不同月份、不同时效(24 h、48 h、72 h),分别建立预报方程。利用 2015—2018 年样本资料采用逐步回归(StepwiseRegression)和最小二乘法，通过同时添加/删除基于指定标准的协变量拟合模型，最终建立预报模型。由于篇幅有限，本节仅列出部分预报模型：臭氧为 5—9 月预报方程，PM_{10}、$PM_{2.5}$ 为 11—12 月、1—5 月预报方程。

(1)武汉 O_3 预报方程引入的主要因子

由于篇幅有限，以下仅列出 5—9 月预报方程，从图 6.5～图 6.9、表 6.10～表 6.14 中可以看出预报方程引入次数最多的预报因子为相对湿度、云量、温度和日照四要素。

表 6.10　武汉 O_3 5 月预报方程

预报时次	预报方程
24	$Y_3 = 95.88 - 0.033RH_7 - 1.632RH_5 + 0.363lc_3 + 0.676mc_3 - 1.09tc_3 + 0.435T_{54} + 1.964T_{53} + 0.532tc_2 + 0.622mc_2 + 0.783T_7 + 0.504RH + 2.843ssh$
48	
72	

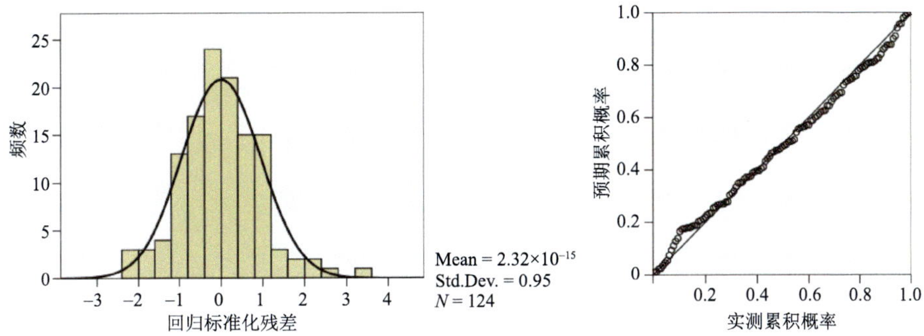

图 6.5　武汉 O_3 5 月标准化残差直方图和回归标准化残差 P-P 图

(Mean 为平均值；Std. Dev 为标准偏差；N 为样本数，下同)

表 6.11　O_3 6 月预报方程

预报时次	预报方程
24	$Y_3 = 271 - 0.375RH_8 - 1.432RH_5 + 2.925T_{54} + 0.221tc_2 - 0.134mc_2 - 7.351T_{53} - 1.675tc_3 - 0.838mc_1 + 4.64T_7 - 0.353RH + 1.152ssh$
48	
72	

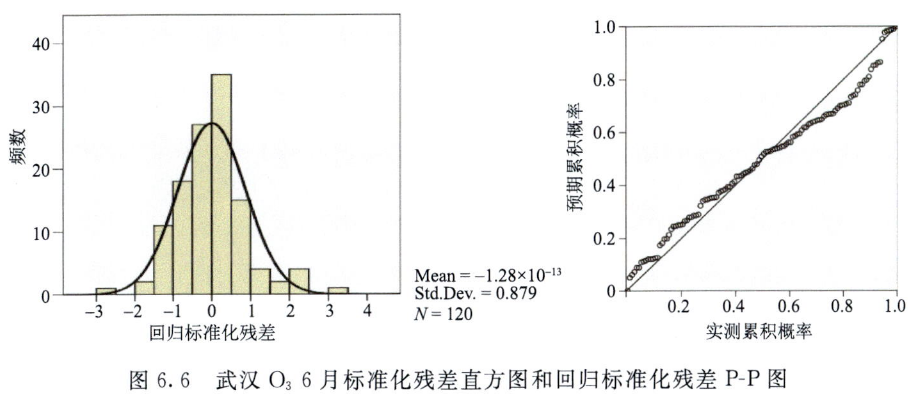

图 6.6　武汉 O_3 6 月标准化残差直方图和回归标准化残差 P-P 图

表 6.12　武汉 O_3 7 月预报方程

<table>
<tr><th>预报时次</th><th>预报方程</th></tr>
<tr><td>24</td><td rowspan="3">$Y_3=95.74-0.65\mathrm{RH}_7-1.313\mathrm{RH}_5+0.346\mathrm{tc}_1-1.412\mathrm{mc}_1-2.857\mathrm{tc}_2+2.07\mathrm{mc}_2+0.855T_{53}+1.346\mathrm{tc}_3-9.75T_{54}+8.34T_7+1.6\mathrm{RH}+1.37\mathrm{ssh}$</td></tr>
<tr><td>48</td></tr>
<tr><td>72</td></tr>
</table>

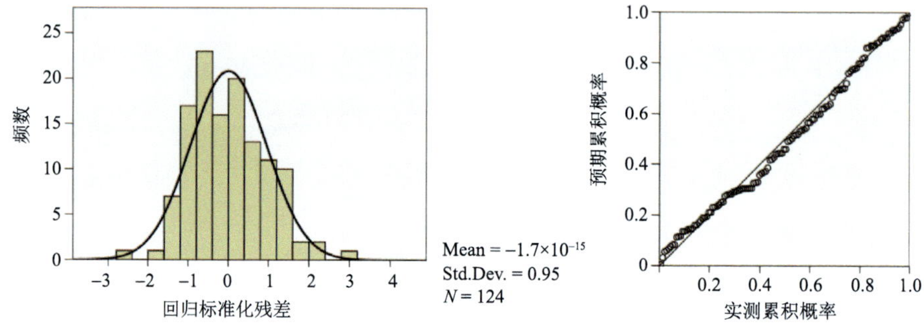

图 6.7　武汉 O_3 7 月标准化残差直方图和回归标准化残差 P-P 图

表 6.13　武汉 O_3 8 月预报方程

<table>
<tr><th>预报时次</th><th>预报方程</th></tr>
<tr><td>24</td><td rowspan="3">$Y_3=115.1-0.427\mathrm{RH}_8-0.84\mathrm{RH}_7-0.21\mathrm{mc}_2-2.3\mathrm{lc}_3-0.37M_1+0.4M_2-1.91T_{53}-0.83\mathrm{tc}_3+6.19T_7-1.18\mathrm{RH}-8.76\mathrm{ssh}$</td></tr>
<tr><td>48</td></tr>
<tr><td>72</td></tr>
</table>

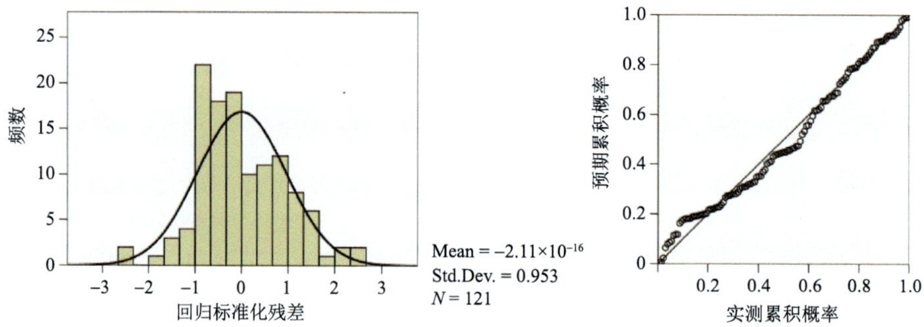

图 6.8　武汉 O_3 8 月标准化残差直方图和回归标准化残差 P-P 图

表 6.14　武汉 O_3 9 月预报方程

<table>
<tr><th>预报时次</th><th>预报方程</th></tr>
<tr><td>24</td><td rowspan="3">$Y_3=107.93-0.85\mathrm{RH}_7-1.9\mathrm{RH}_5+0.47\mathrm{RH}_4-0.85\mathrm{tc}_2+1.53\mathrm{mc}_2+0.47\mathrm{lc}_2+0.544\mathrm{tc}_3+0.394\mathrm{mc}_3-1.434\mathrm{lc}_3-3.14T_{53}+0.25T_{54}-1.49v_{21}+5.28v_{22}+6.471T_7-0.032\mathrm{RH}+3.3\mathrm{ssh}$</td></tr>
<tr><td>48</td></tr>
<tr><td>72</td></tr>
</table>

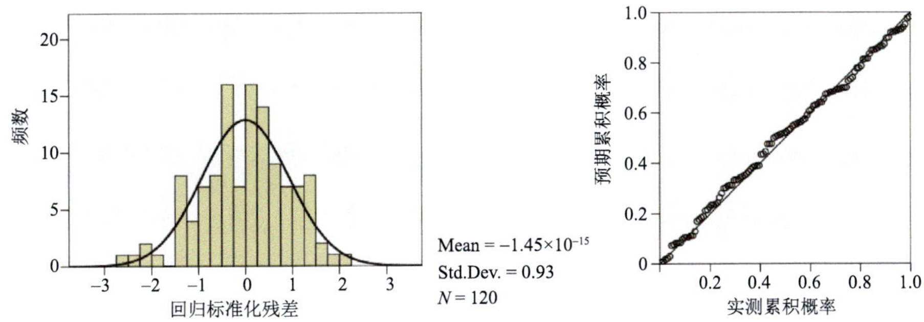

图 6.9 武汉 O_3 9 月标准化残差直方图和回归标准化残差 P-P 图

(1)武汉 $PM_{2.5}$ 预报方程引入的主要因子

由于篇幅有限，以下仅列出 1—2 月、11—12 月预报方程，从图 6.10～图 6.13、表 6.15～表 6.18 中可以看出预报方程引入次数最多的预报因子为温度、混合层高度、地表通风系数三要素，其次为降水。

表 6.15 武汉 $PM_{2.5}$ 11 月预报方程

预报时次	预报方程
24 48 72	$Y_1=74.943+0.51X_1+0.09RH_2-0.014RH_3-0.18RH_4+0.03RH_5+0.073RH_6-4.37v_{21}+0.875lc_1-0.04mc_2-0.174lc_2-0.08M_1+0.27M_2+3.665T_{53}-0.655lc_3-2.21T_{54}-0.685s_5-3.8T_7-6.4R_4-0.185R_1+3.12T_{42}+0.21T_{44}$

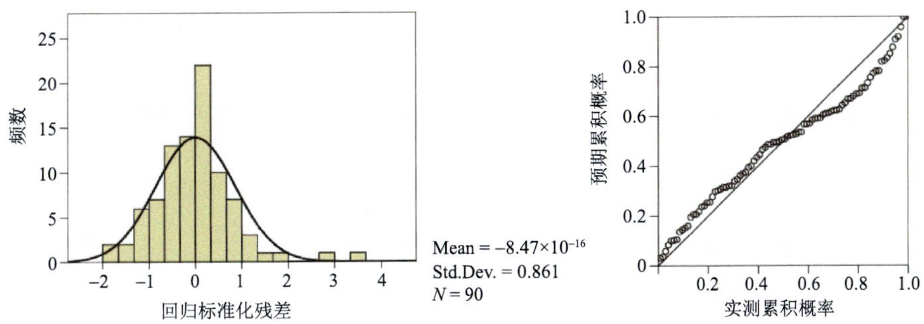

图 6.10 武汉 $PM_{2.5}$ 11 月标准化残差直方图和回归标准化残差 P-P 图

表 6.16 武汉 $PM_{2.5}$ 12 月预报方程

预报时次	预报方程
24 48 72	$Y_1=77.76+0.453X_1+0.21RH_6-0.03RH_8+0.07T_{53}-1.89T_{54}-0.4T_{d4}-0.89mc_2-0.01M_1+0.084M_2+0.412s_5-2.552T_7-5.441R_4+1.081R_1+2.88T_{42}-1.043T_{44}$

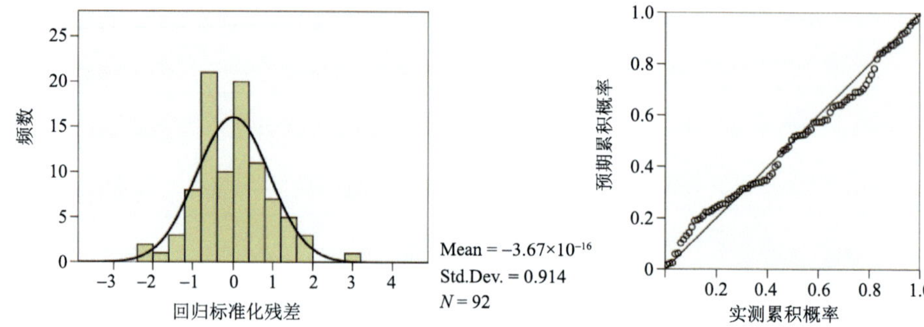

图 6.11　武汉 $PM_{2.5}$ 12 月标准化残差直方图和回归标准化残差 P-P 图

表 6.17　武汉 $PM_{2.5}$ 1 月预报方程

预报时次	预报方程
24 48 72	$Y_1=0.327X_1-5.398P_1+6.914T_{51}-1.328T_{d1}-0.1M_1+1.21M_2-1.054T_7+1.44T_8+5.045P_5-6.36T_9-0.63RH-0.948R_1-1.117T_{32}+5.27T_{34}-1.026T_{42}+0.749T_{44}+549.22$

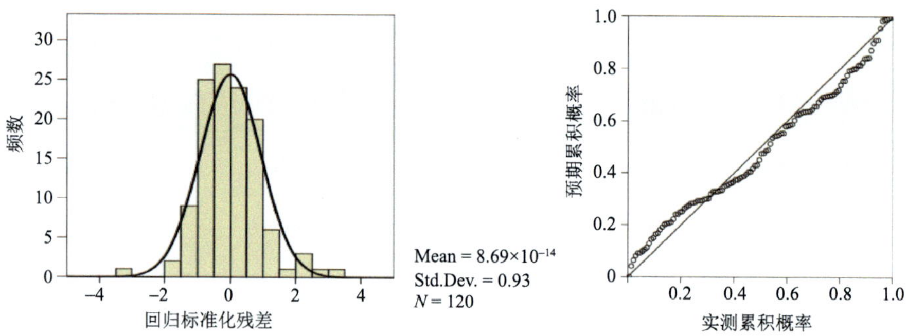

图 6.12　武汉 $PM_{2.5}$ 1 月标准化残差直方图和回归标准化残差 P-P 图

表 6.18　武汉 $PM_{2.5}$ 2 月预报方程

预报时次	预报方程
24 48 72	$Y_1=77.98+0.46X_1-0.035M_1+0.372M_2+0.145T_{53}-0.867tc_3-2.096T_7+0.67R_4-1.54R_1+2.35T_{42}+0.406T_{44}+0.15T_{d4}$

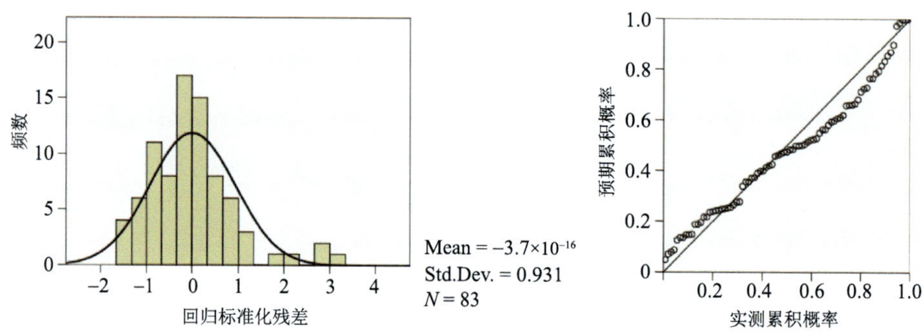

图 6.13　武汉 $PM_{2.5}$ 2 月标准化残差直方图和回归标准化残差 P-P 图

(2)武汉 PM_{10} 预报方程引入的主要因子

由于篇幅有限，以下仅列出 1—4 月预报方程，从图 6.14～图 6.17、表 6.19～表 6.22 中可以看出预报方程引入次数最多的预报因子为温度、湿度、混合层高度、地表通风系数四要素。

表 6.19　武汉 PM_{10} 1 月预报方程

预报时次	预报方程
24 48 72	$Y_2=-2585.33+0.19X_2-0.2RH_3+0.53RH_4+0.383RH_5+0.25RH_6-0.2RH_7-1.72RH_8-2.255u_{21}-1.177tc_1-2.323mc_1+0.156lc_1+0.05M_1-0.556M_2-2.85T_{53}+2.49lc_3+2.12T_{54}+6.016v_{21}-5.266s_5+8.52T_7+1.46T_9+6.98RH-2.133R_4+4.483R_1-1.38H_{21}+3.8H_{22}-0.5u_2+0.694T_{31}-1.994T_{41}$

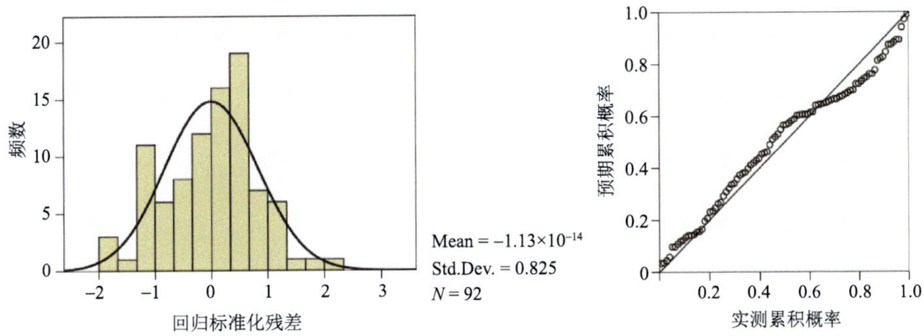

图 6.14　武汉 PM_{10} 1 月标准化残差直方图和回归标准化残差 P-P 图

表 6.20　武汉 PM_{10} 2 月预报方程

预报时次	预报方程
24 48 72	$Y_2=605.65+0.537X_2+0.04RH_3+0.203RH_4-1.73RH_5-13.705T_{53}-2.43tc_3-0.81mc_3+1.615lc_3+0.014M_1+2.88T_7+1.695RH-1.74R_4-0.45R_1-0.45v_2-5.85H_{22}+3.77H_{31}+7.83H_{32}+7.66T_{42}+5.846T_{44}$

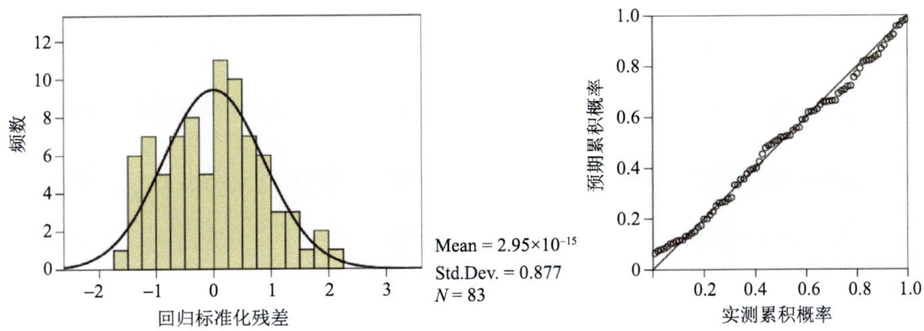

图 6.15　武汉 PM_{10} 2 月标准化残差直方图和回归标准化残差 P-P 图

表 6.21　武汉 PM_{10} 3 月预报方程

预报时次	预报方程
24 48 72	$Y_2=141.18+0.454X_2+0.245RH_3+0.358RH_4-4.32RH_5-6.612v_{21}+0.017M_1-0.39M_2+4.77T_{53}-0.81lc_3-4.5s_5-4.92T_7-7.114T_9-0.631RH-3.29R_4-1.5R_1+7.464T_{42}-0.223+1.657T_{44}+1.155$

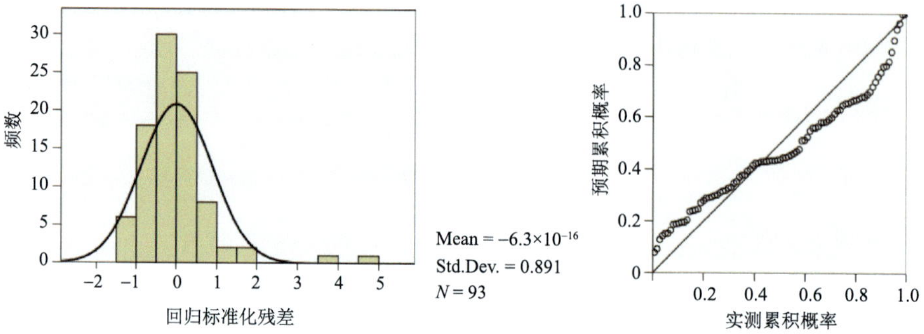

图 6.16 武汉 PM_{10} 3 月标准化残差直方图和回归标准化残差 P-P 图

表 6.22 武汉 PM_{10} 4 月预报方程

预报时次	预报方程
24 48 72	$Y_2=1515.115+0.441X_2+0.295RH_2-2.37RH_3+0.083RH_4+2.824RH_5-2.88v_{21}-0.024mc_2+0.35M_1+2.697M_2-0.217T_{53}-0.02lc_3-4.47M_3+2.95s_5+0.7T_7-1.575RH-7.81R_4-3.74H_{21}+17.31H_{22}+0.963H_{31}-7.84H_{32}+0.96T_{42}-6.676T_{44}$

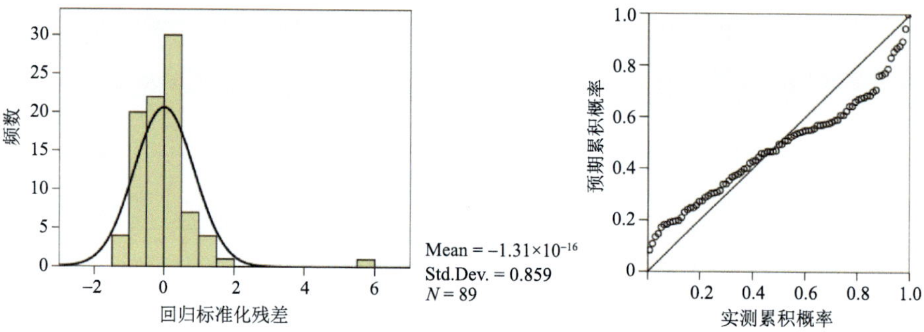

图 6.17 武汉 PM_{10} 4 月标准化残差直方图和回归标准化残差 P-P 图

6.2.4 小结

建立在统计模型基础上的空气质量指数预报模型的稳定性和准确性取决于预报因子的选取。不同污染物浓度是空气质量好坏的一个重要决定因素，不同污染物浓度与前一日的污染物浓度具有显著的相关性。因此，将前一日的污染物浓度作为一个自变量，根据不同污染物与气象条件关系，选取相关性显著的因子进行回归建立方程。各气象要素和臭氧的相关系数，根据不同月份选取不同气象因子，计算臭氧的预报方程。预报方程引入次数最多的预报因子为温度、湿度、混合层高度、地表通风系数四要素。整体而言，因数据规模过小，预报模型准确率有待提高，尤其中度污染以上数据量过少。随着污染物浓度值升高，预报模型预测准确率显著下降，因为污染值越高，其案例占比越低，影响训练效果；空气质量浓度和前一天浓度差距较大时，预报准确率较低；等级预测相对浓度预测准确率较高，均在 80％以上(表 6.23)。

表 6.23　武汉空气质量客观预报产品 2019—2020 年预报检验结果

预测准确率	优良	轻度	中度以上	预报等级
$PM_{2.5}$	0.758	0.649	0.445	80.4%
O_3	0.803	0.739	0.621	81.5%

6.3 AQI 预测应用机器学习方法

6.3.1　方法介绍

随机森林(Random Forest):基本单元是决策树,以此为基础进行 Bagging 算法(Bootstrap aggregating,称为引导聚类算法)集成的一种集成学习方式。

决策树(Decision Tree)是一种基本的分类和回归方法,基于树结构进行决策其中每个内部节点表示一个属性上的测试,每个分支代表一个测试输出,每个叶节点代表一种类别。一颗决策树的构造要经过特征选取、决策树生成和剪枝这几个主要过程,其中最重要的是特征选取。决策树结构简单,耗费的计算量较小,可以在短时间内给出问题的结果。但由于决策树算法简单,容易导致过拟合的问题,剪枝的方法可避免决策树的过拟合问题,也说明这一方法存在的不足。

Bagging 算法,也称袋装算法,可以与其他分类、回归方法结合。这是一种集成学习方法,是对训练样本采取有放回的抽样,单一训练样本是否出现就不确定,这样增强学习能力。

决策树相对来说是一种较弱的分类学习器,而随机森林通过集成学习在每棵决策树独立并行的基础上将多棵树的思想进行集成,从而增强分类和回归的性能。“森林”就表示有多棵决策树,每棵决策树都是分类树或回归树,通过集成学习输出最佳的结果,表明这是一种集成方法。“随机”体现在每棵决策树的训练样本是随机的,一个是从原始训练集中随机选取样本,采用的方式是有放回的抽样,这里就体现了 Bagging 算法的思想,另一个是随机森林子树的选择是从所有特征里边随机选取,选出重要程度较高的特征迭代形成新的森林,这样迭代多次后得到套外误差最小作为最终随机森林模型,可以避免陷入过拟合。

遗传算法优化的 BP 神经网络(GABP):人工神经网络(Artificial Neural Network)是一种模拟人脑神经系统工作的非线性系统,由一系列神经元相互联结组成,具有并行、分布处理结构,对于非线性问题的学习和处理具有较好的能力。

人工神经网络根据研究问题的自变量和因变量的情况分为输入层、隐藏层和输出层,BP 神经网络是基于误差反向传播算法进行训练的多层前馈神经网络,通过神经元的传递函数将信息从输入层逐层传递到输出层,再基于梯度下降算法由输出层反向调节神经元最优权值和阈值以得到最优结构,但这种方法易陷入局部极值点。

遗传算法(Genetic Algorithm)模拟自然选择和遗传学机理搜索最优解,是一种群体自适应概率搜索算法,对于全局优化问题有很好的处理能力。在遗传算法的计算过程中,首先将处理的问题编码为基因型结构编码，个体适应度高遗传到下一代的概率较高，而在判定时以适应度函数作为遗传的依据，通过选择、交叉、变异等遗传算子，这样一代代优化得到最优的子代群体。选择算子是从群体中选取出适应度高的个体，交叉算子是利用父代群体的信息产生新的个体，变异算子是以一定的小概率改变基因型产生新个体，其中交叉和变异算子都是为了维持群体的多样性。这里采用遗传算法来优化 BP 神经网络神经元的权值和阈值，在训练过程中将 BP 算法的结果作为遗传算法适应度的目标函数，利用遗传算法善于全局收敛和 BP 神经网络善于快速局部优化的特点，发挥两种算法的优点。

6.3.2 实例分析

本次实例是以 2015 年 1 月—2018 年 12 月武汉市每日的 6 种污染物($PM_{2.5}$、PM_{10}、SO_2、NO_2、CO、O_3)浓度作为自变量，将每日的 AQI 指数作为因变量，从而建立对应的预测模型。在用 Random Forest 和 GABP 两种方法建模后，分别对湖北省 14 个地(市、州)在 2019 年 1—3 月的每日 AQI 指数进行预测，并将结果与实际情况进行对比分析。

表 6.23 中显示的是 AQI 指数预测结果与实际结果的均方误差情况，从总体可以看出，Random Forest 比 GABP 方法的预测效果更好。但两种方法的预测效果还可以通过继续调整或优化来改进，Random Forest 方法可以通过改变决策树的特征来改进，而 GABP 方法可以通过改变神经网络结构和遗传参数来改进。

表 6.23 湖北地(市、州)AQI 指数预测结果与实际结果的均方误差情况

城市均方误差	GABP			Random Forest		
	总体	AQI≤100	AQI>100	总体	AQI≤100	AQI>100
武汉	15.278	10.214	22.787	4.895	4.018	6.424
十堰	11.749	7.528	19.021	3.92	3.334	5.204
宜昌	19.842	8.325	25.558	11.72	2.47	15.567
鄂州	12.653	10.577	16.897	5.301	3.649	8.156
荆门	20.066	6.525	25.351	17.093	4.055	21.818
孝感	12.603	8.138	19.667	4.181	4.002	4.592
黄冈	14.656	9.346	25.707	5.252	3.754	8.65
咸宁	17.478	11.604	31.445	4.445	3.169	7.655
黄石	9.789	7.981	14.693	4.859	4.86	4.859
恩施	10.652	9.689	15.941	3.977	3.479	6.52
襄阳	21.045	8.496	25.444	15.282	2.962	18.909
随州	15.719	7.183	23.856	4.093	3.224	5.218
荆州	10.469	7.271	14.248	8.935	4.528	13.325

同时将预测总体分为 AQI≤100 和 AQI>100 两部分分别代表空气质量优良和污染，可以看出对空气质量优良的预测效果明显优于轻度污染以上，GABP 方法对优良预测的均方误差基本在 10 以内，而 Random Forest 方法对优良预测的均方误差都在 5 以内，因此建模对于空气质量为优良的预测效果较好。湖北省一年中大部分时候空气质量为优良，因此集成预测方法对大部分情况预测结果较为可信。

对于轻度污染及以上的预测，GABP 和 Random Forest 两种方法都不如对优良的预测，其

中 Random Forest 方法对部分地（市、州）的预测误差在 10 以内，而 GABP 方法的预测误差都在 10 以上，尤其是个别地（市、州）的预测误差大于 25。而冬季出现污染的情况更多，其他季节多数时候以优良为主，因此 Random Forest 方法用于冬季 AQI 指数的预测在出现污染时需要经过检验，而在其他季节的预测多数情况是可信的。

从预测均方误差看出，预测效果最差的是宜昌、荆门和襄阳。根据第 2 章和第 3 章污染分布内容，这 3 个城市出现污染或重度污染的情况是最多的，这也说明用这两种方法建立的模型对空气质量较差的情况预测能力会明显下降。

6.3.3　随机森林方法各污染物重要性分析

图 6.18 表示的是 13 个地（市、州）在进行 Random Forest 建模过程中 6 种污染物对预测 AQI 指数的重要性情况，也可以体现出 AQI 指数与每种污染物的相关性。

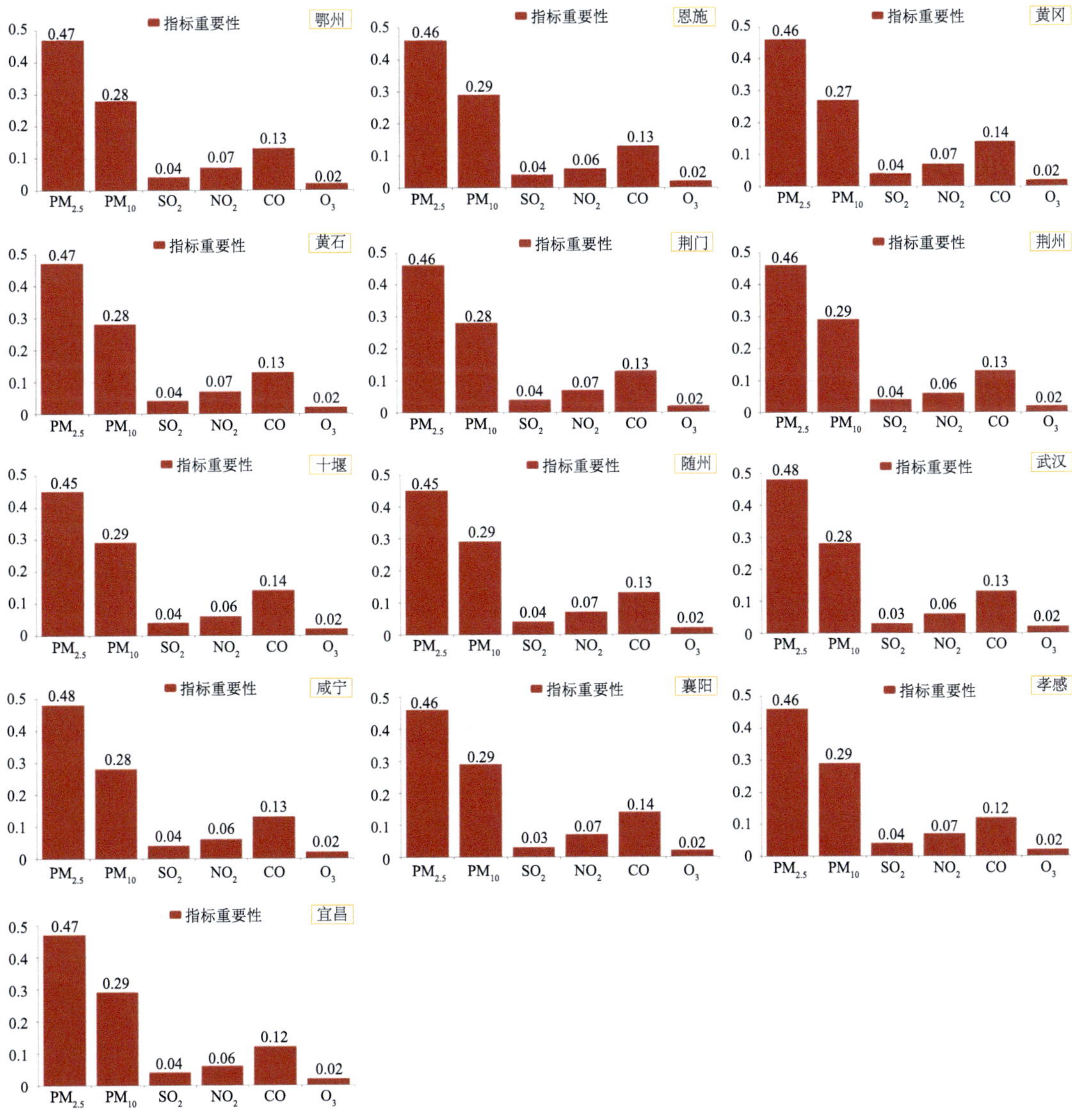

图 6.18　湖北省 13 个地（市、州）Random Forest 建模过程中 6 种污染物对预测 AQI 指数的重要性

从图中可以看出，各地的污染物重要性由大到小排位都是 $PM_{2.5}$、PM_{10}、CO、NO_2、SO_2 和 O_3，其中 $PM_{2.5}$ 和 PM_{10} 的重要性加起来超过了 0.7，$PM_{2.5}$ 的重要性接近 0.5，其他集中污染物的重要性都没有达到 0.2。

预测每日 AQI 指数的时候，需要特别关注细颗粒物的浓度，尤其是 $PM_{2.5}$ 的浓度，因为它们与 AQI 指数的相关性最强，对 AQI 指数影响更大，更多地决定当日 AQI 指数的具体数值。当然，其余污染物浓度出现异常时也会影响 AQI 指数的预测，例如出现光化学污染的情况，因此对于 AQI 指数的预测也十分重要。

6.4 基于深度学习和支持向量机集成学习的 $PM_{2.5}$ 24 h 预测

6.4.1 研究数据与研究方法

6.4.1.1 研究数据

使用的数据分为空气质量数据和地面气象数据两大类，共计 11 个因子。其中逐小时空气质量数据来自湖北省环境总站，因子为 $PM_{2.5}$、PM_{10}、NO_2、CO、O_3、SO_2 和 AQI。地面气象数据来源于中国气象数据网的 CIMISS 系统中的地面气象站逐小时观测资料，要素包括温度、气压、相对湿度和平均风速。由于 CIMISS 系统内风向数据存在大量空缺，为避免其带来的异常值干扰，因此未采用。

为了提高预测精度，除武汉市外，还采集了湖北省内宜昌市、襄阳市、孝感市、荆州市、黄冈市、黄石市、咸宁市、随州市、鄂州市、恩施自治州、仙桃市、潜江市和天门市 13 个市(州)自动观测站主站的 2015 年 1 月 1 日 01 时—2020 年 4 月 10 日 23 时，共计 46247 条的每个市(州)逐小时数据。十堰市和神农架远处湖北西北角山区，结合气象条件分析，其空气污染输送到武汉的比例极低，因此未纳入；荆门市则是由于缺失的气象数据较多，因此被排除。

由于循环神经网络(Recurrent Neural Network，RNN)要求完整的时序数据，因此需要对缺失数据进行处理。缺失数据处理可以分为先填补后训练的两阶段模式(Nelwamondo et al.，2007)；也有直接在训练中填充的模式(Che et al.，2018；Ma et al.，2019)。由于已将缺失值较多的城市和气象因子剔除，样本中仅存在少量缺失数据，采用三次样条插值法对其填补，在不会产生显著噪声的同时简化了模型的结构，加快训练的速度。

所有以上数据保存为长度为 46247，宽度为 14×11＝154 的格式的数组，即每一条原始样本由 14 个市(州)的 11 个因子共同组成。后续训练时，以此为基础进行裁剪和拼接构成训练用样本。由于气象相关因子有显著的季节性周期性，因此已有类似研究中也有采用相邻时间节点样本进行差分的方式构建新因子(黄恒君 等，2020)。由于后续在卷积层会执行类似的操作，因此未采用此编码方式。

6.4.1.2　门控循环网络

根据建立预测模型中样本的时间序列结构不同，$PM_{2.5}$小时浓度预测中有两种主要方式，一种是向量到向量的模式，即每个样本仅保存单个时间节点的信息，用其预报另一个时间节点的 $PM_{2.5}$浓度；另一种是序列到向量的模式，即基于若干时间节点信息预测未来某个时间节点的 $PM_{2.5}$浓度。由于后一种方式样本拥有更丰富的信息，在结合能够提取样本内多个时间节点之间时序特征的技术后，训练得到的模型往往具有更好的性能，并可被扩展为序列到对序列模型。因此，基于 RNN 这种针对序列数据建模具备突出优势的技术（Lecun et al.，2015），建立 $PM_{2.5}$ 24 h 预测模型。

传统 RNN 存在短时记忆问题，即处理较长的序列时，往往只能理解有限长度内的信息，而对于较远距离的有用信息往往不能很好地利用。对其进行改进，提出长短期记忆（Long-short- term memory，LSTM）神经网络，通过引入门控机制解决短时记忆问题（Hochreiter et al.，1997）。Cho 等（2014）通过将门控制单元由原来的 3 个减至 2 个对 LSTM 的结构做了简化，提出了门控循环网络（Gated Recurrent Unit，GRU）（Cho et al.，2014），研究证明，GRU 具有和 LSTM 相当的性能，并且由于少一个门，参数更少，相对容易训练且可以防止过拟合。因此，采用 GRU 作为时序特征提取的工具。

6.4.1.3　支持向量回归降维

基于 GRU 的 $PM_{2.5}$浓度预测中，设样本时间序列长度为 S 小时（通常 S 取值为 8～24），则每个样本的因子为 154×S 个。高维因子可能造成网络训练时间长且难以收敛。在机器学习领域特征降维具有广泛应用，最常见的方法有主成分分析法（朱晓晗 等，2020），通过对协方差矩阵进行特征分解提取主要成分，其本质是一种线性变化，而大气系统是典型的非线性混沌系统。自动编码器能实现数据维度压缩和特征表示，被广泛应用于数据降维和去噪（庞传军 等，2020）。然而 AutoEncode 是基于多层复杂结构的无监督学习模型，因此其本身的训练也存在难度。支持向量机（Support Vector Machine，SVM）是统计学中一种有效的监督分类和回归方法，在解决非线性及高维模式识别问题中表现出特有的优势，并且具有良好的泛化能力（于磊 等，2019）。在各种分类和回归问题中，SVM 与深度神经网络的融合已经被证实是一种有效的手段（Kim et al.，2013；陈佐璜 等，2021）。SVM 长于常规特征提取，弱在时间序列特征表达，$PM_{2.5}$预测模型中将其作为第一层，仅用于特征降维（图 6.19）。

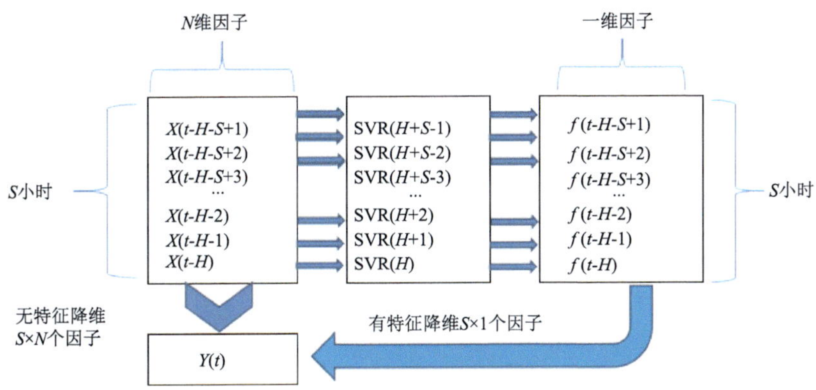

图 6.19　SVR 降维流程

图 6.19 中，t 表示待预测目标 $Y(t)$ 的时间索引；H 表示提前多少小时预测，固定设为 24；S 为样本的时间序列长度；X 为单小时原始样本，N 为其因子数，因此无特征降维的样本总因子数为 $S\times N$。SVR(h)为预先训练好的向量到向量形式的 SVR 模型，实现对 h 小时后的 $PM_{2.5}$ 数值的回归预测，因此对于序列长度为 S 的时序样本，需要建立 S 个不同预测步长的 SVR 模型，将每个模型预测结果按照时序拼接组成由 S 个因子的新样本 $f(t)$。

SVR 降维的思想是训练一系列不同步长的 SVR 模型，基于不同时间节点的信息对同一个目标节点进行预测，然后将获得的全部预测结果按原时间索引顺序排列。其目的是利用 SVR 提取非线性特征，并将维度压缩到原来的 $1/N$；新样本内全部因子均被视作对目标预测值的投票，由于具有同属性、同量纲的特性，在此基础上堆叠神经网络对投票聚合模式进行训练将非常迅速和有效。

6.4.1.4 卷积神经网络

由于采用向量到向量的模式建立 SVR 模型，因此 $f(t)$ 中单个因子缺乏时间序列信息，且 N 维因子被极限压缩至一维，会造成有价值的特征丢失。卷积神经网络(CNN)具有强大的特征表达能力，被广泛应用于机器视觉、语音识别和自然语言处理等领域，一维 CNN 还可以有效地处理时间序列预测问题(左亚尧 等，2020)。采用多核一维卷积层，通过合适的卷积核大小以及步长提取相邻因子之间的时间特征，并通过多核将样本映射到更高维空间，以充分提取被 SVR 过滤的部分有价值信息。

6.4.1.5 SVR-GRU-CNN 模型集成学习模型

采用两级结构的堆叠法组织深度学习网络结构及其训练方式(赵滨 等，2020)。将原始样本集按照比率，随机划分为两个相互独立的子集；第一个子集仅用于堆叠结构中的多步长 SVR 模型训练；第二个子集则通过拼接构成时序长度为 S 的时序样本，用于第二级 CNN-GRU 网络训练。第二级网络为由 SVR 模型层、一维卷积层、GRU 层和全连接层等组成的深度神经网络。具体结构见图 6.20。

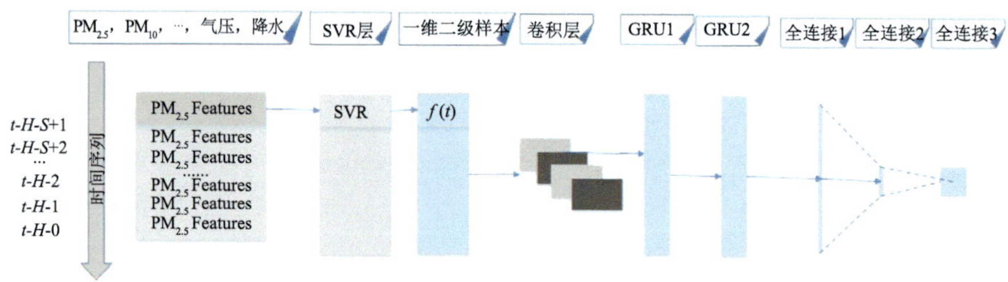

图 6.20 SVR-CNN-GRU 网络结构

输入的 $S\times N$ 的结构的时序样本经 SVR 模型层降维为 $S\times 1$ 结构二级样本；为了充分提取全部两两相邻时间节点之间的 $PM_{2.5}$ 变化关系，受到差分编码的启发，后续采用 40 个长度为 2 的一维核以步长 1，对二级样本进行不填充式的卷积操作。最终时间索引减少为 $S-1$，特征维扩充为 40，获得 $40\times(S-1)$ 形状的二维时序结构。

同图像处理的方法不同，卷积层后未设置池化层。这是因为池化层的主要作用是下采样、降维、实现非线性、扩大感知野和实现不变性，而采用卷积层的目的是对已被高度降的维数据扩充，并且只关注两两相邻时间节点之间的关系，而非线性化工作则由后续的其他层的激活函数实现。

为了进一步提取整个 $S-1$ 长度时间序列的整体特征，后续连续采用两个隐藏单元数为 20 的 GRU 层，其中 GRU1 用于初步提取时序特征，输出 $20\times(S-1)$ 结构的二维时序结果，GRU2 则深入处理时序特征，输出 20×1 结构不含时序索引的结果。为了将 GRU 提取的特征进一步整合，之后连续采用了 3 个全连接层，其中第一层神经元为 64 个，采用 Relu 激活函数，且 Dropout = 0.1；第二层神经元为 16 个，采用 Relu 激活函数，无 Dropout；最后一层作为输出层，仅 1 神经元且无激活函数。

6.4.2　实例验证与结果分析

6.4.2.1　数据处理

由于采用的气象因子和空气质量因子均为连续型数值变量，且不同因子之间数值大小差异巨大，因此对其执行 z-score 标准化方法标准化，待回归预测后再逆操作恢复原量纲。

为了避免两级网络之间数据集相互的污染，在切取 2020 年 4 月 2 日 16:00—10 日 23:00 共 200 条样本作为绘制预测对比图以外，其他全部 46047 条原始样本随机划分为两个无交集子集。由于 SVR 模型的精度直接决定了后续神经网络的训练效果，因此经多次实验调整，选择 70%原始样本训练，其中 60%用于 SVR 的训练集，10%作为校验集。剩余 30%用于训练深度神经网络的样本中，10%用于训练深度神经网络，其余 20%作为测试集。同一般深度神经网络中训练集的规模是测试集 3～4 倍不同，中训练集仅为测试集一半，这是由于为了横向同其他算法比较，测试集占总体样本的比率至少要达到 20%，并且由于已经过大样本的 SVR 训练和优化，深度神经网络训练难度大幅度降低，训练少量的样本也可以获得很好的效果，此条件下还能更好地验证模型的泛化能力。

6.4.2.2　参数设置

第一级 SVR，基于 Scikit-learn 工具箱，采用高斯核 eplison-SVR，其中不敏感损失系数 eplison 控制着回归函数对样本数据的不敏感区域的宽度，影响支持向量的数目，其值和样本噪声有密切关系；惩罚系数 C 反映了算法对超出 eplison 管道的样本数据的惩罚程度，其值影响模型的复杂性和稳定性；gamma 对低维的样本进行高纬度映射，也会影响泛化能力。经过网格化和三折交叉验证，最终选择的参数为：$C=50$，eplison $=0.05$，gamma 为默认值“scale”。其中，gamma 为默认值时会自动根据变量的方差自动调整大小，能够提供更好的泛化性。

第二级深度神经网络的运行软件环境为 Window10 操作系统、Tensor flow2.4 版本、Anaconda 下的 Jupyter Lab，Python 3.8 以及 Cuda11.1；硬件环境为 Nvidia1650 GPU、Intel i5 3470 CPU 和 32M 内存。神经网络的内部参数见表 6.25。

表 6.25　第二级深度神经网络训练参数

训练参数	方式与数值
时间序列长度	8,16,24
预测时长/h	24
一维卷积层核数量	40
卷积核长度	2

续表

训练参数	方式与数值
卷积步长	1
卷积填充方式	不填充
全连接层激活函数	ReLU
全连接层 1 神经元数	64
全连接层 1Dropout 比率	0.1
全连接层 2 神经元数	16
全连接层 3 神经元数	1
损失函数	均方差(MSE)
优化迭代算法	Adam
GRU1 隐藏单元数	20
GRU1 隐藏单元数	20

为了验证和分析时间序列长度对预测的影响，分别训练了长度为 8、16 和 24 的三种时序样本模型；由于全连接层 1 规模较大，为了避免过耦合，经实验校正，选择 Dropout 比率为 0.1；Adam 优化器是对随机梯度下降的扩展，可以更有效地更新网络权重。

将上述样本按照 80%训练集，20%测试集的设置，分别对随机森林(Random Forests，RF)、epsilon-SVR 和不含 SVR 层的 CNN-GRU 网络进行训练；然后，用上述 70%训练集，30%测试集的设置，在图 6.2 中删除卷积层和全部 GRU 层，仅保留 SVR 层和全连接层进行训练，记作 SVR-MFC；最后在图 6.20 中仅保留 SVR 层，添加 RF 训练 SVR 层输出，利用 RF 的集成学习的能力进行训练，记作 SVR-RF。对以上所有模型，均独立运行 30 次，并取其均值。

6.4.2.3 结果分析

对于 $PM_{2.5}$ 预测回归问题，采用均方根误差(Root mean squared error，RMSE)和拟合优度 R^2 评价评价预测值与实测值之间的差异。

$$\mathrm{RMSE}=\sqrt{\frac{\sum_{i=1}^{n}(r_i-p_i)^2}{n}} \tag{6.3}$$

$$R^2=1-\frac{\sum_{i=1}^{n}(r_i-p_i)^2}{\sum_{i=1}^{n}(|r_i-\bar{r}|+|p_i-\bar{r}|)^2} \tag{6.4}$$

式中：RMSE 用于描述预测的精确度，越低表示精度越高；R^2 则量化模型响应变量与因变量间的关系强弱，其取值在 0～1，越接近 1，表明一致性越好，r 是实测值，p 是预测值，$\bar{r}$ 为实测值均值。

表 6.26 列举了 6 个模型对于武汉市 $PM_{2.5}$ 进行 24 h 预测的结果，其中 RF 和 SVR 采用的是向量到向量的预测模式，其余 4 种均采用时间序列为 24($S=24$)的样本进行序列到向量的预测模式。由表可见，未采用 SVR 降维的三种模型的预测精度均相对较低，且 R^2 值也偏低，其中 RF 方法基于决策树的集成模式，其精度受到决策树对于高维、非线性和混沌的气象问题求解能力不足的影响，因此结果最差；CNN-GRU 由于融入了时间序列特征提取，效优于

RF，但是受到样本因子规模大和非线性的限制，提高有限；由于 SVR 具备处理高维和非线性问题的能力，取得三者中最好的结果。三种基于 SVR 降维的集成学习模型均取得显著更好的结果，其中 SVR-RF 模型中由于 RF 是基于 SVR 这种强学习能力的模型的集成，因此提高明显；SVR-MFC 模型则仅依靠多个全连接层即取得了超越 SVR-RF 的性能，展示了深度神经网络的优势；SVR-CNN-GRU 模型则由于融入了时间序列特征的提取，因此取得了最好的结果。综上可知，通过 SVR 降维和 CNN-GRU 时序特征提取可以显著的提高预测的精度和泛化能力。

表 6.26　6 个模型预测精度

	RF	SVR	CNN-GRU	SVR-RF	SVR-MFC	SVR-CNN-GRU
RMSE	15.67	9.67	14.52	7.16	7.15	6.92
R^2	0.86	0.94	0.86	0.96	0.96	0.97

表 6.27 列举了 3 个集成 SVR 模型在 3 个不同时间序列长度样本下的预测结果。由表可见，在所有的模型在 3 个序列长度下，均有相对于表 6.26 中其他方法更好的表现，不仅 RMSE 更低，且 R^2 均高于 0.95 这个普遍采用的标准。随着时间序列的增加，3 种模型的预测精度均有提高，其中 S 由 8 增加到 16 时，所有模型的提高最为显著；而随着 S 由 16 提高到 24，性能的提高较为微弱。这说明增加样本的时序长度可以有效地提高预测精度，但是存在边际效应。因此，简单依靠增加时序长度提升预测精度是低效的。

表 6.27　不同时间序列长度下的模型预测精度

	S=8			S=16			S=24		
	SVR-MFC	SVR-RF	SVR-CNN-GRU	SVR-MFC	SVR-RF	SVR-CNN-GRU	SVR-MFC	SVR-RF	SVR-CNN-GRU
RMSE	7.66	7.83	7.62	7.29	7.35	7.07	7.15	7.16	6.92
R^2	0.96	0.96	0.96	0.96	0.96	0.96	0.96	0.96	0.97

图 6.21 展示了 SVR-CNN-GRU 模型在 $S=24$ 条件下对武汉市 2020 年 4 月 2 日 16:00—4 月 10 日 23:00 的预测结果。由图可见，整体上预测值能较为准确预测实际值的变化趋势，特别是在 $PM_{2.5}$ 值变化剧烈的波段上也能较好地拟合；但是在波峰和波谷等变化的极值点，模型的预测还存在一定的误差，需要后期继续改进模型。

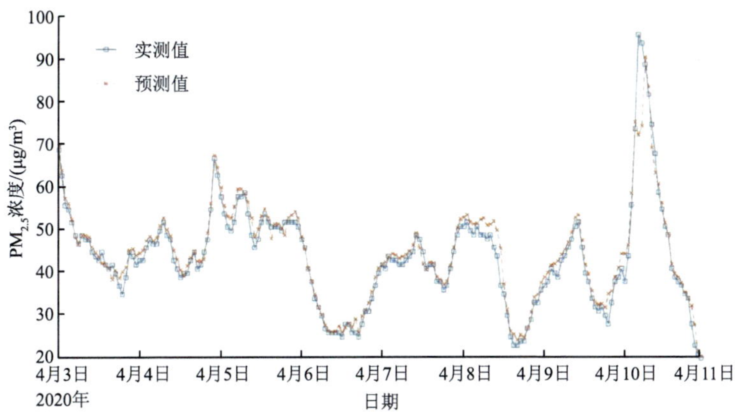

图 6.21　SVR-CNN-GRU 模型预测值与实测值折线图

6.4.3 小结

作为典型的混沌系统，随着时间线的延长，气象系统相关预测的难度急剧提升。$PM_{2.5}$预测实现 24 h 预报需要解决从高维和非线性时序数据中提取特征的难题。本节采用具有良好高维和非线性处理能力的支持向量机对原始气象数据进行降维和特征提取，然后堆叠由卷积神经网络、循环神经网络和全连接层构成的深度神经网络，进行时序特征提取，以 2015 年 1 月 1 日 01:00—2020 年 4 月 10 日 23:00 湖北省武汉等 14 市(州)的气象和空气污染共计 46247 条数据，训练了 6 个不同策略的模型。实验效果展现了所有基于 SVR 降维的集成学习模型均取得较高精度，且拟合优度 R^2 均超过 0.96；其中与 CNN 和 GRU 结合的模型取得了最佳的精度，泛化能力更强，R^2 达到 0.97。综合来看，SVR 降维是解决复杂问题的集成学习的有效前置工具，深度神经网络则表现出强大的时序分析能力。

由于缺失数据处理手段单一，本节放弃了部分有助于 $PM_{2.5}$预测的气象因子，下一步需要完善缺失数据的填充技术，添加更多因子提高预测精度。虽然使用了武汉周边 13 市(州)的数据，但是仅仅将其同武汉市数据平铺拼接，因此丢失了距离、方位、地形和大气运动等重要信息，湖北省外北方污染源也未纳入考虑，下一步需要建立时空结构的模型进行优化。由于算力条件有限，不同步长的 SVR 模型均采用同样的参数训练，且作为静态模型应用于深度神经网络，造成了部分步长 SVR 模型未能优化，需要在下一步深度融合 SVR 和神经网络，集成和动态的训练 SVR 模型。本节深度神经网络的结构是将多层进行串行连接，结构相对简单，影响了特征提取能力，下一步需要针对预测问题的特征，引入残差网络等技术构建更为复杂和有效的网络结构(熊承义 等，2019)。

参考文献

安俊琳,王跃思,孙扬,2009.气象因素对北京臭氧的影响[J].生态环境学报,18(3):944-951.

操文祥,沈帆,全继宏,等,2015.武汉地区沙尘天气气溶胶粒径分布特性研究[J].中国环境监测,31(6):47-52.

常炉予,许建明,瞿元昊,等,2019.上海市臭氧污染的大气环流客观分型研究[J].环境科学学报,39(1):169-179.

陈佐瓒,徐兵,丁小军,等,2021.基于深度学习和支持向量机的基因结合蛋白预测[J].济南大学学报(自然科学版)(5):1-5.

程念亮,孟凡,徐峻,等,2013.中国东部春季一次强冷锋活动空气污染输送过程分析[J].环境科学研究,26(1):34-42.

程念亮,李云婷,张大伟,等,2016.2014年北京市城区臭氧超标日浓度特征及与气象条件的关系[J].环境科学,37(6):2041-2051.

戴竹君,刘端阳,王宏斌,等,2016.江苏秋冬季重度霾的分型研究[J].气象学报,74(1):133-148.

丁一汇,柳艳菊,2014.近50年我国雾和霾的长期变化特征及其与大气湿度的关系[J].中国科学:地球科学,44(1):37-48.

冯鑫媛,王式功,2014.冷锋天气过程大气边界层特征与颗粒物污染[J].干旱区研究,31(4):585-590.

高丹丹,赵丽娅,李成,等,2016.基于环境空气质量数据的湖北省武汉市大气污染特征研究[J].安徽农业科学,44(18):58-61.

高歌,2008.1961—2005年中国霾日气候特征及变化分析[J].地理学报,63(7):761-768.

龚胜生,陈丹阳,张涛,2015.1982—2010年湖北省人口分布格局变迁及其影响因素[J].长江流域资源与环境,24(5):728-734.

郭阳洁,洪松,庄艳华,等,2010.湖北省气溶胶光学厚度时空分布特征研究[J].武汉大学学报(信息科学版),35(11):1381-1385.

环境保护部,2012.环境空气质量标准:GB 3095—2012[S].北京:中国环境科学出版社.

黄恒君,王伟科,2020.基于深度学习的 $PM_{2.5}$ 多模态集成预测应用[J].统计学报,1(2):39-47.

黄俊,廖碧婷,吴兑,等,2018.广州近地面臭氧浓度特征及气象影响分析[J].环境科学学报,38(1):23-31.

蒋璐璐,钱燕珍,杜坤,等,2016.宁波市近地层臭氧浓度变化及预测[J].气象与环境学报,32(1):53-59.

李嘉伟,韩志伟,2016.中国东部气溶胶光学厚度季节变化的数值模拟[J].遥感学报,20(2):205-215.

李兰,危万虎,魏静,等,2004.武汉市空气污染状况及其与气象条件的关系[J].暴雨灾害,23(3):19-23.

李亮,李健军,王瑞斌,等,2013.2005—2010年沙尘天气影响我国城市环境空气质量分析[J].中国环境监测,29(3):15-19.

李培荣,肖天贵,2020.成都地区秋冬季污染天气形势下 $PM_{2.5}$ 的扩散与输送[J].中国环境科学,40(1):63-75.

李琼,李福娇,叶燕翔,等,1999.珠江三角洲地区天气类型与污染潜势及污染浓度的关系[J].热带气象学报,15(4):363-369.

李晓配,贝耐芳,赵琳娜,2017.气象条件对2013—2015年冬季关中地区空气质量的影响[J].地球环境学报,8:516-523.

梁碧玲,张丽,赖鑫,等,2017.深圳市臭氧污染特征及其与气象条件的关系[J].气象与环境学报,33(1):

66-71.

刘姣姣，蒋昌潭，宋丹，等，2014. 重庆夏季近地面臭氧变化规律及影响因素分析[J]. 重庆大学学报，37(8)：91-98.

马志强，孟燕军，林伟立，等，2013. 气象条件对北京地区一次光化学烟雾与霾复合污染事件的影响[J]. 气象科技进展，3(2)：59-61.

马志强，徐敬，张小玲，等，2015. 北京 $PM_{2.5}$ 背景值定值方法及其变化特征研究[J]. 中国环境科学，35(1)：7-12.

倪林，张国栋，邹良超，等，2009. 武汉近 60 年冬季气温和夏季降雨量变化的小波分析[J]. 三峡大学学报(自然科学版)，31(3)：83-88.

庞传军，余建明，冯长有，等，2020. 基于 LSTM 自动编码器的电力负荷聚类建模及特性分析[J]. 电力系统自动化，44(23)：57-63.

秦瑜，赵春生，2003. 大气化学基础[M]. 北京：气象出版社.

任阵海，万本太，虞统，等，2004. 不同尺度大气系统对污染边界层的影响及其水平流场输送[J]. 环境科学研究，17(1)：7-13.

盛裴轩，毛节泰，李建国，等，2003. 大气物理学[M]. 北京：北京大学出版社.

宋连春，高荣，李莹，等，2013. 1961—2012 年中国冬半年霾日数的变化特征及气候成因分析[J]. 气候变化研究进展，9(5)：313-318.

宋文英，梅士龙，孙华，2012. 基于自动站资料的灰霾观测判据研讨[J]. 气象科学，32(1)：74-79.

孙业乐，2018. 城市边界层理化结构与大气污染形成机制研究进展[J]. 科学通报，63：1375-1389.

谈建国，陆国良，耿福海，等，2007. 上海夏季近地面臭氧浓度及其相关气象因子的分析和预报[J]. 热带气象学报，23(5)：515-520.

童尧青，银燕，钱凌，等. 2007. 南京地区霾天气特征分析[J]. 中国环境科学，27(5)：584-588.

王芬娟，钟章雄，吴舒婷，等，2015. 2014 年 5 月武汉市输入型沙尘污染案例分析[J]. 北京大学学报(自然科学版)，51(6)：1132-1140.

王宏，林长城，陈晓秋，等，2011. 天气条件对福州近地层臭氧分布的影响[J]. 生态环境学报，20(8-9)：1320-1325.

王式功，杨德保，李腊平，等，1998. 兰州城区冬半年冷锋活动及其对空气污染的影响[J]. 高原气象，17(2)：142-149.

王喜全，杨婷，王自发，等，2011. 灰霾污染的跨控制区影响——一次京津冀与东北地区灰霾污染个案分析[J]. 气候与环境研究，16(6)：690-696.

王业宏，盛春岩，杨晓霞，等，2009. 山东省霾日时空变化特征及其与气候要素的关系[J]. 气候变化研究进展，5(1)：24-28.

尉鹏，任阵海，王文杰，等，2015. 2014 年 10 月中国东部持续重污染天气成因分析[J]. 环境科学研究，28(5)：676-683.

吴兑，2008. 大城市区域霾与雾的区别和灰霾天气预警信号发布[J]. 环境科学与技术，31(9)：1-7.

吴兑，2012. 近十年中国灰霾天气研究综述[J]. 环境科学学报，32(2)：257-269.

吴萍，丁一汇，柳艳菊，等，2016. 中国中东部冬季霾日的形成与东亚冬季风和大气湿度的关系[J]. 气象学报，74(3)：352-366.

吴启树，韩美，郭弘，等，2016. MOS 温度预报中最优训练期方案[J]. 应用气象学报 27(4)：426-434.

熊承义，李世宇，高志荣，等，2019. 级联模型展开与残差学习的压缩感知重构[J]. 中南民族大学学报(自然科学版)，38(2)：265-272.

许刚，焦利民，赵素丽，等，2016. 1990—2014 年武汉市空气质量时空变化[J]. 环境工程，34(4)：80-85.

许建明，常炉予，马井会，等，2016. 上海秋冬季 $PM_{2.5}$ 污染天气形势的客观分型研究[J]. 环境科学学报，36

(12):4303-4314.

徐晓斌,丁国安,李兴生,等,1998. 龙凤山大气近地层 O_3 浓度变化及与其他因素的关系[J]. 气象学报,56(5):560-572.

杨红梅,葛润生,徐宝祥,1998. 用单站探空资料分析对流层气柱水汽总量[J]. 气象,24(9):8-11.

杨娜,王春迎,刘孟雄,等,2019. 洛阳市臭氧污染特征及其与气象因子的关系[J]. 气象与环境科学,42(4):90-95.

杨以坤,孙林,韦晶,等,2016. MODIS C5、C6 气溶胶产品验证及区域适应性评价[J]. 山东科技大学学报(自然科学版),35(5):17-27.

俞布,朱彬,窦晶晶,等,2017. 杭州地区污染天气型及冷锋输送清除特征[J]. 中国环境科学,37(2):452-459.

于磊,陈森,张瑞,等,2019. 深度支持向量机在齿轮故障诊断中的应用[J]. 机械传动,43(8):150-156.

岳岩裕,王晓玲,张蒙晰,等,2016. 武汉市空气质量状况与气象条件的关系[J]. 暴雨灾害,35(3):271-278.

章澄昌,周文贤,1995. 大气气溶胶教程[M]. 北京:气象出版社.

张恒德,吕梦瑶,张碧辉,等,2017. 2014 年 2 月下旬京津冀持续重污染过程的静稳天气及传输条件分析[J]. 环境科学学报,36(12):4340-4351.

张人禾,李强,张若楠,2014. 2013 年 1 月中国东部持续性强雾霾天气产生的气象条件分析[J]. 中国科学:地球科学,44(1):27-36.

张文龙,尤凤春,张小玲,等,2016. 北京 2013 年 1 月严重霾天气过程的气象成因分析[J]. 气象与环境科学,39(2):46-54.

张小曳,孙俊英,王亚强,等,2013. 我国雾-霾成因及其治理的思考[J]. 科学通报,58:1178-1187.

张秀宝,高伟生,应龙根,1989. 大气环境污染概论[M]. 北京:中国环境科学出版社.

赵滨,刘斌,2020. 基于 Stacking 的地面 $PM_{2.5}$ 浓度估算[J]. 环境工程,38(2):153-159.

赵福燕,陈朝平,王凌,等,2020. 成都市大气污染与气象条件关系分析[J]. 高原山地气象研究,40(3):85-89.

赵仕伟,高晓清,2017. 利用 MODIS C6 数据分析中国西北地区气溶胶光学厚度时空变化特征[J]. 环境科学,38(7):2637-2646.

郑祚芳,陈家华,祁文,2002. 湖北省近 50 年气候变化特征分析[J]. 气象科学,22(3):279-286.

周秀骥,罗超,丁安国,等,1994. 中国东部地区大气臭氧及前体物本底变化规律的初步研究[J]. 中国科学(B辑),24(12):1323-1330.

周悦,李兰,刘敏,等,2016. 湖北省大范围霾天气近地层输送特征研究[J]. 环境科学与技术,39(2):51-56.

周月华,刘敏,万素琴,等,2019. 湖北省气候业务技术手册[M]. 北京:气象出版社.

朱乾根,林锦瑞,寿绍文,等,2000. 天气学原理和方法(第三版)[M]. 北京:气象出版社.

朱晓晗,胡越宁,何歆沂,等,2020. 基于主成分分析法对一次性纸杯的拉曼光谱检验研究[J]. 中国造纸,39(9):38-42.

左亚尧,王铭锋,洪嘉伟,等,2020. 一种基于集成学习的多元时间序列预测方法[J]. 小型微型计算机系统,41(12):2475-2479.

ANDERSON T L, WU Y, CHU D A, et al, 2005. Testing the MODIS satellite retrieval of aerosol fine-mode fraction [J]. Journal of Geophysical Research Atmospheres, 110(18): D18204.

CHE Z, PURUSHOTHAM S, CHO K, et al, 2018. Recurrent neural networks for multivariate time series with missing values[J]. Scientific Reports, 8(1):1-12.

CHEN, Z Y, XIE X, CAI J, et al, 2018. Understanding meteorological influences on $PM_{2.5}$ concentrations across China: a temporal and spatial perspective [J]. Atmospheric Chemistry and Physics, 18(8): 5343-5358.

CHO K, VAN MERRIENBOER B, BAHDANAU D, et al, 2014. On the properties of neural machine translation: Encoder-decoder approaches[J]. Computer Science. arxiv: 103-111.

DUAN J C, TAN J H, YANG L, et al, 2008. Concentration, sources and ozone formation potential of volatile organic compounds (VOCs) during ozone episode in Beijing[J]. Atmospheric Research, 88:25-35.

GONG W, ZHANG S, MA Y, 2014. Aerosol optical properties and determination of aerosol size distribution in Wuhan, China [J]. Atmosphere, 5(1): 81-91.

HAN Y M, LEE S C, CAO J J, et al, 2009. Spatial distribution and seasonal variation of char-EC and soot-EC in the atmosphere over China [J]. Atmospheric Environment, 43(38): 6066-6073.

HE Q S, LI C C, GENG F H, et al, 2012. Aerosol optical properties retrieved from Sun photometer measurements over Shanghai, China [J]. Journal of Geophysical Research Atmospheres, DOI: 10. 1029/2011 JD017220.

HOCHREITER S, SCHMIDHUBER J, 1997. Long short term memory[J]. Neural Computation, 9(8): 1735.

JENKINSON A, COLLISON F P, 1977. An initial climatology of gales over the North Sea[J]. Synoptic climatology branch memorandum, 62:18.

KANG H Q, ZHU B, SU J F, et al, 2013. Analysis of a long-lasting haze episode in Nanjing, China[J]. Atmospheric Research, 120: 78-87.

KANG N, KUMAR K R, HU K, et al, 2016. Long-term (2002—2014) evolution and trend in Collection 5. 1 Level-2 aerosol products derived from the MODIS and MISR sensors over the Chinese Yangtze River Delta [J]. Atmospheric Research, 181: 29-43.

KIM S, KAVURI S, LEE M, 2013. Deep network with support vector machines[C]// Proceedings of International Conference on Neural Information. Berlin: Neural Information Processing, 58-465.

LECUN Y, BENGIO Y, HINTON G, 2015. Deep learning [J]. Nature, 521(7553): 436-444.

LEVY R C, MATTOO S, MUNCHAK L A, et al, 2013. The Collection 6 MODIS aerosol products over land and ocean [J]. Atmospheric Measurement Techniques, 6(11): 2989-3034.

LI L Y, CHEN Y, XIE S D, 2013. Spatio-temporal variation of biogenic volatile organic compounds emissions in China [J]. Environmental Pollution, 182(6): 157-168.

LI J, DU H Y, WANG Z F, et al, 2017. Rapid formation of a severe regional winter haze episode over a mega-city cluster on the North China Plain[J]. Environ Pollut, 223:605-615.

MA QIANLI, LI SEN, SHEN LIFENG, et al, 2020. End-to-end incomplete time-series modeling from linear memory of latent variables [J]. IEEE Transactions on Cybernetics, 50(12):4908-4920.

NELWAMONDO F V, MOHAMED S, MARWALA T, 2007. Missing data: A comparison of neural network and expectation maximization techniques[J]. Current Science, 93(11):1514-1521.

PU X, WANG T J, HUANG X, et al, 2017. Enhanced surface ozone during the heat wave of 2013 in Yangtze River Delta region, China[J]. Science of the Total Environment, 603:807-816.

QUAN J, ZHANG Q, HE H, et al, 2011. Analysis of the formation of fog and haze in North China Plain (NCP)[J]. Atmospheric Chemistry and Physics, 11(15):8205-8214.

SAYER A M, MUNCHAK L A, HSU N C, et al, 2014. MODIS Collection 6 aerosol products: Comparison between Aqua's e-Deep Blue, Dark Target, and "merged" data sets, and usage recommendations [J]. Journal of Geophysical Research Atmospheres, 119(24): 13965-13989.

SHI G M, LIU R L, WANG D Y, et al, 2017. Evaluation of the MODIS C6 aerosol optical depth products over Chongqing, China [J]. Atmosphere, 8(11): 227.

SHU L, XIE M, GAO D, et al, 2017. Regional severe particle pollution and its association with synoptic weather patterns in the Yangtze River Delta region, China[J]. Atmospheric Chemistry and Physics, 17(21):1-31.

SU X, TIE X, LI G, et al, 2017. Effect of hydrolysis of N_2O_5 on nitrate and ammonium formation in Beijing China: WRF-Chem model simulation[J]. Science of the Total Environment, 579(1):221-229.

SUN Y L, JIANG Q, WANG Z F, et al, 2014. Investigation of the sources and evolution processes of severe haze pollution in Beijing in January 2013[J]. J Geophys Res, 119:4380-4398.

TAN C H, ZHAO T L, XU X F, et al, 2015. Climatic analysis of satellite aerosol data on variations of submicron aerosols over East China [J]. Atmospheric Environment, 123(Part B): 392-398.

TAO M H, CHEN L F, WANG Z F, et al, 2015. Comparison and evaluation of the MODIS Collection 6 aerosol data in China [J]. Journal of Geophysical Research Atmospheres, 120(14): 6992-7005.

WANG L C, GONG W, XIA X G, et al, 2015. Long-term observations of aerosol optical properties at Wuhan, an urban site in Central China [J]. Atmospheric Environment, 101: 94-102.

WANG J D, ZHAO B, WANG S X, et al, 2017. Particulate matter pollution over China and the effects of control policies[J]. Sci Total Environ, 584-585:426-447.

WANG J, ZHU Z W, QI L, et al, 2019. Two pathways of how remote SST anomalies drive the interannual variability of autumnal haze days in the Beijing-Tianjin-Hebei region, China[J]. Atmospheric Chemistry and Physics, 19(3):1521-1535.

YU X N, LÜ R, LIU C, et al, 2017. Seasonal variation of columnar aerosol optical properties and radiative forcing over Beijing, China [J]. Atmospheric Environment, 166: 340-350.

ZHAN C C, XIE M, FANG D X, et al, 2019. Synoptic weather patterns and their impacts on egional particle pollution in the city cluster of the Sichuan Basin, China[J]. Atmospheric Environment, 208:34-47.

ZHENG X Y, FU Y F, YANG Y J, et al, 2015. Impact of atmospheric circulations on aerosol distributions in autumn over eastern China: observational evidence[J]. Atmospheric Chemistry and Physics, 15(3): 3285-3325.

ZHOU Y, BAI Y Q, YUE Y Y, et al, 2019. Characteristics of the factors influencing transportation and accumulation processes during a persistent pollution event in the middle reaches of the Yangtze River, China [J]. Atmospheric Pollution Research, 10(5):1420-1434.